국어와 글쓰기 그리고 소통communication

황경수 · 전계영 지음

청운

► 머리말 ◄

현대를 살아가는 우리나라 사람이면 우리말글에 대한 이해와 활용이 필수적이다. 우리말글에 대한 이해란 우리말글의 근간이 되는 훈민정음(訓民正音)은 물론이거니와 국어의 특질, 그리고 어문규정집에 명시된 내용에 대한 올바른 인식을 갖고 있어야 함을 뜻한다.

또한 우리말글을 실제 생활에서 활용할 수 있어야 하는데 이를 국어사용능력이라 명명할 수 있다. 국어사용능력이란 우리말글을 사용하는 사람들이 갖추어야할 요건을 말하는 것으로써 원활한 의사소통 능력 및 논리적·창의적 사고에 기초한 의사 표현능력까지도 포괄한다.

특히 전공 및 교양서적을 읽고 공부하는 대학생들의 경우 관련 자료를 제대로 읽고 정확하게 이해하기 위해서는 학문 연구 성격의 글 읽기와 글쓰기 방식을 익혀야만 한다. 대학에서 가르치고 배우는 내용은 전문적이어서 이해하는 것이 쉽지 않으며, 독자에 따라 내용이 갖는 의미가 다르게 해석될 수도 있다. 따라서 깊이 있는 공부를 할 때 우리말글에 대한 정확한 이해는 매우 중요하다고 할 수 있다.

본 교재는 이러한 점을 감안하여 내용을 구성하였다.

이 책의 순서는 Ⅰ부 국어의 특질, Ⅱ부 실용문 쓰기, Ⅲ부 세계기록유산, 훈민정음, Ⅳ부 우리가 배워야 할 언어예절, Ⅴ부 쉽게 풀이한 어문 규정, Ⅵ부 글쓰기는 어떻게 하는가?, Ⅶ부 한국 어문규정집 등으로 구성하였다.

이 책이 나오기까지 많은 분들의 도움을 받았다. 청주대학교 국어문화원 원장님으로서 항상 학문의 길에 격려를 아끼지 않으시는 김희숙 교수님, 뚝심을 가지고 연구하라고 가르침을 주신 정종진 교수님, 끈기와 열정으로 공부하라고 알려주신 양희철 교수님, 진정성을 가지고 직분에 충실하라고 항상 말씀하시는 임승빈 교수님께 진심으로 감사를 드린다.

그리고 글로벌 비전 2020년을 준비하는 과정에서 '중부권 최고의 명문대학교' 및 푸른 숲과 첨단과학이 있고, 전통과 세계 문화가 조화를 이루는 우암캠퍼스를 만들기 위하여 열정과 노고를 아끼지 않고 계시는 청주대학교 황신모 총장님을 비롯한 관계자 분들께 진심으로 감사의 말씀을 드린다.

끝으로 이 책의 출판을 흔쾌히 허락하신 도서출판 청운 전병욱 사장님과 편집부 여러분께도 진심으로 감사드린다.

2015. 3.

지은이

차례

Ⅰ. 국어의 특질

Ⅰ. 국어의 특질

1 음운 특질(音韻特質)

1.1. '예사소리, 된소리, 거센소리'의 삼중 체계(三重體系)가 있다.

국어의 자음 체계(子音體系)의 특질은 '예사소리[平音], 된소리[硬音], 거센소리[激音]'로 되어 있다. 예사소리(例事―)는 구강 내부의 기압 및 발음 기관의 긴장도가 낮아 약하게 파열되는 음이고, 된소리는 후두(喉頭) 근육을 긴장하거나 성문(聲門)을 폐쇄하여 내는 소리이며, 거센소리는 숨이 거세게 나오는 파열음이다.

국어를 제외한 언어에서는 성대의 진동 여부에 따라서 유성음과 무성음의 대립이 있으며, 영어, 독일어, 일본어, 프랑스 어 등이 2항으로 대립한다.

예사소리: ㄱ, ㄷ, ㅂ, ㅈ

된소리: ㄲ, ㄸ, ㅃ, ㅉ

거센소리: ㅋ, ㅌ, ㅍ, ㅊ

유성음(有聲音)은 발음할 때, 목청이 떨려 울리는 소리이며, 국어의 모든 모음이 이에 속하며, 자음 가운데에는 'ㄴ, ㄹ, ㅁ, ㅇ' 따위가 있다. 무성음(無聲音)은 성대(聲帶)를 진동시키지 않고 내는 소리이고, 자음 'ㄱ, ㄷ, ㅂ, ㅅ, ㅈ', 'ㅊ, ㅋ, ㅌ, ㅍ, ㅎ', 'ㄲ, ㄸ, ㅃ, ㅆ, ㅉ' 등이 해당된다.

● 자음

조음방법 \ 조음위치		양순음(兩唇音)	치조음(齒槽音)	경구개음(硬口蓋音)	연구개음(軟口蓋音)	성문음(聲門音)
파열음(破裂音)	예사소리	ㅂ p	ㄷ t		ㄱ k	
	거센소리	ㅍ p′	ㅌ t′		ㅋ k′	
	된소리	ㅃ p^h	ㄸ t^h		ㄲ k^h	
파찰음(破擦音)	예사소리			ㅈ č		
	거센소리			ㅊ č′		
	된소리			ㅉ $č^h$		
마찰음(摩擦音)	예사소리		ㅅ s			ㅎ h
	된소리		ㅆ s′			
비음(鼻音)		ㅁ m	ㄴ n		ㅇ ŋ	
유음(流音)			ㄹ r			

1.2. 어두에 자음이 하나만 온다.

국어의 음절 구조(音節構造)는 어두에 둘 이상의 자음이 올 수 없다. 영어 'strong'과 'student'의 발음은 '[stroŋ], [stju:dnt]'로 1음절이다.

그러나 국어는 어두에 겹자음이 허용되지 않기 때문에 자음마다 'ㅡ'를 첨가하여 발음하여야 한다.

국어: 스트롱, 스튜든트

영어: strong[stroŋ], student[stju:dnt]

1.3. 음절 끝소리 규칙이 있다.

음절 끝소리 규칙은 모든 자음이 음절말의 위치에서 'ㄱ, ㄴ, ㄷ, ㄹ, ㅁ, ㅂ, ㅇ' 7개 중 하나로 소리 나는 현상을 말한다. 받침의 발음은 음절 말의 위치에서 'ㄱ, ㄲ, ㅋ'은 'ㄱ', 'ㄴ'은 'ㄴ', 'ㅅ, ㅆ, ㅈ, ㅌ, ㅊ, ㅎ'은 'ㄷ', 'ㄹ'은 'ㄹ', 'ㅁ'은 'ㅁ', 'ㅂ, ㅍ'은 'ㅂ', 'ㅇ'은 'ㅇ'의 자음만으로 발음하는 것이며, '중화(中和)'라고도 한다.

키읔→[키윽], 부엌→[부억], 몫→[목], 닭→[닥]

한글 자모 중에는 **키읔도** 있다.

식사 후에 어머니는 **부엌으로** 들어가 설거지를 하셨다.
그녀는 자기의 **몫을** 잘 챙긴다.
그는 저녁이 되자 풀어 놓았던 **닭을** 닭장에 가두었다.

앉다→[안따], 많네→[만네]
기와지붕에 퍼렇게 이끼가 **앉다.**
운동장에서 놀고 있는 사람이 **많네.**

솥→[솓], 젖→[젇], 꽃→[꼳]
전에 **솥이** 걸려 있지 않던 아궁이까지 **솥을** 건 흔적이 있는 것으로 보아 여러 가구가 한두 방씩 차지하고 살았던 것 같았다.
영희는 무안한 낯빛으로 어린애를 받아서 서투른 솜씨로 통통 불은 **젖을** 꺼내 물렸다.
* 조개로 담근 **젓은** 정말 맛있다.
꽃이라도 십일홍(十日紅)이 되면 오던 봉접도 아니 온다.(사람이 세도가 좋을 때는 늘 찾아오다가 그 처지가 보잘것없게 되면 찾아오지 아니함을 비유적으로 이르는 말.)
꽃은 웃어도 소리가 없고 새는 울어도 눈물이 없다.(『북』 겉으로 표현은 안 하지만 마음속으로는 느끼고 있음을 비유적으로 이르는 말.)

핥다→[할따], 개미핥기→[개미할끼], 여덟→[여덜], 외곬→[외골]
아이들이 아이스크림을 하나씩 들고 **핥으며** 걸어간다.
개미집을 파 헤쳐서 개미를 먹는 **개미핥기**.
인구의 열의 **여덟은** 아직 숲 속에서 소박한 전통적 생활을 하고 있다.[여더른]
그녀에겐 현재 모든 의식이 집으로 가야 한다는 **외곬의** 생각으로 뭉쳐 있었다.[외골쎄]

삶→[삼], 젊은이→[절므니]
그는 새로운 **삶을** 되찾았다.
한 **젊은이가** 버스에서 노인에게 자리를 양보했다.

잎→[입], 없다→[업따]
잎이 우거진 푸른 숲은 정말 시원하다.
없는 놈이 비단이 한 때라.(당장 먹을 것이 없어 굶주리는 사람에게는 호화롭게 온몸을 감쌀 수 있는 비단조차도 그것을 팔아 한 때 끼니를 잇는 데에 불과하다는 말.)

1.4. 두음 법칙이 있다.

두음 법칙(頭音法則)은 일부의 소리가 단어의 첫머리에 발음되는 것을 꺼려 다른 소리로 발음되는 일이다. 'ㅣ, ㅑ, ㅕ, ㅛ, ㅠ' 앞에서의 'ㄹ'과 'ㄴ'이 'ㅇ'이 되고, 'ㅏ, ㅓ, ㅗ, ㅜ, ㅡ, ㅐ, ㅔ, ㅚ' 앞의 'ㄹ'은 'ㄴ'으로 변하는 것 따위이다.

① 녀자(女子) → 여자('ㄴ'이 'ㅇ'으로 바뀌는 현상)
그녀는 이미 약혼자가 있는 **여자였다**.
그도 이제 좋은 **여자** 만나서 행복하게 살아야 할 텐데.

② 량심(良心) → 양심('ㄹ'이 'ㅇ'으로 바뀌는 현상)
양심에 따라 행동하다.
책 앞에서 **양심을** 속이는 자는 거울 속의 자기 얼굴을 바라보며 **양심을** 속이는 자보다 더 추악하다.

③ 락원(樂園) → 낙원('ㄹ'이 'ㄴ'으로 바뀌는 현상)
낙원을 건설하다.
이 세상을 기쁘고 살기 좋은 **낙원으로** 만들려면 사랑이 있어야 한다.

1.5. 모음조화가 있다.

모음조화(母音調和)는 두 음절 이상의 단어에서, 뒤의 모음이 앞 모음의 영향으로 그와 가깝거나 같은 소리로 되는 언어 현상이다. 'ㅏ, ㅗ' 따위의 양성 모음(陽性母音, 'ㅏ, ㅗ, ㅑ, ㅛ, ㅘ, ㅚ, ㅐ')은 양성 모음끼리, 'ㅓ, ㅜ' 따위의 음성 모음(陰性母音, 'ㅓ, ㅜ, ㅕ, ㅠ, ㅔ, ㅝ, ㅟ, ㅖ')은 음성 모음끼리 어울리는 현상이다.

소곤소곤/수군수군, 살랑살랑/설렁설렁
파랗다/퍼렇다, 까맣다/꺼멓다
먹었다, 먹어라, 먹어, 먹어야, 먹느냐, 먹다가, 먹던

그들은 머리를 모으고 **소곤소곤** 상의를 한다.
일갓집에서들은 춘광이가 이사를 온 뒤로 **수군수군** 뒷공론이 많았다.
살랑살랑 불어오는 미풍에 머리칼이 가볍게 나부꼈다.
나도 다시 이 집엘 오니 바람이 **설렁설렁** 들어오는 게 맘이 춥구나.

하늘은 **파랗게** 맑고 별이 총총하다.

오랫동안 사용하지 않은 연장에는 **퍼렇게** 녹이 슬어 있었다.

하얀 종이에 **까만** 글씨가 있긴 한데 눈이 나빠 잘 보이지 않는다.

얼굴이 **꺼멓게** 그을리다.

체육 대회에서 우리 반이 일등을 **먹었다**.

먹던 술도 떨어진다.(늘 하던 숟가락질도 간혹 잘못하여 숟가락을 떨어뜨릴 수 있다는 뜻으로, 매사에 잘 살피고 조심하여서 잘못이 없도록 하라는 말.)

● 모음

	전설모음(front)		후설모음(back)	
	평순모음	원순모음	평순모음	원순모음
고모음(high)	ㅣ(i)	ㅟ(ü=y)	ㅡ(ɨ)	ㅜ(u)
중모음(mid)	ㅔ(e)	ㅚ(ö=ø)	ㅓ(ə)	ㅗ(o)
저모음(low)	ㅐ(ɛ)		ㅏ(a)	

2 어휘 특질(語彙特質)

국어의 어휘 체계는 고유어, 한자어, 외래어로 되어 있다.

2.1. 고유어

고유어(固有語)는 해당 언어에 본디부터 있던 말이나 그것에 기초하여 새로 만들어진 말이며, '토박이말 · 토착어'라고도 한다.

아버지, 어머니, 하늘, 땅, 강아지, 도토리, 앵두(식물), 다락, 도마, 방울(기구)

아버지는 아들이 잘났다고 하면 기뻐하고 형은 아우가 더 낫다고 하면 노한다.(형제간의 우애가 부모의 사랑을 따를 수 없음을 이르는 말.)

그녀는 너무 젊어 보여서 세 아이의 **어머니로는** 믿기지 않는다.

어머니가 의붓어머니면 친아버지도 의붓아버지가 된다.(어머니가 계모이면 자연히 아버지는 자식보다 계모를 더 위하여 주기 때문에 아버지와 자식의 사이가 멀어진다는 말.)

하늘에는 별이 총총 빛나고 있었다.
그녀는 **억척으로** 돈을 모았다.
앵두 같은 그녀의 입술은 정말 예쁘다.
이 귀중한 책들은 아마 지금도 내 집 **다락** 어느 구석 먼지 밑에 박혀 있을 것이다.
소 외양간 **구유에** 여물을 주다.
방울 소리가 시원스럽게 딸랑딸랑 메밀밭께로 흘러간다.

의성어(擬聲語)는 사람이나 사물의 소리를 흉내 낸 말로, '사성어 · 소리시늉말 · 소리흉내말 · 의음어'라고도 한다.
멍멍, 철썩, 쌕쌕, 땡땡, 우당탕, 퍼덕퍼덕
집에 손님이 들어오자 개가 **멍멍** 짖어 댔다.
최만석은 채찍이 아니라 손바닥으로 나귀의 엉덩이를 **철썩** 때렸다.
아이는 하루 종일 뛰어놀더니 금방 **쌕쌕** 숨을 쉬며 잠들었다.
종례가 끝나기가 무섭게 아이들은 교실 밖으로 **우당탕** 뛰어나갔다.
비둘기들이 날개를 **퍼덕퍼덕하면서** 하늘로 날아올랐다.

의태어(擬態語)는 사람이나 사물의 모양이나 움직임을 흉내 낸 말로, '꼴시늉말 · 꼴흉내말 · 짓시늉말'이라고도 한다.
꾸물꾸물, 깡충깡충, 흔들흔들, 아장아장, 엉금엉금, 번쩍번쩍
왜 그렇게 **꾸물꾸물하고** 있어!
강아지가 앞마당을 **깡충깡충** 뛰고 있다.
그는 술에 취해 몸을 **흔들흔들** 가누지 못하고 있다.
사내 하나가 두 손을 바닥에 대고 **엉금엉금** 기기 시작했다.
젊은이들이라 무거운 짐짝들을 **번쩍번쩍** 잘도 들어 날랐다.

감각어(感覺語)는 신체의 내부 또는 외부의 자극에 의하여 일어나는 느낌을 표현하는 단어이다.
시각: 누렇다, 노랗다, 누리끼리하다, 빨갛다
누렇게 익은 벼가 들판에 가득하다.
성미 급한 감독의 얼굴빛은 금시에 **빨갛게** 타올랐다.

청각: 조용하다, 떠들썩하다, 시끄럽다
새벽 거리는 **조용하다** 못해 적막했다
당신들은 뭔데 남의 집 안방에 들어와서 **떠들썩하는** 거지?

후각: 향긋하다, 매캐하다
향긋한 향기가 코끝을 스쳐간다.
매캐한 냄새가 코를 찌른다.

미각: 달다, 맵다, 시다, 쓰다
나는 **단** 음식보다 매운 음식을 좋아한다.
그녀들은 아무도 아침을 먹지 못했고, 점심을 **맵고** 짠 국수나 비빔밥으로 때웠다.
임신부인 고모는 유독 **신** 과일을 좋아한다.
이 커피는 향기도 없고 **쓰기만** 하다.

촉각: 따뜻하다, 따끈하다, 간지럽다, 썰렁하다
방 안이 **따뜻하다.**
겨드랑이에 손이 갈 때마다, 아기는 엄마의 손길이 **간지러운** 듯 몸을 이리저리 비틀었다.
불기 없는 넓은 방 안은 창고처럼 **썰렁하기만** 하다.

2.2. 한자어

한자어(漢字語)는 한자에 기초하여 만들어진 말이다.

고전 한문에 기원을 둔 한자어: 가정(家庭), 감동(感動), 결혼(結婚), 고향(故鄕), 농사(農事), 노력(努力), 보호(保護), 분명(分明)
이런 일일수록 동네 사람들은 동네 사람들끼리 단합을 잘해야 하고 또 **가정에서는 가정대로** 화목해야 합니다.
대인은 드디어 두 사람의 **결혼을** 약 보름 만에 담담하게 승낙했다.
이순신 장군은 가열한 전쟁을 하면서도 백성들의 **농사** 때를 빼앗지 않았다.
지난 일 년에 걸친 적응을 위한 **노력과** 이를 악물며 참은 수많은 순간들이 하루아침에 헛일이 되어 버린 것이다.

산스크리트어(고대 인도어): 건달바(乾達婆), 미륵(彌勒), 법우(法雨)

건달바는 수미산 남쪽의 금강굴에 살며 제석천(帝釋天)의 아악(雅樂)을 맡아보는 신으로, 술과 고기를 먹지 않고 향(香)만 먹으며 공중으로 날아다닌다고 한다.

미륵은 내세에 성불하여 사바세계에 나타나서 중생을 제도하리라는 보살로 미륵보살이라고도 한다.

법우는 중생을 교화하여 덕화를 입게 하는 것을 비에 비유하여 이르는 말이다.

고유 한자어: 감기(感氣), 사주(四柱), 복덕방(福德房), 서방(書房), 도령(道令), 사돈(査頓)

밖에 나갔다 들어오면 손발을 깨끗이 씻는 것도 **감기** 예방의 한 방법이다.

점쟁이에게 **사주** 적은 종이를 내밀었다.

그는 **복덕방을** 찾아다니며 셋집을 알아보았다.

저 여자는 자기 **서방이** 아파 고생이 이만저만이 아니라는군.

앞에 가는 **도령은** 어디에 사는 뉘신가?

저희 아이를 예뻐해 주신다니 **사돈께** 감사할 뿐입니다.

일본 한자어: 연역(演繹), 귀납(歸納), 범주(範疇), 주관(主觀), 기차(汽車), 원소(元素)(우리나라에서도 통용)

연역은 어떤 명제로부터 추론 규칙에 따라 결론을 이끌어 내거나 그런 과정이다. 일반적인 사실이나 원리를 전제로 하여 개별적인 사실이나 보다 특수한 다른 원리를 이끌어 내는 추리를 이른다. 경험을 필요로 하지 않는 순수한 사유에 의하여 이루어지며 그 전형은 삼단논법이다.

귀납은 개별적인 특수한 사실이나 원리로부터 일반적이고 보편적인 명제 및 법칙을 유도해 내는 일이다.

범주는 사물의 개념을 분류함에 있어서 그 이상 일반화할 수 없는 가장 보편적이고 기본적인 최고의 유개념(類槪念)이다. 아리스토텔레스에 의하여 술어화된 것으로, 분류의 기준과 구체적인 분류 내용은 철학자들마다 다르다.

삼랑진 쪽에서 검은 연기를 내뿜으며 **기차가** 플랫폼으로 미끄러져 들어왔다.

2.3. 외래어

외래어(外來語)는 외국에서 들어온 말로 국어처럼 쓰이는 단어를 말하며, '들온말 · 전래어 · 차용어'라고도 한다.

버스(bus), 컴퓨터(computer), 피아노(piano), 바이올린(violin), 가스(gas), 이미지(image), 마우스(mouse), 인터넷(internet)

피아노는 큰 공명 상자 속에 85개 이상의 금속 현을 치고, 이와 연결된 건반을 눌러서 현을 때리게 하는 장치로 소리를 내는 건반 악기이며, 음역이 넓고 표현력이 풍부하다. 18세기 초 이탈리아에서 크리스토포리(Christofori, B.)가 고안하여 독일에서 완성하였다.

바이올린은 서양 현악기의 하나이며, 가운데가 잘록한 타원형의 몸통에 네 줄을 매어 활로 문질러서 소리를 내는데, 음역이 넓고 음색이 순수하고 화려하여 독주, 실내악, 관현악 따위에 널리 쓰인다.

마우스는 컴퓨터 입력 장치의 하나이다. 책상 위 따위에서 움직이면 그에 따라 화면에 나타난 커서(cursor)가 움직이며, 위에 있는 버튼을 눌러 명령어를 선택하거나 프로그램을 실행한다.

(고유어와 외래어)

김치투어=김치+투어(tour), 노래텔=노래+텔(hotel), 무지개매너=무지개+매너(manner), 입키스=입+키스(kiss), 한글패션=한글+패션(fashion)

(한자어와 외래어)

그린계약서=그린(green)+계약서(契約書), 독서채팅=독서(讀書)+채팅(chatting), 모범납세자카드=모범(模範)+납세자(納稅者)+카드(card), 승마댄스=승마(乘馬)+댄스(dance), 여가디자이너=여가(餘暇)+디자이너(designer), 월드컵증후군=월드컵(World Cup)+증후군(症候群), 잉꼬부부콤플렉스=잉꼬부부(inko夫婦)+콤플렉스(complex), 컬러내시경=컬러(color)+내시경(內侍鏡), 피켓기도회=피켓(picket)+기도회(祈禱會)

(외래어와 외래어)

골드미스=골드(gold)+미스(Miss), 그린택시=그린(green)+택시(taxi), 메링시스템=메링(marrying)+시스템(system), 뮤직스타일리스트=뮤직(music)+스타일리스트(stylist), 엑스트라매니저=엑스트라(extra)+매니저(manager), 프리허그=프리(free)+허그(hugs)

2.4. 친족어

친족어(親族語)는 혈연이나 혼인으로 이루어지는 인간관계를 나타내는 어휘이며 '친족 어휘'라고도 한다.

상위 2세대	할아버지		할머니	
상위 1세대	아저씨	아버지	어머니	아주머니
나의 세대	오빠/형	나		언니/누나
	아우			아우
하위 1세대	조카	아들	딸	조카딸

● 친족 호칭어

		내가 부를 때	내가 남에게 말할 때	남이 나에게 말할 때
부	생존	아버지, 아버님	가친(家親), 엄친(嚴親), 노친(老親)	춘부장(春府丈), 춘장(椿丈), 춘당(春堂), 대인(大人)
	사후	(제) 현고(顯考)	선고(先考), 선친(先親)	선대인(先大人), 선고장(先考丈)
모	생존	어머니, 어머님	자친(慈親),	자당(慈堂), 훤당(萱堂), 대부인(大夫人)
	사후	(제)현비(顯妣)	선비(先妣)	선대부인(先大夫人), 선자당(先慈堂)
장인	생전	장인어른, 아버님, 아버지	장인어른	빙장(聘丈), 빙장어른
장모	생전	장모님, 어머님, 어머니	장모님	빙모(聘母)

3 문법 특질(文法特質)

3.1. 형태적 특질

3.1.1. 조사(助詞)와 어미(語尾)가 발달하였다.

국어에는 문법(文法)적 관계를 나타내는 조사(助詞)와 어미(語尾)가 발달되어 있다. 이러한 현상은 바로 국어의 첨가어적 특질을 잘 보여준다. 여기서 첨가어(添加語)는 실질적인 의미를 가진 단어 또는 어간에 문법적인 기능을 가진 요소가 차례로 결합함으로써 문장 속에서의 문법적인 역할이나 관계의 차이를 나타내는 언어를 가리키며, 교착어(膠着語)라고도 한다.

1) 조사(助詞)의 종류(種類)

① 격 조사: 주격조사: 이/가

: 보격조사: 이/가

: 목적격(대격)조사: 을/를

: 서술격조사: 이다

: 관형격(속격, 소유격)조사: 의

: 부사격(처격, 구격, 여격, 공동격, 인용격 등)조사: 에, 에서, 에게, 한테, 더러, 로서, 로써

: 독립격조사(호격조사): 아/야, 이여

② 보조사: 부터, 까지, 은/는, (이)나, (이)나마, 도, (이)든지, (이)라도, 마다, 마저, 만, 야(말로), 조차, (은/는)커녕

③ 접속 조사: 와, 과, 하고, (이)랑

(1) 격 조사

격 조사(格助詞)는 체언이나 체언 구실을 하는 말 뒤에 붙어 앞말이 다른 말에 대하여 일정한 자격을 나타내는 조사를 일컫는다.

주격 조사(主格助詞)는 문장 안에서 체언이 서술어의 주어임을 표시하는 조사이며, '이/가, 께서' 등이 있다.

오래간만이라 **반가움이** 더했다.

우리가 이기는 것은 분명하다. 다만 어떻게 **이기느냐가** 문제다.

교수님께서 보고서를 내 주셨다.

목적격 조사(目的格助詞)는 문장 안에서 체언이 서술어의 목적어임을 표시하는 조사이며, '을/를'이 있다.

그 강아지는 **집을** 잘 지킨다.

이 시계는 **친구를** 주려고 산 것이다.

관형격 조사(冠形格助詞)는 문장 안에서 앞에 오는 체언이 뒤에 오는 체언의 관형어임을 보이는 조사이며, '의'가 있다.

한강의 근원은 우리나라의 뿌리가 된다.

어머니의 성경책은 정말로 귀중하다.

부사격 조사(副詞格助詞)는 문장 안에서 체언이 부사어임을 보이는 조사이며, '에, 에서, 로서, 로써' 등이 있다.

집안에 경사가 났다.

우리는 아침에 **도서관에서** 만나기로 하였다.

언니는 아버지의 **딸로서** 부족함이 없다고 생각했었다.

이제는 **눈물로써** 호소하는 수밖에 없다.

독립격 조사(獨立格助詞)는 독립격조사가 붙으면 그 성분이 독립어가 되며, '아/야, (이)여' 등이 있다.

아, 오늘 하루도 이렇게 저무는구나.

여! 형씨들 어떻게 된 일이야?

서술격 조사(敍述格助詞)는 문장 속에서 체언이나 체언 구실을 하는 말 뒤에 붙어 서술어 자격을 가지게 하는 조사이다. '이다'가 있는데, '이고', '이니', '이면', '이지' 따위로 활용하며, 모음 아래에서는 어간 '이'가 생략되기도 한다.

방 안이 **엉망이다**.

* 모음 뒤에서는 '다'로 줄어들기도 하는데 관형형이나 명사형으로 쓰일 때는 줄어들지 않는다. 학자에 따라서 '지정사'로 보기도 하고, '형용사'로 보기도 하며, '서술격 어미'로 보기도 하나, 현행 학교 문법에서는 서술격 조사로 본다.
* 표준어 규정 제1부 26항에서 복수 표준어로 삼은 '-이에요'와 '-이어요'는 '이다'의 어간 뒤에 '-에요', '-어요'가 붙은 말이다. '-이에요'와 '-이어요'는 체언 뒤에 붙는데 받침이 없는 체언에 붙을 때는 '-예요', '-여요'로 줄어들기도 한다. 예를 들어 '지우개' 뒤에 붙은 '지우개이에요', '지우개이어요'는 '지우개예요', '지우개여요'로 줄어든다. 하지만 '연필' 뒤에 붙은 '연필이에요', '연필이어요'는 줄어들지 않는다. 인명일 경우, 받침이 있을 때에는 '-이'가 덧붙으므로(영숙→영숙이) 받침이 없는 체언과 같아져서 '영숙이예요', '영희예요'가 된다. '아니다'는 용언이므로 '-이에요', '-이어요'가 결합하지 않고 어미인 '-에요', -어요'만 결합하여 '아니에요', '아니어요'가 된다. 이들은 '아네요', '아녀요'로 줄어든다. 흔히 '아니예요'를 쓰는 일이 있지만 이는 잘못이다.

(2) 접속 조사

접속 조사(接續助詞)는 두 단어를 같은 자격으로 이어 주는 구실을 하는 조사이며, '와, 과, 하고, (이)나, (이)랑' 등이 있다.

우리는 **자유와** 평등의 실현을 위해 싸웠다.
* 다른 것과 비교하거나 기준으로 삼는 대상임을 나타내는 격 조사.(개는 늑대와 비슷하게 생겼다.)

어머니하고 언니하고 다 직장에 나갔어요.
* 다른 것과 비교하거나 기준으로 삼는 대상임을 나타내는 격 조사.(철수는 **너하고** 닮았다.)

건강을 위해 **담배나** 술을 끊어야 한다.
* 받침 없는 체언이나 부사어, 연결 어미 '-아, -게, -지, -고', 합성 동사의 선행 요소 따위의 뒤에 붙어, 마음에 차지 아니하는 선택, 또는 최소한 허용되어야 할 선택이라는 뜻을 나타내는 보조사이다. 때로는 가장 좋은 것을 선택하면서 마치 그것이 마음에 차지 않는 선택인 것처럼 표현하는 데 쓰기도 한다.(심심한데 **영화나** 보러 가자.)

백화점에 가서 **구두랑 모자랑 원피스랑** 샀어요.
* 어떤 행동을 함께 하거나 상대로 하는 대상임을 나타내는 격 조사.(나는 **민희랑** 함께 영화를 보러 갔다.)

(3) 보조사

보조사(補助詞)는 체언, 부사, 활용 어미 따위에 붙어서 어떤 특별한 의미를 더해 주는 조사이고, '은, 는, 도, 만, 까지, 마저, 조차, 부터' 등이 있다.

다른 사람은 몰라도 **너만은** 꼭 와야 한다.
철수가 **떠나는** 갔지만 연락처를 남겼다.
고구마는 **구워도** 먹고 **삶아도** 먹는다.
하루 종일 **잠만** 잤더니 머리가 띵했다.
서울에서 **부산까지** 고속버스로 가면 시간이 얼마나 걸리지요?
막내마저 출가를 시키니 허전하다.
* 남김없이 모두.(부사, 컵에 물을 **마저** 따르다.)

한자는 쓰기도 어려운 데다 **읽기조차** 힘들다.
그는 **어려서부터** 공부를 잘했다.

2) 어미(語尾)의 종류(種類)

(1) 선어말 어미:

① 주체 높임 선어말 어미: -시-

② 시제 선어말 어미: -는-, -었-, -겠-

③ 공손 선어말 어미: -옵-, -사오-

어머니께서는 소원을 빌며 탑 주위를 **도셨다**.

귀로는 소리를 **듣는다**.

저를 불러 **주시옵소서**.

(2) 어말 어미

㉮ 종결 어미 : ① 평서형 어미: -다, -ㄴ다/는다, ㅂ니다

: ② 의문형 어미: -는가?, -느냐?, -니?

: ③ 명령형 어미: -아라/어라

: ④ 청유형 어미: -자, 세

: ⑤ 감탄형 어미: -는구나, -는구려

하늘을 보니 눈이 **오겠다**.

시간 좀 **있는가**?

그것을 잘 **보아라**.

이제 그만 **일어나세**.

너는 책을 굉장히 빨리 **읽는구나**.

㉯ 연결 어미: ① 대등적 연결 어미: -고, -(으)며

: ② 종속적 연결 어미: -니, -어서, -게

: ③ 보조적 연결 어미: -아, -지, -고

여름에는 비가 **내리고** 겨울에는 눈이 내린다.

서울역에 **도착하니** 일곱 시였다.

그를 **찾아** 길을 떠났다.

㉰ 전성 어미: ① 명사형 어미: -음, -기

: ② 관형사형 어미: -ㄹ, -ㄴ

: ③ 부사형 어미: -어서, -게, -도록

나는 그가 노력하고 **있음을** 잘 알고 있다.

달이 **뜰** 때 바람이 불기 시작했다.

나무가 잘 **자라도록** 거름을 주었다.

어미(語尾)는 용언(用言) 및 서술격 조사(敍述格助詞)가 활용하여 변하는 부분을 일컫는다. 어미를 분포에 따라 분류하면 어말 어미(語末語尾)와 선어말 어미(先語末語尾)로 나뉜다. 어말 어미는 활용 어미에 있어서 맨 뒤에 오는 어미이고, 선어말 어미는 어말 어미 앞에 오는 여러 어미들을 가리킨다. 어말 어미는 활용 어미에 있어서 맨 뒤에 오는 어미이다. 선어말 어미와 대립되는 용어로서 보통은 어미라고 불린다.

3.1.2. 단어 형성법이 발달하였다.

국어(國語)의 단어 구조(單語構造)는 형태소(形態素)의 결합 형식에 따라 '단일어 · 복합어 · 파생어 · 합성어'로 나눌 수 있다.

1) 단일어

단일어(單一語)는 하나의 실질 형태소로 이루어진 것을 말한다. 예를 들면 '사람, 바람, 나무, 귀, 코, 하늘, 땅, 밥, 손, 발, 먹다, 낮다, 놀다, 자다…' 등이 있다.

사람 나고 돈 났지 돈 나고 사람 났나.(아무리 돈이 귀중하다 하여도 사람보다 더 귀중할 수는 없다는 뜻으로, 돈밖에 모르는 사람을 비난하여 이르는 말.)

바람 부는 대로 돛을 단다.(바람이 부는 형세에 따라 돛을 단다는 뜻으로, 세상 형편 돌아가는 대로 따르고 있는 모양을 비유적으로 이르는 말.)

2) 복합어

복합어(複合語)는 하나의 실질 형태소에 접사가 붙거나 두 개 이상의 실질 형태소가 결합된 말이다. 이 중에는 파생어와 합성어가 있다.

(1) 파생어

파생어(派生語)는 실질 형태소에 접사가 붙은 말이다. 단일어와 접사, 또는 자립성 의존형태소와 접사의 결합하는 것을 말한다. 예를 들면 '덧신, 맨주먹, 풋사랑, 꿈, 돌미나리, 믿음, 죽음, 새빨갛다…' 등이 있다.

교실에서는 실내화를 신거나 **덧신을** 신어야 한다.

꿈보다 해몽이 좋다.(하찮거나 언짢은 일을 그럴듯하게 돌려 생각하여 좋게 풀이함을 비유적으로 이르는 말.)

(2) 합성어

합성어(合成語)는 둘 이상의 실질 형태소가 결합하여 하나의 단어가 된 말이다. 둘 이상의 자립형태소에 하나 이상의 의존형태소가 결합된 것이다. 예를 들면 '집안, 솜이불, 콩엿, 웃음꽃…' 등이 있다.

집안 귀신이 사람 잡아간다.(가까운 사람으로부터 해를 입었을 경우를 비유적으로 이르는 말.)

날씨가 추워 두꺼운 **솜이불을** 꺼냈다.

3.2. 통사적 특질

국어에서는 '주어+목적어+서술어'의 어순, '수식어+피수식어', '문장 성분의 이동에 제약', '이중 주어와 목적어의 짜임', '높임법의 발달' 등이 나타난다.

3.2.1. 주어+목적어+서술어의 어순

나는 **수정이를** 사랑한다.(SOV 형)

이 시계는 **정미를** 주려고 산 것이다.

The man saw a woman(SVO 형, 영어, 중국어, 이탈리아 어, 프랑스 어)

3.2.2. 수식어+피수식어

철수가 **사랑했던** 사람

수민이의 교과서

미자는 밥을 **빨리** 먹는다.

대학생이 되면 **더욱 더** 연구에 매진해야 한다.

3.2.3. 문장 성분의 이동에 제약

경수가 정미에게 반지를 선물했다.

정미에게 경수가 반지를 주었다.

반지를 경수가 정미에게 주었다.

3.2.4. 이중 주어와 이중 목적어

미진이가 몸이 야위었다.

태희는 **고구마를 세 개를** 먹었다.

3.2.5. 높임 표현의 발달

민규가 집에 가다.

민규가 집에 갔다.[**말하는 이** ≥ (듣는 이, 주체)]

민규가 집에 갔습니다.[듣는 이 〉 **말하는 이** ≥ 주체]

할머님께서 댁으로 가셨습니다.[(듣는 이, 주체 〉 **말하는 이**]

* **퇴계 선생 십훈(退溪先生十訓)**

이황(李滉, 1501~1570)은 조선 시대의 유학자이다. 자는 경호(景浩), 호는 퇴계(退溪) · 퇴도(退陶) · 도수(陶叟)이며, 벼슬은 예조 판서, 양관 대제학 따위를 지냈다. 정주(程朱)의 성리학 체계를 집대성하여 이기이원론(理氣二元論), 사칠론(四七論)을 주장하였다. 작품에 시조 〈도산십이곡(陶山十二曲)〉, 저서에 ≪퇴계전서(退溪全書)≫가 있다.

1. 뜻을 세우는 데는 마땅히 성현이 될 것을 스스로 기약할 것이며, 조금이라도 물러서려는 생각을 가져서는 안 된다.(立志當以 聖賢自期 不可存毫 髮退托之念)
2. 몸을 공경하는 데는 구용(九容)을 스스로 가질 것이지 잠깐 동안이라도 방자한 태도가 있어서는 안 된다.(敬身當以 九容自持 不可有斯 須放倒之容)
3. 마음을 다스리는 데는 마땅히 맑고 밝은 마음으로써 온화하고 고요하게 할 것이지 어두운데 떨어지거나 어지러운 지경에 빠져서는 안 된다.(治心當以 淸明和靜 不可墜昏沈散亂之境)
4. 책을 읽을 때에는 마땅히 올바른 도리를 깊이 연구한다는데 힘쓸 것이며, 문자를 익히는 공부만을 해서는 안 된다.(讀書當務 硏窮義理 不可爲言 語文字之學)
5. 말을 하는 데는 반드시 자세하고 간명하게 하고, 이유에 합당하게 해서 남에게 이로움이 있어야 한다.(發言 必詳審精簡 當理而有益於人)
6. 행동을 억제하는 데는 반드시 엄격하고 정직해야 하며, 도리를 지키며 세속을 더럽히는 일이 없어야 한다.(制行 必方嚴正直 守道而毋汚於俗)
7. 가정생활에 있어서는 부모님께 효도하고, 이치에 합당하게 해서 남에게 이로움이 있어야 한다.(居家 克孝克悌 正倫理而篤恩愛)
8. 남을 대접하는 데는 진실로 미더워야 하고 모든 이를 차별없이 사랑하며, 어진 선비를 가까이 해야 한다.(接人 克忠克信 汎愛衆而親賢士)
9. 일을 처리하는 데는 옳은 도리를 깊이 분석해서 밝히며 분한 마음을 억제하고, 욕심을 막아야 한다.(處事 深明義理之辨 懲忿窒慾)
10. 과거에 응할 때에는 성패를 생각지 말고 마음을 편히 가지고, 명령을 기다려야 한다.(應事 勿牽得失之念 居易俟命)

* **구용(九容) 『禮記』 玉澡篇에 나오는 공자의 가르침**

1. 발은 무거워야 하며(足容重)
2. 손은 공손해야 하며(手容恭)

3. 눈은 단정해야 하며(目容端)
4. 입은 다물어야 하며(口容止)
5. 말소리는 고요해야 하며(聲容靜)
6. 머리는 곧게 세우며(頭容直)
7. 숨기운은 정숙해야 하며(氣容肅)
8. 서있음에 덕이 있어야 하며(立容德)
9. 얼굴빛은 씩씩함이 있어야 한다.(色容莊)

Ⅱ. 실용문 쓰기

Ⅱ. 실용문 쓰기

1 이력서

이력서(履歷書)는 이력을 적는 문서(文書)이다. 이력서는 사진(寫眞), 인적 사항(人的事項), 학력 사항(學歷事項), 경력 사항(經歷事項), 상벌(賞罰) 및 자격 사항(資格事項) 등을 파악하기 위해 작성하는 기록이다. 기업(企業)에 입사하려는 경우, 시험(試驗)이나 면접(面接)에 앞서 가장 먼저 제출하는 서류가 바로 이력서이다. 이력서는 자신의 얼굴이며 지금까지 살아온 모든 기록을 다른 사람에게 알리는 역할(役割)을 한다.

이력서 양식(樣式)은 '인사서식 제1호' 양식과 기업체 자체의 소정 양식이 있다. 이력서를 요구하는 곳에서 지정한 규격(規格) 및 지시 사항(指示事項)을 정확히 지켜 서식을 작성하는 것이 매우 중요(重要)하다.

1) 작성 방법(作成方法)

① 인적 사항(人跡事項): 성명(姓名), 주민등록번호(住民登錄番號), 생년월일(生年月日), 주소(住所), 호적관계(戶籍關係) 등을 적으면 된다. 주소는 현재 살고 있는 곳을 기록하는 것이 원칙이며, 인적 사항은 주민등록 등본(謄本), 초본(抄本)에 기록된 내용과 동일하게 작성해야 한다. 호주와의 관계(호주제 폐지)는 호주 쪽에서 본 관계를 말하므로 '장남(長男)' 혹은 '차녀(次女)' 등으로 써야 한다.

② 학력 사항(學歷事項) 및 경력 사항(經歷事項): 학력은 고등학교 졸업 후부터 적는 것이 일반적이다. 대학부터의 학력은 입학, 졸업을 구분하여 적고, 해당 서류를 참조하여 정확한 날짜를 기재해야 한다. 남자의 경우, 군(軍) 복무자(服務者)는 군 입대일(入隊日)과 제대일(除隊日), 군종(軍種), 계급(階級)을 포함하여 기록한다. 경력은 최대한 1년 정도를 근무한 곳을 적어야 한다. 전 직장(職場)의 정확한 업체명과 입사 및 퇴사 연월일, 부서의 직급까지 써 주어야 한다.

③ 상벌 사항(賞罰事項) 및 자격 사항(資格事項): 상벌은 교내외의 개근상(皆勤賞), 봉사상(奉仕賞), 효행상(孝行賞), 훈장(勳章), 포상(褒賞), 장학생(奬學生) 등을 연월일, 발령청을 포함하여 기록한다. 특히 수상 경력(受賞經歷)이 자신이 지원하려는 분야와 관련이 있다면 빠짐없이 기재(記載)해야 한다.

자격 사항은 원칙적으로 국가 공인(國家公認) 자격증(資格證)을 말하며 취득일(取得日), 자격증 이름, 등급(等級), 시행처(試行處) 등을 기록한다. 국어능력인증시험, 한국사능력시험, 외국어시험, 컴퓨터 활용 능력, 교원 자격증 등을 기재할 수 있는데, 사설 기관(私設機關)에서 받은 자격증도 지원하려는 분야와 관련이 있으면 도움이 되기도 한다.

이상의 내용을 기재함에 있어 각 사항 사이는 칸을 나누지 않고 연속하여 쓴다. 마지막으로 '위 내용은 사실과 다름없음'이라고 쓰고 작성일(作成日), 성명(姓名)을 기록한 다음 도장(圖章)을 찍으면 된다.

2) 작성할 때 유의점(留意點)

① 자필(自筆)로 쓰되, 정성(精誠)을 들여 구체적(具體的)으로 작성(作成)한다.

이력서(履歷書)에는 학교(學校), 자격증(資格證), 수상 경력(受賞經歷), 대내외적(對內外的)인 활동(活動) 등 개인의 모든 이력이 빠짐없이 포함되어야 한다. 내용은 핵심 사항만을 간단명료(簡單明瞭)하게 정리하여 기재(記載)해야 한다.

② 사실(事實)만을 정확(正確)하게 기재한다.

이력서에는 증명 가능한 내용만을 기재한다. 허위 사실(虛僞事實)이나 과장(誇張)된 내용은 일절(一切) 용납되지 않는다. 만일 주변에서 인정하고 본인도 자신 있게 내세울 수 있는 경력이나 이력이 있더라도 이를 입증(立證)할 수 없다면 기재해서는 안 된다.

③ 오자(誤字)나 수정(修訂) 없이 깨끗하게 작성한다.

이력서는 자필(自筆)로 작성하되 틀린 글자가 없도록 한다. 이력서는 흑색 필기구(黑色筆記具)를 사용하여 작성한다. 또한 오자나 탈자가 있으면 작성자 자체에 대한 인상을 흐릴 수 있으므로 몇 번이고 확인하여 실수가 없도록 한다. 오자를 발견했을 때는 수정하지 말고 다시 작성하는 것이 원칙(原則)이다.

④ 규격(規格)에 맞는 사진(寫眞)을 부착한다.

사진은 최근 촬영한 것으로 준비하여 붙인다. 규격은 요구하는 규정을 따르고 스냅 사진의 일부를 잘라 쓰거나 즉석 사진을 쓰는 일이 없도록 한다. 두발(頭髮), 복장 상태(服裝狀態)가 단정(端正)한지 확인하고 바른 자세로 촬영(撮影)한 사진을 이용한다.

⑤ 긴급 연락처(緊急連絡處)를 반드시 명기(明記)한다.

이력서(履歷書) 우측 상단에 실제 연락받을 수 있는 연락처를 명시하여 연락 두절로 불이익을 받지 않도록 유의한다.

⑥ 미리 작성하고 필요(必要)에 따라 수정(修訂)하여 쓴다.

제출 마감일에 임박하여 작성한 이력서에는 오자(誤字)나 내용 누락(內容漏落) 등의 실수가 있을 수 있다. 따라서 시간적(時間的) 여유(餘裕)를 가지고 차분하게 작성한 이력서(履歷書)를 준비해 두는 것이 좋다.

<table>
<tr><td rowspan="3">사 진</td><td colspan="4">이 력 서</td></tr>
<tr><td rowspan="2">성
명</td><td>한글</td><td>황00</td><td>주민등록번호</td></tr>
<tr><td>한자</td><td>黃00</td><td>000000-0000000</td></tr>
<tr><td></td><td colspan="4">생년월일 서기 0000년 00월 00일생 (만 00세)</td></tr>
<tr><td rowspan="2">주 소</td><td rowspan="2" colspan="2">충청북도 청주시 청원구 율봉로 77(00동 00아파트)</td><td rowspan="2">전화
번호</td><td>연락처(집): 000-0000-0000</td></tr>
<tr><td>연락처(휴): 000-0000-0000</td></tr>
<tr><td rowspan="2">호적 관계</td><td>호주 성명</td><td>황00</td><td rowspan="2">전자 우편</td><td rowspan="2">hksu2001@hanmail.net</td></tr>
<tr><td>호주 관계</td><td>장남</td></tr>
</table>

년	월	일	학력 및 경력 사항	발령청
			학력(學歷)	
2011	3	2	00고등학교 입학	00고등학교 교장
2014	2	12	00고등학교 졸업	00고등학교 교장
2014	3	2	00 대학교 00대학 00학과 입학	00대학교 총장
			경력(經歷)	
2013	10	1	0000 아르바이트	㈜ 0000
2014	5	4		
2013	11	25	과외 영어 선생님	㈜ 0000
2014	6	10		
2014	1	9	00시 도서관 아르바이트	00시장
2014	5	20		
			상벌(賞罰)	
2013	10	9	전국 우리말사랑왕선발대회 우수상	문화체육관광부장관
2013	11	7	전국 고등학생 글쓰기대회 최우수상	교육과학기술부장관
2014	7	21	00대학교 00대학 00학과 성적 우수	00대학교 총장
			자격(資格)	
2014	3	16	국어능력인증시험 1급	한국언어문화연구원장
2014	3	30	TOEIC 990점	YBM한국TOEIC위원회
2014	5	18	워드프로세서 1급	대한상공회의소
2014	6	1	한자능력시험 1급	한국어문회

위 사실은 틀림이 없음.

2014년 0월 00일

000 ㉮

<table>
<tr><td rowspan="4">사 진</td><td colspan="6">이 력 서</td></tr>
<tr><td rowspan="2">성
명</td><td>한글</td><td colspan="2"></td><td colspan="2">주민등록번호</td></tr>
<tr><td>한자</td><td colspan="2"></td><td colspan="2"></td></tr>
<tr><td colspan="6">생년월일 서기 년 월 일생 (만 세)</td></tr>
<tr><td rowspan="2">주 소</td><td colspan="3" rowspan="2"></td><td rowspan="2">전화
번호</td><td colspan="2">연락처(집):</td></tr>
<tr><td colspan="2">연락처(휴):</td></tr>
<tr><td rowspan="2">호적 관계</td><td>호주 성명</td><td></td><td rowspan="2">전자 우편</td><td colspan="3" rowspan="2"></td></tr>
<tr><td>호주 관계</td><td></td></tr>
</table>

<table>
<tr><td colspan="3">년 월 일</td><td>학 력 및 경 력 사 항</td><td>발 령 청</td></tr>
<tr><td></td><td></td><td></td><td>학력(學歷)</td><td></td></tr>
<tr><td></td><td></td><td></td><td></td><td></td></tr>
<tr><td></td><td></td><td></td><td></td><td></td></tr>
<tr><td></td><td></td><td></td><td></td><td></td></tr>
<tr><td></td><td></td><td></td><td></td><td></td></tr>
<tr><td></td><td></td><td></td><td></td><td></td></tr>
<tr><td></td><td></td><td></td><td>경력(經歷)</td><td></td></tr>
<tr><td></td><td></td><td></td><td></td><td></td></tr>
<tr><td></td><td></td><td></td><td></td><td></td></tr>
<tr><td></td><td></td><td></td><td></td><td></td></tr>
<tr><td></td><td></td><td></td><td>상벌(賞罰)</td><td></td></tr>
<tr><td></td><td></td><td></td><td></td><td></td></tr>
<tr><td></td><td></td><td></td><td></td><td></td></tr>
<tr><td></td><td></td><td></td><td></td><td></td></tr>
<tr><td></td><td></td><td></td><td>자격(資格)</td><td></td></tr>
<tr><td></td><td></td><td></td><td></td><td></td></tr>
<tr><td></td><td></td><td></td><td></td><td></td></tr>
<tr><td></td><td></td><td></td><td></td><td></td></tr>
<tr><td></td><td></td><td></td><td></td><td></td></tr>
<tr><td colspan="5">위 사실은 틀림이 없음.
2014년 0월 00일
000 ㉧</td></tr>
</table>

화양구곡(華陽九曲)

〈제1곡〉 **경천벽(擎天壁)**: 화양 제1곡으로 기암이 가파르게 솟아 있어 그 형세가 자연의 신비라고 나 할 산이 길게 뻗히고 높이 솟은 것이 마치 하늘을 떠받치듯 하고 있어 경천벽이라 한다.

〈제2곡〉 **운영담(雲影潭)**: 경천벽에서 약 400m 북쪽의 계곡에 맑은 물이 모여 소를 이루고 있다. 구름의 그림자가 맑게 비친다하여 운영담이라 이름하였다.

〈제3곡〉 **읍궁암(泣弓巖)**: 운영담 남쪽에 희고 둥굴넓적한 바위가 있으니 우암이 효종대왕의 돌아가심을 슬퍼하며 매일 새벽마다 이 바위에서 통곡하였다 하여 후일 사람들이 읍궁암이라 불렀다.

〈제4곡〉 **금사담(金沙潭)**: 맑고 깨끗한 물에 모래 또한 금싸라기 같으므로 금사담이라 했다. 읍궁암 동남쪽으로 약간 떨어진 골짜기를 건너면 바로 금사담이다. 담애에 암서제가 있으니 우암 선생이 조그만 배로 초당과 암제를 통하였다.

〈제5곡〉 **첨성대(瞻星臺)**: 도명산 기슭에 층암이 얽혀 대를 이루었으니 제5곡이다. 경치도 좋을 뿐더러 우뚝 치솟은 높이가 수 십 미터이고 대의 아래 "비례부동"이란 의종의 어필이 새겨져 있으니 이름하여 첨성대라 했다. 또한 평평한 큰 바위가 첩첩이 겹치어 있고 그 위에서 성진을 관측할 수 있다하여 첨성대라 한다.

〈제6곡〉 **능운대(凌雲臺)**: 큰 바위가 시냇가에 우뚝 솟아 그 높이가 구름을 찌를 듯하여 능운대라고 한다.

〈제7곡〉 **와룡암(臥龍巖)**: 첨성대에서 동남쪽으로 1km 지나면 이 바위가 있다. 공석이 시내변에 옆으로 뻗혀 있어 전체 생김이 마치 용이 꿈틀거리는 듯하고, 그 길이가 열 길이나 되어 와룡암이다.

〈제8곡〉 **학소대(鶴巢臺)**: 와룡암 동쪽으로 조금 지나면 학소대이다. 낙낙장송이 오랜 성상의 옛일을 간직한 채 여기저기 서 있는데, 옛날에는 백학이 이곳에 집을 짓고 새끼를 쳤다 하여 이름을 학소대라 하였다.

〈제9곡〉 **파천(巴串)**: 개울 복판에 흰 바위가 펼쳐 있으니 티 없는 옥반과 같아서 산수경관을 찾는 이곳에 오는 관광객은 누구나 이 넓은 반석 위를 거치지 않는 사람이 없다. 학소대 북쪽으로 조금 지나면 이 반석이 오랜 풍상을 겪는 사이에 씻기고 갈리어 많은 세월을 새기고 있다.

* 송시열(조선 숙종 때 문신, 학자)

◈ 송시열(宋時烈, 1607~1689)은 조선 숙종 때의 문신 · 학자이며, 아명은 성뢰(聖賚)이고, 자는 영보(英甫), 호는 우암(尤庵) · 우재(尤齋)이다. 효종의 장례 때 대왕대비의 복상(服喪) 문제로 남인과 대립하고, 후에는 노론의 영수(領袖)로서 숙종 15년(1689)에 왕세자의 책봉에 반대하다가 사사(賜死)되었다. 저서에 ≪우암집≫, ≪송자대전(宋子大全)≫ 따위가 있다.

2 자기소개서

자기소개서(自己紹介書)는 이력서(履歷書)와 입사 지원서(入社志願書)에 나와 있지 않은 가족 사항(家族事項), 성장 과정(成長過程), 장점(長點), 지원 동기(志願動機), 인생관(人生觀), 대인 관계(對人關係), 포부(抱負) 등을 기록한 글이다. 우리나라 기업의 경우도 필기시험(筆記試驗)으로 사람을 선발하는 것보다 점차 자기소개서와 면접시험(面接試驗)만으로 선발 여부를 판단하는 경우가 늘고 있기 때문에 자기소개서는 더욱 중요해졌다.

1) 작성 방법(作成方法)

① 가족 사항(家族事項)이나 개인(個人)의 성장 과정(成長過程)을 적는다.

성장 과정은 특별히 남달랐던 부분에 대하여 언급한다. 어린 시절부터 대학시절을 통해 있었던 독특한 체험(體驗)이나 경험(經驗)을 개성 있게 나타내기도 한다. 이를테면, 남들이 관심을 기울이지 않던 새로운 학문 분야에 대한 흥미나 관심, 그리고 그것을 선택한 결단이라든가, 가정형편(家庭形便)이 어려워 부모나 형제들을 돌보면서 어렵게 공부해 온 경험 등, 설득력 있는 이야기로 읽는 사람의 공감을 불러일으킬 수 있는 내용들이면 좋다. 이때 성장 과정에서 부모(父母)님, 은사(恩師)님이나 선배(先輩)님 등에 대하여 함께 언급을 하는 것도 좋다.

② 자신(自身)의 장점(長點)을 최대한 살려 쓴다.

자신의 성격을 장단점(長短點)으로 구분해서 분명하게 얘기하기는 어렵다. 그러기 위해서는 무엇보다 자기 자신을 잘 알고 있어야 하기 때문이다. 가능하다면 자신의 단점까지도 이야기할 수 있고, 그것의 개선을 위한 노력(努力)이나 의지(意志)도 보여줄 수 있어야 한다. 자신의 좋은 점이나 특기사항(特記事項)은 자신 있게 밝혀주고, 아울러 단점에 대한 언급과 함께 그것을 고쳐나가기 위한 노력 등도 이야기하는 것이 좋다. 이러한 태도는 자신의 개성과 함께 강렬(强烈)한 인상(人相)을 심어줄 수 있기 때문이다.

자신의 장점(長點)이나 특기(特技)를 언급할 때는 외국어능력(外國語能力)이나 리더십(Leadership) 또는 업무 수행(業務遂行)에 도움이 될 수 있는 능력 등을 자신의 체험과 함께 언급하는 것이 좋다. 이것은 면접 때도 질문 빈도수가 높으므로, 평소에 나름대로 이에 대한 분석을 철저히 해 두는 것이 좋다.

③ 지원 동기(志願動機)를 구체적(具體的)으로 밝힌다.

지원 동기를 씀에 있어서 일반론을 펴는 것보다는 해당 기업(該當企業)과 직접 연관이 있는 내용을 함께 언급하는 것이 좋다. 즉, 해당 기업의 업종이나 특성 등과 자기의 전공(專攻) 또는 희망(希望) 등을 연관시켜 입사 지원 동기를 언급하도록 한다. 이를 위해서는 평소에 신문(新聞)이나 그 외 매체를 통해 해당 기업에 대해 어느 정도 연구를 해 두는 것이 바람직하다. 흔히 동기가 확실치 않으면 성취 의욕(成就意慾)도 적어 결국 좋은 결과를 기대할 수 없다고 한다. 때문에 뚜렷한 지원 동기를 밝혀, 입사 후에도 매사에 의욕적(意慾的)으로 일에 임하게 될 것이라는 인상을 심어줄 필요가 있다.

④ 장래 희망(將來希望) 또는 포부(抱負)를 언급(言及)한다.

자신(自身)의 장래 희망은 대학의 전공(專攻)과 입사 지원 동기 등과 함께 일관성(一貫性)을 유지하여야 하며, 입사 후의 목표(目標)와 자기 개발을 위해 어떠한 계획(計劃)이나 각오(覺悟)로 일에 임할 것인지를 구체적으로 적는 것이 좋다.

2) 작성할 때 유의점(留意點)

자기소개서(自己紹介書)를 작성하는 데 정해진 원칙(原則)이나 양식(樣式)은 없다. 중요한 점은 자신을 소개하는 데 있어 내용과 형식이 조화를 이루어야 한다는 것이다. 객관적(客觀的)으로 입증할 수 있는 내용이 담겨 있으면서도 그것을 효과적(效果的)인 어휘(語彙)와 표현 방법(表現方法)으로써 잘 부각(浮刻)시켜야 한다.

① 자신(自身)의 개성(個性)을 드러낸다.

효과적(效果的)으로 자신의 개성을 드러내는 방식을 찾아야 한다. 예를 들어 '돈독한 가족 관계'를 말하려면 가족이 경제적(經濟力)으로 어려웠던 시절, 형제들이 불평하는 대신 아르바이트를 하며 생활을 도왔고 서로 격려하여 어려움을 벗어날 수 있었다고 우회적으로 표현하는 것이 효과적이다. 그 밖에도 자신만의 경험(經驗)과 인상적(印象的)인 일화(逸話) 등을 통해 자기가 지닌 장점(長點)을 부각시킬 수 있을 것이다.

② 지원(志願)하려는 회사(會社)나 기관(機關)의 특성에 맞게 작성한다.

자신이 지원하려는 회사나 기관(機關)의 특성을 살피고 지원 분야를 파악하여 참고로 한다. 특히 지원하고자 하는 부서(部署)나 분야에 대한 사전 지식이 있다면 자신의 역할이나 포부에 대해 구체적으로 말할 수 있을 것이다. 따라서 여러 경로를 통해 일하고자 하는 분야

(分野)의 성격(性格)과 전망(展望), 특성을 미리 파악하는 일도 중요하다.

③ 문장(文章)을 가다듬어서 쓴다.

아무리 좋은 내용을 쓰더라도 문장력(文章力)이 형편없거나 띄어쓰기, 맞춤법이 엉망이라면 글을 쓴 사람에 대한 인상이 좋을 수가 없다. 따라서 문장을 여러 번 가다듬고 다른 사람에게 보여 주어 수정할 필요가 있다.

④ 미리 작성(作成)하고 필요(必要)에 따라 수정(修正)하여 쓴다.

이력서와 마찬가지로 제출일(提出日)에 임박하여 쓴 자기소개서(自己紹介書)는 문장에 오류가 있을 수 있으며 내용도 충실하기 어렵다. 따라서 미리 초고(礎稿)를 작성하고 내용과 문장을 수정하여 기본적인 글을 완성해 놓은 다음 필요에 따라 내용을 수정하여 사용하도록 한다.

⑤ 한자(漢字) 및 외래어(外來語) 사용에 주의한다.

한자나 외래어를 써야 할 경우, 반드시 옥편(玉篇)이나 사전(辭典)을 찾아 확인 후 정확(正確)하게 사용한다.

3) 자기소개서를 원하는 이유(理由)

① 개인(個人)의 가정 환경(家庭環境)과 성장 과정(成長過程)을 살펴보기 위해서이다.

인간은 어떠한 환경이나 여건에서 어떠한 모습으로 성장해 왔는가 하는 것은 개인의 성격 형성에 많은 영향을 미치게 된다. 그러므로 기업에서는 자기소개서를 통하여 지원자의 성격(性格), 가치관(價値觀)을 파악하며, 학교생활(學校生活)이나 동아리 활동(活動)을 통해 대인관계(對人關係), 적응력(適應力), 성실성(誠實性), 창의성(創意性) 등을 파악하게 된다.

② 지원 동기(志願動機)와 장래성(將來性)을 알아보기 위함이다.

기업(企業)에서는 그 사람이 어떠한 동기(動機)로 입사를 하게 되었고, 입사 후에는 어떠한 자세로 업무(業務)에 임할 것인지를 알아보기 위함이다. 또한 그 사람의 장래성(將來性)은 어떠한가를 파악(把握)하기 위해서이다.

③ 문장력(文章力)과 필체(筆體)를 알아보기 위해서이다.

기업에서는 일반적으로 자필(自筆)로 기재하는 것을 시행하고 있다. 자신의 생각이나 의견을 글로 표현하는 능력(能力)은 매우 중요하다고 할 수 있다. 이와 함께 자기소개서에 나타난 필체를 통해서 개인의 문장력이나 성격을 파악하기도 한다.

④ 자격증(資格證)을 확인하고 질문하기 위해서이다.

TOEIC시험, 국어능력인증시험, 한자능력인증시험, 한국사능력시험, 정보처리, 워드프로세서, 사무 자동화, 컴퓨터 활용 능력, 중국어능력시험, 일본어능력시험, 토익 등 점수와 급수 등의 증명 자료를 제출해야 한다.

※ 인사 담당자(人事擔當者) 체크 포인트(Check Point)

① 어떠한 성격(性格)의 사람인가?
② 전공(專攻)의 실력(實力)은 배양(培養)했는가?
③ 전공 이외의 관심 사항(關心事項)은 무엇인가?
④ 업무(業務)의 이해력(理解力)이 빠른가?
⑤ 조직(組織)과 잘 융합(融合)할 수 있는가?
⑥ 긍정적(肯定的)인 사고(思考)를 가지고 있는가?
⑦ 장래(將來)의 포부(抱負)를 가지고 있는가?
⑧ 소신(所信)과 주관(主觀)이 뚜렷한가?

예문

자 기 소 개 서	
성장과정	〈고생 끝, 자신감 상승〉 울산 화학회사에 자리를 두신 아버지를 따라 울산에서 태어나고 성장해온 저는 아버지의 업무 스트레스와 건강 악화로 아버지의 퇴직과 동시에 고향인 울산을 초등학교 졸업 직전 갑작스레 떠나게 되었습니다. 그 후 청주로 이사를 왔지만 너무 다른 성격과 친구들로 적응해 나가지 못하고 힘들었습니다. 타 지역에서 왔다는 이유로 자신감이 없어지고 제 자신이 당당하지 못하였습니다. 그 시기 어머니가 '이럴 때 일수록 더 당당해져야 한다.'라고 말씀하였습니다. 이렇게 저는 점점 자리를 잡아가고 자신감을 얻게 되었습니다. 서로 힘든 상황 속에서 제 이야기를 들어주시고 응원해 주시는 가장 환경 속에서 저는 남을 생각하는 배려와 격려할 줄 아는 마음을 갖고 용기있게 성장할 수 있었습니다.
성격 및 교우관계	〈활발하고 당찬 여성 리더〉 활발하고 당찬 성격을 갖고 있어 리더의 역할을 자주 해내왔습니다. 처음 만나는 사람들과도 거리낌 없이 쉽게 다가갑니다. 또한, 사람들과의 소통을 중요시하며 서로의 의견을 모아 해내는 일을 좋아합니다. 하려는 일에 대해 계획을 세우고 실행합니다. 이로 인해 사람들이 저를 믿고 따라오지만 계획대로 이끌지 못하였을 때 큰 죄책감을 느끼는 단점이 있습니다. 이를 개선하기 위해 많은 사람들과 소통을 통해 그 상황에 맞게 계획을 변경해 가려고 노력하고 있습니다. 책임을 맡은 일에 있어서는 꼼꼼하게 해내어서 주위 사람들보다 일의 성과가 높고 이런 일을 맡아서 하는 편입니다. 항상 성실하고 책임감 있는 소양을 갖추기 위해 노력하고 있습니다.
인생관	〈거짓말 그리고 도전〉 인생을 살면서 중요시 하는 두 가지가 있습니다. 첫째는 '거짓말을 하지 말자.'이고, 둘째는 '도전정신을 갖고 살자.'입니다. 거짓말 하지 않는 것을 중요시 여기던 부모님은 어릴 적 『피노키오』를 읽어 주시며 거짓말의 폐해를 일깨워 주셨습니다. 저는 사람들에게 거짓말로 인한 상처를 주지 않고 살아가려고 노력하고 있습니다. 고등학교 시절 김난도 교수님의 『아프니까 청춘이다』라는 책을 읽었습니다. '청춘이기에 실패가 있어도 두렵지 않다.'라는 구절을 읽고 모든 일에 두려워하지 않고 먼저 도전하고 다가가려는 마음을 가져야겠다는 생각을 하였습니다. 어려운 일에 있어서 도전정신을 갖고 일하니 처음 겪는 역경도 많았지만 그 만큼의 보람과 경험이 제 인생에 있어서 큰 보탬이 되는 것 같습니다.

자 기 소 개 서

자기소개서	
성장과정	
성격 및 교우관계	
인생관	
지원동기	
장래업무와 포부	
특기사항	

2014년 0월 00일

000 ㊞

* **가훈(家訓)**

한 집안의 조상이나 어른이 자손들에게 일러 주는 가르침.

1. 건강하고 화목하며 정직하고 성실하게
2. 건강함이 으뜸이며 인간됨이 둘째이고 그 다음이 지식이다.
3. 검소한 것은 보배이다
4. 계획하는 가정 실천하는 가정 열매 맺는 가정
5. 고운 마음 가득한 가정
6. 근면과 성실로 보람되게 살자
7. 남과 같이 해서는 남 이상 될 수 없다
8. 넓게 알고 깊게 생각하고 바르게 행동하라.
9. 능력 있는 사람 인정받는 사람
10. 둥근 마음 열린 생각 바른 행동
11. 마음은 여유 있게 삶은 자신 있게
12. 머리에는 지식을 가슴에는 사랑을 손발에는 근면을
13. 모든 일에 앞서 생각하고 행동하자
14. 모든 일에 후회 없도록 최선을 다하자
15. 믿음의 아버지 사랑의 어머니 성실한 자녀
16. 배운 것을 행하고 안 것을 지키며 느낀 것을 베풀자
17. 부드러운 얼굴 아름다운 마음 너그러운 생각

17\. 부모님께 효도하고 형제간에 우애하며 정직성실하게 살자

19. 새로운 생각, 뜨거운 열정, 당당한 자세, 확고한 신념
20. 생각하는 하루 노력하는 한 달 결실 맺는 일 년
21. 서로 사랑하며 항상 건강하고 올바르게 살자
22. 세상은 밝게 살며 마음은 넓게 갖고 희망은 크게 품자
23. 적극적 사고 정확한 판단 과감한 실천
24. 존경하는 생활 인내하는 생활 봉사하는 생활
25. 지난일은 반성하고, 오늘 일에 성실하며, 내일 일은 보람 있게
26. 참된 사람이 되고 필요한 사람이 되자
27. 햇빛처럼 따뜻하게 물처럼 부드럽게 꽃처럼 아름답게
28. 현실을 보다 밝게 생각을 보다 깊게 세상을 보다 넓게

29. 흙처럼 진실하게 꽃처럼 아름답게 벌처럼 성실하게
30. 家和吉祥(가화길상): 가정이 화목하면 좋은 일이 계속 된다
31. 家和萬事成(가화만사성): 가정이 화목하면 모든 일이 이루어진다
32. 康和器務(강화기무): 건강하고 화목하며 재능개발에 노력한다
33. 見利思義(견리사의): 이로움을 보거든 의를 생각하라
34. 敬愛和樂(경애화락): 공경과 사랑은 화목과 즐거움을 준다
35. 克己復禮(극기복례): 자신을 이겨 예를 회복하라
36. 勤儉成家(근검성가): 부지런하고 검소한 것으로 집안을 일으켜라
37. 金玉滿堂(금옥만당): 집 안에 좋은 일만 가득하여 풍요롭게 되라
38. 露積成海(노적성해): 한 방울의 이슬이 모여 바다를 이룬다
39. 對人春風(대인춘풍): 사람을 대할 때는 봄바람처럼 대하라
40. 篤志如學(독지호학): 뜻을 돈독히 하고 배움을 즐겨하라
41. 無愧我心(무괴아심): 마음에 부끄러운 일을 하지마라
42. 無忍不達(무인부달): 참을성이 없으면 무엇이든지 달성 할 수 없다
43. 無汗不成(무한불성): 땀을 흘리지 않고는 무엇이든 이룰 수 없다
44. 三思一言(삼사일언): 세번 생각하고 한번 말하라
45. 成實在勤(성실재근): 성공의 열매는 부지런함에 있다
46. 松心蘭性(송심난성): 소나무 같이 꿋꿋한 마음 난초 같은 유연한 성품
47. 心淸事達(심청사달): 마음이 깨끗해야 모든 일이 잘 이루어진다
48. 義海思山(의해사산): 의는 바다와 같고 은혜는 산과 같다
49. 一切唯心造(일체유심조): 모든 것은 마음먹기에 달려있다
50. 正道正行(정도정행): 바른길로 가고 바르게 행하라
51. 忠孝傳家(충효전가): 충성과 효도를 대대로 전하라
52. 和氣滿堂(화기만당): 집안에 화목한 기운이 가득하다
53. 孝悌忠信(효제충신): 효도하고 사랑하고 충성하고 믿음 있게
54. 少不勤學老後悔(소불근학노후회): 젊어서 부지런히 공부하지 않으면 늙은 뒤에 뉘우치게 되리라.

* **좌우명(座右銘)**

늘 자리 옆에 갖추어 두고 가르침으로 삼는 말이나 문구.

1. 지금 잠을 자면 꿈을 꾸지만 지금 공부하면 꿈을 이룬다.
2. 내가 헛되이 보낸 오늘은 어제 죽은 이가 갈망하던 내일이다.
3. 늦었다고 생각했을 때가 가장 빠른 때이다.
4. 오늘 할 일을 내일로 미루지 마라.
5. 공부할 때의 고통은 잠깐이지만 못 배운 고통은 평생이다.
6. 공부는 시간이 부족한 것이 아니라 노력이 부족한 것이다.
7. 행복은 성적순이 아닐지 몰라도 성공은 성적순이다.
8. 공부가 인생의 전부는 아니다. 그러나 인생의 전부도 아닌 공부 하나도 정복하지 못한 다면 과연 무슨 일을 할 수 있겠는가?
9. 피할 수 없는 고통은 즐겨라.
10. 남보다 더 일찍 더 부지런히 노력해야 성공을 맛 볼 수 있다.
11. 성공은 아무나 하는 것이 아니다. 철저한 자기 관리와 노력에서 비롯된다.
12. 시간은 간다.
13. 지금 흘린 침은 내일 흘릴 눈물이 된다.
14. 개같이 공부해서 정승같이 놀자.
15. 오늘 걷지 않으면, 내일 뛰어야 한다.
16. 미래에 투자하는 사람은 현실에 충실한 사람이다.
17. 학벌이 돈이다.
18. 오늘 보낸 하루는 내일 다시 돌아오지 않는다.
19. 지금 이 순간에도 적들의 책장은 넘어가고 있다.
20. no pains no gains (고통이 없으면 얻는 것도 없다.)
21. 꿈이 바로 앞에 있는데, 당신은 왜 팔을 뻗지 않는가?
22. 눈이 감기는가? 그럼 미래를 향한 눈도 감긴다.
23. 졸지 말고 자라.
24. 성적은 투자한 시간의 절대량에 비례한다.
25. 가장 위대한 일은 남들이 자고 있을 때 이뤄진다.
26. 지금 헛되이 보내는 이 시간이 시험을 코앞에 둔 시점에서 얼마나 절실하게 느껴지겠는가?
27. 불가능이란 노력하지 않는 자의 변명이다.

28. 노력의 대가는 이유없이 사라지지 않는다.
29. 오늘 걷지 않으면 내일은 뛰어야 한다.
30. 한 시간 더 공부하면 와이프의 얼굴이 바뀐다.
31. 성공은 결과이지 목적은 아니다.
32. 사람의 일생은 돈과 시간을 쓰는 방법에 의하여 결정된다. 이 두 가지 사용법을 잘못하여서는 결코 성공할 수 없다.
33. 성공이 보이면 지치기 쉽다.
34. 싸워서 이기기는 쉬워도 이긴 것을 지키기는 어렵다.
35. "할 수 없다"고 생각하는 것은 "하기 싫다"고 다짐하는 것과 같다.
36. Aim low, boring Aim high, soaring!(목표를 낮게 잡으면 지루해지고, 목표를 높게 잡으면 솟아오른다)
37. Be the miracle! (기적은 일어난다!)
38. I will be what I mean. (나는 내의지대로 될 것이다)

＊ 유명 인사들의 좌우명

1. 조선시대 거상 임상옥: 재물에 있어서는 물처럼 공평하게 하라
2. 유기회사 이승훈 창업주: 땅속의 씨앗은 자기의 힘으로 무거운 흙을 들치고 올라온다
3. 경주 최 부잣집 백산상회 최준 창업주: 사방 백 리 안에 굶어 죽는 사람이 없게 하라
4. 유한양행 유일한 창업주: 기업은 사회를 위해 존재한다
5. 금호아시아나그룹 박인천 창업주: 신의, 성실, 근면
6. 샘표식품 박규회 창업주: 옳지 못한 부귀는 뜬구름과 같다
7. 코오롱그룹 이원만 창업주: 공명정대하게 살자
8. 경방그룹 김용완 명예회장: 분수를 알고 일을 즐긴다
9. 효성그룹 조홍제 창업주: 덕을 숭상하며 사업을 넓혀라
10. 삼성그룹 이병철 창업주: 수신제가치국평천하
11. LG그룹 구인회 창업주: 한 번 사람을 믿으면 모두 맡겨라
12. 쌍용그룹 김성곤 창업주: 인화(人和)가 제일 중요하다
13. 현대그룹 정주영 창업주: 시련은 있어도 실패는 없다
14. 벽산그룹 김인득 창업주: 남과 같이 해서는 남 이상 될 수 없다
15. 교보생명 신용호 창업주: 맨손가락으로 생나무를 뚫는다
16. 대림그룹 이재준 창업주: 풍년 곡신은 모자라도 흉년 곡식은 남는다

17. 개성상회 한창수 회장: 아름답고 평범하게 살자
18. 한진그룹 조중훈 창업주: 모르는 사업에는 손대지 말라
19. 대상그룹 임대홍 창업주: 나의 도는 하나로 꿰뚫고 있다
20. 한화그룹 김종희 창업주: 스스로 쉬지 않고 노력한다
21. 롯데그룹 신격호 창업주: 겉치레를 삼가고 실질을 추구한다
22. SK그룹 최종현 회장: 학습을 통하여 스스로 문제를 해결한다
23. 을유문화사 정진숙 회장: 차라리 책과 더불어 살 수 있는 거지가 낫다
24. 두산그룹 박용곤 명예회장: 분수를 지킨다
25. 금호그룹 박정구 전 회장: 의가 아닌 것은 취하지 말라
26. 동원그룹 김재철 회장: 모든 일에 정성을 다하자
27. 두산그룹 박용오 회장: 부지런한 사람이 성공한다
28. 우리금융그룹 윤병철 회장: 아직 배가 12척이나 있고 저는 죽지 않았습니다
29. 광동제약 최수부 회장: 자신이 하고자 하는 일이 있다면 끝까지 완수하자
30. 미래산업 정문술 창업주: 미래를 지향한다
31. 현대자동차그룹 정몽구 회장: 부지런하면 세상에 어려울 것이 없다
32. 두산중공업 윤영석 부회장: 정성이 지극하면 하늘도 감동한다
33. 캐드콤 김영수 대표: 충분히 생각하고 단호히 실행하라
34. 아티포트 김이현 회장: 사슴은 먹이를 발견하면 무리를 불러모은다
35. SK텔레콤 조정남 부회장: 하는 일마다 불공을 드리는 마음으로 대하라
36. 동양화재 정건섭 대표: 크고자 하거든 남을 섬겨라
37. 연합캐피탈 이상영 대표: 물은 모두를 이롭게 하지만 다투지 않는다
38. 삼우무약 이성희 회장: 이득은 적당히 탐해야 한다
39. 원일종합건설 김문경 회장: 지나친 것은 미치지 못하는 것과 같다
40. 삼성그룹 이건희 회장: 경청
41. 현대모비스 박정인 회장: 인내
42. LG칼텍스정유 허동수 회장: 처지를 바꾸어 생각한다
43. 코오롱건설 민경조 대표: 덕은 외롭지 아니하고 반드시 이웃이 있다
44. 한국타이어 조충환 대표: 밝고 적극적인 삶의 태도를 지니자
45. 현대산업개발 이방주 대표: 우주는 무한하고 인생은 짧다
46. 삼성물산 배종렬 대표: 깊은 강은 소리를 내지 않는다
47. 현대아산 김윤규 대표: 부지런하면 굶어 죽지 않는다

48. 만도 오상수 대표: 나의 발자국이 뒷사람의 이정표가 되리라
49. KT 이용경 대표: 노력한 만큼 거둔다
50. LG그룹 구본무 회장: 약속은 꼭 지킨다
51. 웅진그룹 윤석금 회장: 나를 아는 모든 사람들을 사랑한다
52. 벽산 김재우 대표: 계획은 멀리 보되 실천은 한 걸음부터
53. 아시아나항공 박찬법 대표: 효도는 모든 행동의 근본이다
54. 한라공조 신영주 대표: 뜻이 있는 곳에 길이 있다
55. 재능교육 박성훈 회장: 교육을 통해 보다 나은 삶을 살자
56. 삼성전자 이윤우 부회장: 단순한 것이 최고다
57. 대우인터내셔널 이태용 대표: 할 수 있는 일을 다하고 나서 천명을 기다린다
58. OTIS · LG 장병우 대표: 걷고 또 걷는다
59. 휠라코리아 윤윤수 대표: 정직
60. 한세실업 김동녕 대표: 한 걸음 늦게 가자
61. 삼성테스코 이승한 대표: 넓고 깊게 안다
62. 국민은행 김정태 행장: 선비는 자기를 알아주는 사람을 위해 죽는다
63. LG화학 노기호 대표: 선(善)을 따르는 것이 물의 흐름과 같다
64. 대우일렉트로닉스 김충훈 대표: 생행습결
65. 신한카드 홍성균 대표: 모든 일은 즐겁게 하는 것이 제일이다
66. 포스틸 김송 대표: 모든 것은 마음먹기에 달려 있다
67. 골든브릿지 정의동 회장: 아는 것도 어렵고 행하는 것도 쉽지 않다
68. 한진그룹 조양호 회장: 지고 이겨라
69. KT네트웍스 이경준 대표: 하늘은 스스로 돕는 자를 돕는다
70. 유한킴벌리 문국현 대표: 세 사람이 가면 그 중에 반드시 나의 스승이 있다
71. 대교그룹 강영중 창업주: 가르치고 배우고 배우면서 서로 성장한다
72. 동양시스템즈 구자홍 대표: 기본에 충실하자
73. 동양그룹 현재현 회장: 병사가 교만하면 싸움에서 반드시 진다
74. 코스닥증권시장 신호주 사장: 주인의식을 갖고 추구하면 참됨을 이룰 수 있다
75. TYK그룹 김태연 회장: 하면 된다
76. 광혁건설 신현각 대표: 인정을 베풀면 훗날 좋은 모습으로 볼 수 있다
77. 아산재단 정몽준 이사장: 화합은 하지만 부화뇌동은 하지 않는다
78. 이니시스 이금룡 대표: 하늘을 공경하고 사람을 사랑하자

79. 삼성전자 황창규 사장: 죽을 각오로 싸우면 반드시 산다
80. 한화그룹 김승연 회장: 살아있는 물고기는 물을 거슬러 헤엄친다
81. 국순당 배중호 대표: 원칙이 곧 지름길이다
82. 하나투어 박상환 대표: 변화를 두려워하는 자는 발전이 없다
83. 마리오 홍성열 대표: 준비를 하면 근심할 것이 없다
84. 현대그룹 현정은 회장: 매순간 최선을 다해 열심히 살자
85. 한솔그룹 조동길 회장: 겸손하게 살자
86. 로만손 김기문 대표: 소중한 것부터 먼저 하라
87. 코오롱그룹 이웅열 회장: 자유롭고 창의적으로 살자
88. CJ CGV 박동호 대표: 촌음도 나의 것
89. 미래에셋그룹 박현주 회장: 독수리는 조는 듯이 앉아 있고 호랑이는 앓는 듯이 걷는다
90. SK 최태원 회장: 실천이 중요하다
91. 휴맥스 변대규 대표: 깊이 생각하고 최선을 다하자
92. 파이언소프트 이상성 대표: 남을 대할 때는 봄바람처럼 따뜻하게 하라
93. 안철수연구소 안철수 대표: 남보다 시간을 더 투자할 각오를 한다
94. 웅진식품 조운호 대표: 하루하루를 새롭게 하고 또 나날이 새롭게 하라
95. 태평양 서경배 대표: 정성을 다하여 노력한다
96. NHN 김범수 대표: 꿈꾸는 자만이 자유로울 수 있다
97. SK텔레콤 가종현 상무: 범사에 감사하라
98. 엔씨소프트 김택진 대표: 떳떳할 수 있게 살아야 한다
99. 웹젠 김남주 대표: 디지털 세상에 선(禪)을 창조한다
100. 컴투스 박지영 대표: 모든 사람에게 배울 점이 있다

(인터넷 자료 활용)

예문

LG전자

※ 성장배경

샐러리맨으로 평생을 성실하고 정직하게 일하셨던 아버지는 저를 비롯한 세 딸들 모두가 적극적으로 자신의 인생을 설계하고 사회에 기여할 수 있는 인재가 될 수 있도록 이끌어주셨습니다. 제게 있어 부모님은 인생을 어떻게 살아야 하는지 본보기가 되어주셨던 분들이셨으며 막내인 저에게 부족함 없는 사랑과 관심을 가져주셨던 따뜻한 분들이십니다.

또한 부모님은 제가 당신의 기준과 잣대에 따라 살기를 강요하지 않으셨고, 항상 제가 원하는 대로 살아갈 수 있도록 든든한 격려와 지원을 해주셨습니다.

서로의 힘든 부분을 가장 잘 이해하며 어려움을 함께 나누고, 항상 밝고 즐겁게 생활해왔던 가정환경 속에서 저는 세상을 긍정적으로 바라보는 따뜻한 시각과 더불어 사는 삶을 소중히 여기는 인생관을 갖고 성장할 수 있었습니다.

사회에서 각자의 몫을 충실히 해내고 있는 언니들의 모습처럼 저 역시 제가 원하는 분야에서 성실과 최선을 다하며 인정받기 위해 노력하고 있습니다.

※ 성격의 장단점

저는 활달하고 사교성이 뛰어나서 처음 만나는 사람들과도 쉽게 친해지는 성격이며 새로운 조직에도 빨리 적응하고 융화하는 적극적인 면을 갖고 있습니다. 물질적인 가치보다는 사람사이에서 느끼는 우정과 의리 같은 정신적인 가치를 더 소중히 생각하기 때문에 인간관계에 충실히 임하려고 노력하며 저와 인연을 맺은 사람들에게는 평생을 한결 같은 마음으로 사랑을 베풀며 우호적인 관계를 지속시키려고 노력합니다.

저는 상대방에 대한 배려와 이해심이 많은 편이어서 항상 제 주위의 사람들에게 편안함을 주는 성격이지만 우유부단한 단점을 갖고 있으며 이를 개선하기 위해 사리분별이 명확한 성격을 지니기 위해 노력하고 있습니다.

일에 있어서는 미련하다는 소리를 들을 만큼 몰입하는 편이어서 한번 일을 시작하면 다른 일에는 눈도 돌리지 않을 만큼 강한 집중력을 발휘하는데 그만큼 일의 성과도 높은 편입니다. 또한 일에 있어 끈기와 성실, 책임을 다하는 자세를 항상 유지하기 위해 노력하고 있습니다.

※ 전공 및 경력사항

학교 생활을 하는 동안 아르바이트를 통해 일찍이 사회를 경험했습니다. 20xx년에는 인터넷 쇼핑몰 ○○에서 자료수집 및 경쟁사 조사 등의 일을 했으며, 20xx년에는 ○○일보 독자서비스 센터에서 파트타임으로 일을 한 경험이 있습니다. 독자서비스 센터는 ○○일보 구독자들의 민원 및 제보 접수를 받는 부서로서, 어떻게 보면 신문사의 모든 업무/부서 중에서 가장 고객과 가까이서 일을 하는 곳이라고 생각합니다. 그 곳에서 일을 하면서 사람을 상대한다는 것에 대해서 어려움도 많았고 힘들었지만 제가 가야할 진로를 정하는데 중요한 기초를 쌓는 시간이었다고 생각합니다.

상품기획자의 기본 자세는 현실과 제품에 대한 열린 시각이라고 생각합니다. 이를 위해 신문과 인터넷을 통해 항상 새로운 정보, 뉴스에 접하면서 현실 감각을 잃지 않기 위해 노력했으며, 또한 많은 새로운 마케팅 관련 서적들을 읽으면서 이론적으로 무장하는데 게을리하지 않았습니다.

※ 지원동기 및 포부

디지털 디스플레이&미디어, 디지털 어플라이언스, 정보통신의 3개 사업본부 체제를 갖추고 세계 73개의 해외 현지법인, 그리고 전 세계를 커버하는 마케팅 조직을 통해 글로벌 경영 활동을 전개하는 귀사는 인간중심의 시대를 선도해 나갈 최고의 기업이라고 생각합니다.

그러한 귀사의 상품기획 부분에서 고객들의 마음을 읽고, 새로운 시장을 창출할 수 있는 능력있는 상품기획 전문가가 되고자 합니다. 상품기획 전문가는 스스로 고정관념이나 편견이 없어야 한다고 생각합니다. 항상 변화의 선두에 서서 변화를 리드하는 상품기획가가 되겠습니다.

제품 안에 사람이, 사랑이 있어야 한다고 생각합니다. 모든 것의 중심은 사람입니다. 사람이 변화할 수 있는 유일한 존재라고 생각하기 때문입니다. 디지털 기술을 리드해가는 귀사에서 첨단 기술과 사람과의 조화를 이루어내는 인재가 되겠습니다.

예문

SK주식회사

※ 지원동기 및 입사 후 포부

국내 석유제품의 수요 회복세가 미약하고 수입사의 시장 점유율이 급증, 이라크 전쟁 등으로 시장경쟁 심화가 지속된 어려운 상황 속에서도, 정제시설 효율 극대화, e-Management 체계 구축, 유외사업과 시너지 확보 등의 경쟁력 제고를 통해 브랜드 파워와 서비스 품질면에서 업계 리더로서의 변함없는 위치를 다지고 귀사는 말이 필요없는 한국의 대표기업이며, World Best Company로서 손색이 없다고 생각합니다.

더불어 고객행복주식회사라는 슬로건을 필두로 철저히 고객중심, 고객접점 서비스를 실시하는 귀사에서 엔지니어로서 승부를 걸고 싶습니다.

귀사와 같은 체계적인 시스템에서 지난 4년 동안 배우고 익힌 것들을 연구해 보고 싶습니다. 밤을 하얗게 새도 모자랄 만큼의 열정과 도전정신을 가지고 인간의 능력으로 도달할 수 있는 최상의 연구 성과를 내고 싶습니다.

※ 전공 및 경력사항

화공과 공부가 어렵고 힘도 들었지만, 재미도 있었습니다. 특히 실험은 가장 보람된 시간이었습니다. 비중측정, 흡광도측정, 흡착, 선광도측정, 반응속도측정, 분석(각종 물질의 정성, 정량 분석)실험, 증류탑, 흡수탑, 유기합성실험 등을 통해 이론들을 정립시킬 수 있었으며, 문제 접근 방법과 해결책을 배울 수 있었습니다.

학과 공부뿐만 아니라, ○○라는 사회과학 학술동아리와 신문발행 모임인 ○○○에서 활동하였습니다. 두 단체의 리더로서의 역할을 수행하면서 엠티, 창립제, 소식지의 발간 등을 통해 타인을 이끄는 것의 어려움을 체험하였고, 상황에 따라 이를 해결하는 방법을 익혔습니다. 또한 문제의 설정, 분석, 해결 능력도 습득할 수 있었습니다. 이러한 경험들이 추후 다른 사회적 활동이나 업무수행 능력에 보탬이 될 수 있다고 생각합니다.

제대 후 공공근로로서 장애인 복지 부분에서 일했습니다. 시간이 지날수록 장애우들의 생활상과 그들이 겪어야했던 사회적 편견들이 얼마나 잘못되었는지 알게 되었고, 목욕 봉사시 나누었던 대화는 그들도 나와 같은 공간에서 같은 생각을 가지고 살아가는 똑같은 사람이라는 생각을 갖에 충분했습니다. x개월이라는 짧은 시간이었지만 편견을 말끔히 씻어낼 수 있게 된 소중한 경험이었습니다.

※ 성장배경

오랜 기간 해외에서 근무하신 아버지를 통해서 기업과 개인의 글로벌화에 대해 많은 것을 배웠습니다. 간접적인 경험이긴 하지만 세계화를 지향하는 마인드는 키울 수 있었다고 생각합니다. 또한 헌신적이고 적극적인 어머니를 통해 사랑과 노력이란 단어를 배웠습니다. 두 분의 가르침으로 최고의 인재가 되기 위해 서울로 대학 진학을 했습니다. 화공인이 되어 한국의 기반산업에 이바지하기 위해 학업에 충실하였고 공군 화학병으로 입대하여 화학적 실무 능력을 키우려 노력하였습니다.

※ 성격의 장단점

분석적이고 진취적인 소양을 갖고 있습니다. 무엇이든 남보다 먼저 해보고, 문제의 해결을 명확하게 하고자 항상 노력합니다. 또한 실패를 하더라도 그 원인을 분석하여 다음 실험 문제해결에 활용합니다.

때로는 이러한 성격이 완벽을 추구하려다 일이 어려워지는 때도 있지만 이는 여유를 갖고 문제에 대처하려고 노력할 것입니다. 개인의 성격 문제에서 가장 중요한 것은 개인의 신념과 노력, 융통성이라고 생각합니다. 이 세 가지 특성을 적절히 조화하여 어떠한 문제에 직면하더라도 최고의 결과를 얻어내겠습니다.

(SK주식회사 기획관리부 김00)

3 보고서

보고서(報告書)는 보고하는 글이나 문서(文書)를 말한다. 보고서는 실험(實驗)·조사(調査)·답사(踏査)·연구(硏究) 등의 사실이나 결과를 정리하여 보고하는 것이다. 보고서는 객관적(客觀的)이며 충실(充實)하게 작성하여 보고하는 것이다. 대학생들에게 보고서나 논문(論文)을 쓰게 하는 이유는 '지적(知的)인 독립(獨立)', '학문(學問)의 자립(自立)'을 위한 기초적(基礎的)인 훈련(訓練)을 시키는데 그 목적이 있다.

1) 보고서의 종류(種類)

보고서(報告書)를 쓰기 위해서는 무엇보다도 보고서를 제출하는 목적(目的)과 무엇 때문에 보고서를 요구(要求)하는가를 명확하게 파악해야 한다. 보고서는 종류에 따라 제각기 목적을 가지고 있다.

① 대학생(大學生)이 담당 교수(擔當敎授)에게 제출하는 보고서.

② 학과 소개(學科紹介)에 싣는 보고서.

③ 실험·관찰(實驗觀察) 보고서.

④ 조사(調査) 보고서.

⑤ 연구(硏究) 보고서.

2) 보고서 작성 절차(作成節次)

(1) 주제 선정(主題選定)

글의 중심이 되는 사상으로 글쓴이가 말하고자 하는 의도를 주제라 한다. 주제 선정에 있어서는 다음과 같은 기준을 필요로 한다.

① 주제는 되도록 작은 범위(範圍)로 한정한다.

② 대학생에게 관심(觀心)과 흥미(興味)를 끌 수 있는 재미[滋味]있는 것을 선택한다.

(2) 자료 수집(資料蒐集)

문헌 조사(文獻調査), 실험 관측(實驗觀測), 현장 조사(現場調査), 설문지 조사(說問紙調査) 등 주제를 뒷받침할 수 있는 확실하고 충분하며 다양한 자료를 수집한다.

① 믿을 수 있는 정확한 자료(資料)를 수집한다.

② 독창적(獨創的)이거나 기발(奇拔)한 자료를 수집하여 관심(觀心)을 끌어야 한다.

(3) 구성(構成)하기

주제를 형상화시키는 과정으로 수집한 자료를 알맞게 배열하여, 주제를 드러내기 위해 얼개를 짜는 과정이다.

① 주제(主題)를 드러내는데 가장 효과적인 관점(觀點)을 정한다.

② 서술(敍述)할 순서를 정하고 부분과 전체를 조화시켜 통일성(統一性)을 기한다.

③ 서론(序論) · 본론(本論) · 결론(結論)으로 나누는 논리적 구성 양식(構成樣式)을 취한다.

(4) 집필(執筆)하기

집필의 순서는 아래의 방식에 따른다.

① 제목 붙이기

② 서론 쓰기

③ 본론 쓰기

④ 결론 맺기

⑤ 참고 문헌 달기

⑥ 퇴고하기

3) 작성 양식(作成樣式)

(1) 표지(表紙) 만들기

(2) 목차(目次)

Ⅰ. 서론 ········· 1

Ⅱ. 본론 ········· 3

1. 한글 맞춤법 ········· 7

2. 문장부호 ········· 11

3. 표준어 규정 ········· 18

4. 외래어 표기법 ········· 20

5. 로마자 표기법 ········· 22

Ⅲ. 결론 ········· 32

참고문헌

(3) 주석(註釋)과 참고문헌(參考文獻)

보고서(報告書)와 논문(論文)에는 대개 '주석'이 따른다. 대체로 해당 페이지의 맨 아래쪽에

다는 '각주(脚註)'가 편리하나, 장과 절이 끝나는 뒤에 함께 몰아서 다는 '후주(後註)'도 있다. 보고서를 작성하다 보면 반드시 다른 사람의 문헌이나 논문을 참고하게 된다. 이럴 경우 주석, 참고문헌을 통해 분명하게 출처(出處)를 밝혀야 한다.

〈주석〉

김영대(1999), 「우리 가락의 정서와 신경림 시의 상관성 연구」, 『어문논총』 4, 동서어문학회, pp.99~101.

노창선(2011), 「강은교 시의 이미지에 관한 연구」, 『어문연구』 62, 어문연구학회, pp.35~37.

조항범(2012), 「현대국어의 의미 변화에 대하여(2)」, 『한국언어문학』 81, 한국언어문학회, pp.151~162.

황경수(2013), 「띄어쓰기의 실제」, 『새국어교육』 95, 한국국어교육학회, pp.40~41.

〈참고문헌〉

황경수 · 전계영(2014), 『문식력과 글쓰기』, 도서출판 청운.

황경수(2014), 『문학작품을 활용한 어문 규정 바로알기』, 도서출판 청운.

(4) 보고서를 작성할 때 필요한 형식

① 표제지에 들어갈 사항: 제목, 과목, 학과, 학번, 이름, 제출일자, 담당교수

② 본문 번호 매기기

Ⅰ. Ⅱ. Ⅲ. Ⅳ.

1. 1) (1) ① ② / 1. 1.1 1.1.1 1.1.2

2) 1.2

2. 1) (1) ① ② / 2. 2.1 2.1.1 2.1.2

2) 2.2

③ 참고 문헌(ABSTRACT) 배열 방식

㉠ 동양문헌과 서양문헌을 구분하여 정리

㉡ 논문인 경우: 필자명(연도)→논문제목→논문집명→호수→학회지명→페이지.

예) 황경수(2012), 「한국어 동사 유의어 교육 방안에 관한 소소」, 『새국어교육』 92호, 한국국어교육학회, pp.419~445.

㉢ 저서인 경우: 저자명(연도)→책명→출판사

예) 황경수(2014), 『문학작품을 활용한 어문규정 바로 알기』, 청운.

㉣ 한글은 가나다라 순으로, 영문은 알파벳 순으로 배열

㉤ 인용: 세 줄 미만의 짧은 인용은 인용부호 (“ ”)를 붙여 본문 속에 포함시킨다. 좀 더 긴 인용문은 본문과 분리하여 한 줄 띄어 쓰고 인용부호 없이 쓰며 글자크기를 줄여 쉽게 구분되도록 한다.

ⅰ. 겉표지

1) 실례

> **표준 발음 실태에 대한 고찰**
>
> 과　　목: 대학인의 글쓰기
> 학　　과: 00학과
> 학　　번: 1400001
> 이　　름: 000
> 제 출 일: 2014. 10. 12.(수)
> 담당교수: 000 교수

2) 실례

> 과　　목: 대학인의 글쓰기
> 담당교수: 000 교수
>
> **표준 발음 실태에 대한 고찰**
>
> 학　과: 00학과
> 학　번: 140001
> 이　름: 000
> 제출일: 2014. 10. 12.(수)

ii. 목차

1) 실례

목차

2) 실례

목차

iii. 참고문헌

1) 실례

강규선(2001), 『훈민정음 연구』, 보고사.
고영근(1987), 『표준중세국어문법론』, 탑출판사.
국립국어연구원(1999), 『표준국어대사전』, 두산동아.
김무림(1992), 『국어음운론』, 한신문화사.
박덕유(2002), 『문법교육의 탐구』, 한국문화사.
박형익 외(2007), 『한국 어문 규정의 이해』, 태학사.
신지영(2003), 『우리말 소리의 체계』, 한국문화사.
이관규(2004), 『학교 문법론』, 도서출판 월인.
조항범(2004), 『정말 궁금한 우리말 100가지』, 예담.
황경수(2011), 『한국어 교육을 위한 한국어학』, 청운.
황경수(2014), 『문학작품을 활용한 어문규정 바로 알기』, 도서출판 청운.

2) 실례

강규선, 『훈민정음 연구』, 보고사, 2001.
고영근, 『표준중세국어문법론』, 탑출판사, 1987.
국립국어연구원, 『표준국어대사전』, 두산동아, 1999.
김무림, 『국어음운론』, 한신문화사, 1992.
박덕유, 『문법교육의 탐구』, 한국문화사, 2002.
박형익 외, 『한국 어문 규정의 이해』, 태학사, 2007.
신지영, 『우리말 소리의 체계』, 한국문화사, 2003.
이관규, 『학교 문법론』, 도서출판 월인, 2004.
조항범, 『정말 궁금한 우리말 100가지』, 예담, 2004.
황경수, 『한국어 교육을 위한 한국어학』, 청운, 2011.
황경수, 『문학작품을 활용한 어문규정 바로 알기』, 도서출판 청운, 2014.

4 서간문

서간문(書簡文)은 떨어져 있는 상대방에게 소식(消息)이나 사연(辭緣) 또는 용무(用務)를 알리거나 전하기 위해 일정한 격식에 따라 쓴 글을 말한다. 편지(便紙)를 지칭하는 용어로는 서간문(書簡文), 서신(書信), 옥서(玉書), 혜서(惠書), 귀서(貴書), 간찰(簡札), 서찰(書札), 안서(雁書), 서독(書牘), 서장(書狀) 등이 있다.

편지는 직접 만나지 못하거나 전화로도 통화할 수 없는 경우에 어떤 특정인에게 근황(近況)이나 용건(用件)을 알리는 글이다. 편지(便紙)는 발신자(發信者)의 지식(知識), 교양(敎養), 성격(性格), 필체(筆體), 문장력(文章力) 등이 그대로 드러나고, 보존될 수 있는 성격의 글이라서 다소 부담스럽게 인식될 수 있는 글이기도 하다.

그러나 상대방의 신분(身分), 연령(年齡), 발신자(發信者)와의 친분 정도에 따라 그에 상응하는 격식(格式)과 형식(形式)에 의해 편지를 쓴다면, 그것은 상대방에게 전달하고자 하는 바를 정성스럽고 품위 있게 알릴 수 있을 뿐만 아니라 신뢰감과 친밀감도 줄 수 있는 소중한 통신 방법(通信方法)이 될 것이다.

1) 쓰는 요령(要領)

(1) 쓰고자 하는 내용(內容)이 정확(正確)하게 전달되도록 목적을 분명(分明)히 해야 한다.
(2) 예의(禮意)에 어긋나지 않도록 격식(格式)을 갖추어 써야 한다.
(3) 친근한 태도(態度)로 정성을 들여 감정(感情)이 상하지 않게 쓴다.
(4) 맞춤법에 주의(注意)해서 쓴다.
(5) 시기(時期)에 맞추어 써야 한다.

2) 서간문의 형식(形式)

① 호칭(呼稱, 부르기)

상대방(相對方)의 심리적 상황을 고려하여 기품(氣品)과 격조(格調)가 있게 표현한다. 평상시(平常時) 부르는 호칭을 그대로 사용하면 되지만 격식을 갖추면서 편지 쓸 때의 상황에 따라 융통성(融通性) 있게 적용하는 것이 좋다. 그리 친숙하지 않거나 또는 윗사람에게 보낼 때는 평상시보다 약간 더 높여서 존칭어(尊稱語)를 쓰는 것이 좋다.

○ 교수님께, ○○○ 교수님께 올립니다. ○ 선생님께 드립니다.

② 시후(時候, 계절 인사)

계절 인사(季節人事)는 부드럽게 편지(便紙)의 서두를 시작하는 방법이다. 철 따라 변하는 계절의 특징과 흐름(자연 현상, 날씨 상황 등)하여 자기가 보고 느낀 대로 피력한다.

봄을 알리는 꽃들이 피는 때입니다.

③ 문안(問安)

상대의 안부(安否)를 묻거나 감사의 표시를 전달하는 인사 문구(人事文句)는 다소 의례적인 것이므로 친근한 경우에는 생략해도 무방하다. 문안 인사에는 첫째, 받는 사람의 건강(健康)에 관한 것, 병이 있으면 그 병에 관한 것, 둘째, 그가 가장 존경(尊敬)하는 또는 사랑하는 친족(親族)에 관한 것, 셋째, 그가 소중히 여기는 사업(事業)에 관한 것, 넷째, 그의 취미(趣味)에 관한 것 등의 내용을 쓰는 것이 좋다.

오랫동안 뵙지 못하여 궁금합니다.

④ 자기 안부(自己安否)

친밀(親密)한 사이일 경우에는 일반적으로 간단히 하면 된다. 그러나 그간 왕래가 두절되었다가 오랜만에 편지를 보낸다거나 관계가 소원해진 상태에서 보낼 경우에는 자기의 신상과 처한 환경을 상대방이 이해할 수 있도록 자세하게 피력(披瀝)하는 것도 좋다.

저는 항상 도와주시는 덕분에 잘 지내고 있습니다.

항상 보살펴 주시고 염려해 주시는 덕분에 열심히 일하고 있습니다. 등

⑤ 용건(用件)

편지에서 가장 중요한 곳이 중간 부분이다. 본문(本文)의 핵심은 편지를 쓰게 된 목적과 사연을 피력하는 것이다. 따라서 본문에서는 상대방에게 알리고 싶은 말, 묻고 싶은 말 등이 자연스럽게 나타나야 한다. 이때 너무 어렵지 않고 복잡하지도 않게 읽는 사람의 심중을 헤아리면서 써야 한다. 한 가지를 자세히 써도 되고, 여러 가지 내용을 간략하게 써도 좋다.

본문은 일반적으로 '다름이 아니옵고', '오늘 몇 자 적는 것은' 등의 말로 시작하여 용건을 소개한다.

⑥ 작별 인사(作別人事)

마무리 인사말은 상대방이 현재 처한 입장을 총체적으로 고려하여 축약(縮約)해서 써야 한다.

오늘은 이만 줄이겠습니다.

할 말은 많으나 다음 기회로 미루겠습니다.

⑦ 날짜

보내는 정확한 날짜를 기입하는 것은 편지 쓸 때의 시간적 정황(時間的情況)을 알릴 수 있기 때문에 기입하는 것이 상례(常禮)이다.

2014년 12월 20일

⑧ 받는 이와의 관계와 서명(署名)

날짜를 쓴 뒤에는 반드시 자기의 이름을 쓰고 때에 따라서는 서명(署名)을 한다. 자신의 이름 앞에는 상대방과의 인간관계(人間關係)를 고려하여 가장 잘 어울리는 수식어를 붙이는 것이 친근감과 애정을 불러일으키는 데 효과적이다.

진천에서 형이. 못난 자식 올림

⑨ 추신(追伸)

일반적으로 P · S(Post Script)라고도 하며, 맺음말까지 모두 쓰고 나서 꼭 써야 할 말이 생각났을 때 추가하여 쓰는 난(欄)이다. 그러므로 추신에서는 다시 부연하여 강조하고자 하는 말이 있을 경우나 본문에서 미처 쓰지 못한 내용을 짤막하게 쓴다.

(3) 호칭(呼稱)

① 가까운 사이에 격식을 갖춰 상대방을 높여 부를 경우: 형(兄) · 인형(仁兄) · 대형(大兄) · 학형(學兄) · 벗 · 친우(親友) · 귀우(貴友) · 존형(尊兄)
② 사제 간이나 선생으로 대접할 경우: 선생(先生) · 안하(案下) · 족하(足下) · 궤하(机下)
③ 공경해야 할 분이나 항렬이 높은 집안의 어른에게: 좌하(座下) · 좌전(座前)
④ 덕이 있고 사회적으로 지체가 있는 여자 분이나 상대방 부인을 높여 부르고자 할 때: 여사(女史)
⑤ 상하 없이 남자 일반에게: 귀하(貴下)
⑥ 나이나 지위가 비슷한 사람에게: 씨(氏)
⑦ 친구나 손아래 사람에게: 군(君)
⑧ 동년배나 손아래 처녀에게: 양(孃)
⑨ 친밀한 사이일 경우 순 한글로 쓸 때: 님(께)
⑩ 매우 친숙한 손아래 사람에게 보낼 경우: 에게

⑪ 손아래 사람이면서 아직 소원한 사이일 경우: 전(展) · 즉견(卽見)
⑫ 단체명으로 보낼 경우: 귀중(貴中)

예문

아버지

남들은 우리 아버지가 학식이 높고 덕이 크시다고 하셨습니다. 새벽 4시만 되면 사랑방에서 아버지의 글 읽는 소리가 들렸습니다.

글 읽는 소리가 아니라 사실은 글 외우는 소리입니다. 아버지의 머릿속에는 천자문에서 시경 · 역경까지 모두 저장되어 있습니다. 입을 열면 곧바로 논어와 맹자, 명심보감이나 고문진보가 튀어 나왔습니다.

그러나 안타깝게도 아버지의 직업은 농부였습니다. 나는 농부인 아버지가 부끄러웠습니다. 새 학년이 시작되면 늘 가정환경 조사를 했지요.

집에서 가지고 있는 물품이 무엇인지 물은 다음에는 꼭 아버지의 직업을 물었어요. 그때마다 나는 아버지가 농부라는 사실이 그렇게 부끄러울 수가 없었어요. 내 아버지는 어째서 선생이나 공무원이 못되고, 회사원도 못 되고, 사시사철 거친 음식과 때절은 옷과 주름 패인 얼굴로 농사를 지어야 하느냐 하고 원망도 해 보았답니다.

아버지의 제삿날이 스무 번이나 지나갔지만 한 번도 제삿날을 기억하지 못했으니까요. 세기말이 왔어요. 우루과이라운드로 농촌은 황폐화되기 시작하였습니다. 폐가가 늘어나고 고독에 지친 뻐꾸기도 농촌을 떠났지요. 그때 일간신문에서 눈에 꼭 박히는 설문조사 하나를 보았습니다. '우리 사회에서 가장 순수한 계층이 누구냐' 하는 설문에 답한 이들의 통계를 적어놓은 것이었습니다. 나는 질문만 보고 가장 순수한 계층에 대한 응답은 스님이나 목사님이나 신부님이나 종교계에서 헌신하는 분들이 가장 많이 나왔을 것이라 추측을 했었지요. 그런데 놀랍게도 농부가 가장 순수한 계층이라고 응답한 사람들이 월등하게 많았어요. 우리 사회에서 농부가 가장 순수한 계층이라는 거예요. 그 설문조사는 나의 아버지에 관한 생각을 완전히 바꾸어 놓았답니다.

아버지에 대한 추억이 정말로 영리한 활자처럼 떠올랐습니다. 내 아버지가 무능했던 게 아니라 세월이 잘못되었구나. 내가 잘못 알고 있었구나. 돈으로 살지 않고 덕으로 사셨구나. 거친 밥에 헐은 옷을 입었을망정 권위를 잃지 않고 당당하셨던 까닭이 거기에 있었구나. 덕으로 사셨기에 6 · 25 때에도 좌익이나 우익이나 모두 우리 집을 그냥 지나쳐 갔구나. 그래서 지주의 아들인 외삼촌 셋이 우리 집 다락방에 숨어서 살 수 있었구나. 피란민들의 발길도 끊일 새 없었구나.

사랑방엔 늘 나그네들이 묵었었지. 때로는 밤새 소리하는 분들과 시조를 읊으셨었지. 외출에서 돌아오실 때는 늘 헛기침이 먼저 방에 들어오셨지. 흰 두루마기자락에 묻은 찬 기운은 어떠했던가. 진지는 꼭 반 사발 이상을 남기셨지. 그 밥이 철없는 자식들에게 하늘이었어.

아버지는 늘 이렇게 말씀하셨습니다.

"너무 너무 앞서 가는구나. 앞서 가면 다친다. 뒤쳐져서도 안 되겠지만 앞서지도 말거라. 그리고 마음을 항상 고르게 가져야 하느니."

철이 늦게 들기는 했지만 늦게나마 든 것이 다행이다 싶어 중평(中平)이란 필명을 쓰게 되었습니다. 쓰고 보니 좋았습니다. 소평(小平)보다는 크고 대평(大平)보다는 적으나 부족하지도 않고 넘치지도 않아서 좋았습니다. 크든 작든 상관없이 중심이란 말이 더 좋았습니다. 좌로도 우로도 치우치지 않아서 좋았습니다.

그러나 그 후로도 나는 중심을 잃고, 이리 기우뚱 저리 기우뚱 흔들리며 살아왔습니다. 흔들리며 살아온 시간들이 여기저기 널브러져 나뒹굴고 있습니다. 아쉬움으로 슬픔으로 회한으로 뉘우침으로 그러나 오호라. 지금은 티끌 하나도 되돌릴 수 없습니다.

돌아가셨지만 여전히 나의 중심이신 아버지.
여전히 중심이시지만 이미 돌아가신 아버지.
견고하게, 빈 하늘에 떠 있는 아버지.

(권희돈, 청주대학교 명예교수)

5 기사문

1) 기사문이란 무엇인가?

기사문(記事文)의 대표적인 것으로는 신문 기사(新聞記事)나 통신 보도문(通信報道文)을 들 수 있다. 신문 기사(報道文)의 성격(性格), 요령(要領), 형식(形式) 등을 설명하면 아래와 같다.

신문 기사(新聞記事)의 성격(性格)은 다음과 같다.

(1) 객관성(客觀性)이 있어야 한다.

(2) 간략성(簡略性)이 있어야 한다.

(3) 보도성(報道性)이 있어서 한다.

(4) 시간성(時間性)이 있어야 한다.

2) 작성 요령(作成要領)

(1) 누가(Who)

(2) 언제(When)

(3) 어디서(Where)

(4) 무엇을(What)

(5) 왜(Why)

(6) 어떻게(How)

3) 형식(形式)

(1) 표제는 Headline이라고 부르는데 '기사 제목'이다.

(2) 전문요약은 Lead라고 부르는 것으로 '육하원칙'에 맞게 써야 한다.

(3) 본문은 Lead 부분에서 요약된 기사(記事)를 구체적으로 서술한다.

예문

제목: 차별화된 융합교육, '미션! 볼링핀 7개를 쓰러뜨려라'

페이스북 창업자 마크 저거버그와 카카오톡 이사회 의장 김범수는 어떤 공통점을 가진 사람들일까? 바로 남과 다른 생각을 했던 창의력이 뛰어난 사람들이라는 것이다. 고정관념을 벗어나 새로운 생각을 해낼 수 있는 능력이 미래 사회를 이끌어가는 덕목으로 손꼽히고 있는 시대다. ❸CMS 서청주 영재교육센터는 4월 과학의 달을 맞이하여, ❶지난 4월 27일 ❷청주시 청소년수련관 강당에서 ❹'2014 CMS 골드버그장치를 완성하라'는 창의 융합 페스티벌을 개최했다.

※ 융합교육의 꽃, 골드버그 장치

골드버그 장치란 20세기 미국의 만화가 루브 골드버그(1883~1970)가 고안한 장치로 가장 간단한 동작을 가장 복잡하게 구현해 내는 기계적 원리를 말한다. 도미노, 작용반작용, 위치에너지가 운동에너지로 변환하는 과정 등 과학적인 원리를 비롯해 기계 장치 등의 구성요소와 몇 번의 단계를 거쳐서 미션을 완성하는가에 따른 창의성, 구성품의 미학적 측면까지 융합교육의 진수를 보여주는 장치다. CMS 서청주 영재교육센터의 관계자는 융합인재 양성을 목표로 하는 CMS 서청주 영재교육센터의 교육철학이 바탕이 되어 ❻최근 사회 전반에서 강조되는 융합교육의 중요성을 알리고자 대회를 열게 됐다고 밝혔다. ❺가족 혹은 친구들이 팀을 이루어 참가한 20개팀에게 이날 제시된 미션은 볼링핀 7개를 기발한 방법으로 쓰러뜨리는 것이었다. CMS 서청주 영재교육센터의 김상기 원장은 "골드버그 장치는 화학적인 융합교육으로 과학과 수학, 기계 조립에 미적 감각까지 더해진 융합교육의 꽃이라고 할 수 있다"며 "미래 교육은 단순한 암기식이 아니라 생활 속에서 다양한 교육을 융합해 이끌어내야 하는 것이 관건이며, 오늘 행사는 가족들과의 융합도 꾀할 수 있는 의미 있는 행사"라고 말했다. 이날 참여한 20팀 중에서 미션을 수행한 팀은 7개 팀으로 그 중 최우수상은 '토네이도(팀명)', 우수상은 '안녕'과 '배틀봇', 장려상은 '돼지들'과 '똑똑박사' 팀이 차지했다.

※ 융합교육, 미래사회에 필요한 인재로 양성하는 교육

융합교육이란 STEAM교육이라고 하며 수학과 과학, 기술, 공학, 예술을 연계한 통합교육을 말한다. 미래 사회는 기술이나 지식, 정보들을 적절히 연계할 수 있는 창의성과 감성을 가진 융합형 인재를 필요로 하기 때문에 융합교육은 이러한 변화에 대응하는 새로운 교육 방향으로 현재 우리나라에서는 일부 시범학교를 중심으로 융합교과과정이 운영되고 있다.

대회 당일 산남초 어린이 5명과 학부모 1명으로 구성된 126팀(1반, 2반, 6반이 모여서 만들어진 팀명)은 대회 시작을 알리고 초반 30분 정도는 우왕좌왕하며 다소 어리둥절한 모습이었지만 차분히 장치를 만들어 나가기 시작했다. 126팀의 이민형 군(6년)은 "구슬이 호스를 타고 내려와 망치를 건드리면 망치가 원통을 치고 원통이 도미노를 일으켜 볼링핀을 쓰러뜨리도록 계획을 세웠다"며 "구슬이 멈추지 않고 굴러가도록 도구들을 연결하는 것이 쉽지 않지만 친구들과 상의해서 하나씩 잇고 있는 중"이라고 말했다. 126팀의 또 다른 팀원인 학부모 심수정(산남동 · 42)씨는 "이러한 장치를 만들어 보는 것이 처음이어서 어렵다. 하지만 아이들에게 배우기도 하고 가르쳐주기도 하면서 장치를 만들고 있다"며 "과학과 수학, 예술적 감각까지 포함된 이런 장치를 구성하면서 협동심도 생기고 창의적인 생각이 나오는 것이 눈에 보이는 것 같다"라고 말했다.

※ 학년 높아질수록 사고력 수학 필요

학년이 높아질수록 수학과목의 고득점을 위해서는 사고력이 필수다. 생각하는 힘이 있으면 처음 보는 문제도 개념을 응용해 문제를 해결할 수 있다는 것이다. 김 원장은 수학적 사고력이 뛰어난 생각의 강자로 만들려면 수학을 '좋아하게' 해야 한다고 말한다. "기계적으로 수학 문제를 많이 풀고, 풀어놓은 문제의 결과만을 평가하는 것이 아니라 문제해결 과정을 평가해 주어야 한다"며 "수학은 퍼즐처럼 '쉽고 재미있는 것'이라는 생각을 갖게 해주는 것이 좋다"고 강조했다.

20팀의 가족들과 함께 행사를 치르기 위해 장소와 시간, 비용 문제를 극복하면서까지 차별화된 융합교육 '골드버그 장치 대회'를 개최한 CMS 서청주 영재교육센터의 노력에 대한 이유가 설명되는 부분이다.

〈00신문, 윤00 기자〉

❶언제
❷어디서
❸누가
❹무엇을
❺어떻게
❻왜 했나

예문

제목: 다문화교육은 세계인으로의 첫걸음, 함께 가야 멀리 간다

캐나다의 미디어 이론가 마샬 맥루한(1911~1980)이 '지구촌(global village)'이란 개념을 만들어 낸지 반세기도 지나지 않았지만 국경과 민족을 넘어서 '세계인은 한 가족'이라는 말을 심심치 않게 들을 수 있다. 하나의 국가에 하나의 문화만이 존재하고 있는 사례는 이제 찾아보기 힘들게 되었고 한 나라 안에 다문화가 존재하는 것은 전 세계적인 현상이 됐다.

※ 세계시민의식으로서의 다문화교육 필요

❸충청북도교육청은 급증하는 ❹다문화학생들의 꿈과 끼를 키우는 다문화 친화적 학교 조성 방안을 마련해 추진 중이다. 현재 충북지역의 초 · 중 · 고 다문화 학생은 2011년 1,705명, 2012년 2,113명, 2013년 2,520명으로, 2012년과 2013년만 보아도 1년 사이에 407명(19.3%)이 증가한 것을 비롯해 해마다 20%정도씩 증가하는 양상을 보이고 있다. 또한 초등학생의 비율이 높았던 다문화학생들이 점차 고등학교에 진학하면서 다문화 학생에 대한 지도 방향도 달라지고 있다. 한글교육과 한국문화에 대한 교육 중심으로 이루어지던 프로그램이 이제는 진로, 진학 상담까지 아우르고 있는 것이다. 다문화학생의 특성에 맞는 맞춤형 교육을 지원하는 것을 비롯해 일반 학생 전체가 함께 어우러지는 세계시민의식으로서의 다문화교육이 필요하다는 게 전문가들의 의견이다. **도교육청은 이와 같은 다문화학생의 증가와 변화에 대응하고자 다문화를 자연스럽게 이해하고 받아들일 수 있도록 다양한 프로그램을 개발해 모든 학생에게 확대하고 있다.**

※ 하나 되기 위한 다양한 프로그램 진행 중

먼저, ❺사회 통합을 위해 다문화선도학교를 확대해 다문화교육 중점학교로 운영하고 있다. 충북에서는 12개 학교가 선정되었으며 다문화 가정 학생의 교육 활동을 지원해 학습과 문화에 대한 적응력을 향상시키는 역할을 하고 있다. 또한 다양하고 흥미로운 문화 체험의 기회를 만들어 타문화에 친숙해지는 프로그램을 운영하면서 학교로 찾아가서 다문화에 대한 이해를 높이는 교육을 꾸준히 진행하고 있다.

2012년부터 교육부와 함께 개최하고 있는 ❺'전국 다문화 이중언어말하기대회'는 다문화학생들의 이중언어능력을 십분 발휘하는 행사로, 평소 알지 못했던 다문화학생의 장점을 드러내며 일반 학생들과 하나 되는 축제로서 여러 가지 행사 중 성과가 높은 행사로 자리매

김하고 있다. 이 밖에도 ❺다국어로 진행하는 취학과 진학, 진로 설명회를 개최하여 변화하는 다문화가정이 우리나라에 녹아들 수 있도록 다양한 프로그램들을 계획하고 있다.

청주시 영동에 위치한 다문화가정교육지원센터는 충청북도교육청에서 직영으로 운영하고 있다. 이곳에서는 현재 초·중·고 학생 70여 명이 토요일마다 모여 부족한 학과 공부를 보충하고 있다. 수업은 충북대학교와 청주교육대학교 학생들의 ❺교육봉사로 이루어지고 있으며 학교 수업을 원활하게 할 수 있도록 도움을 주고, 다문화 학생들의 학습과 진로에 대한 멘토 역할을 하고 있다. 다문화가정교육지원센터에 매주 나와서 자녀의 학습을 도움받고 있는 무나카타 카호루(일본·50)씨는 "처음에는 한국 엄마들의 지나친 교육열을 이해하지 못했다"며 "센터에 와서 학습에 대한 도움도 받았지만 한국의 교육문화와 아이들 진로에 대한 조언을 많이 받았다"고 말했다. 다문화가정교육지원센터의 박명숙 주무관은 "다문화가정의 아이들이 대부분 성격도 밝고 친구들과 잘 어울리는 편"이라며 "이제는 다문화 가정의 아이들에게만 맞춤식으로 교육을 하는 것보다 일반 학생들과 같이 공부하고 어울리며 서로 익숙하게 하는 교육으로 점차 바뀌어야 할 것 같다"고 말했다.

※ 다문화 교육보다 문화교육으로 불리고파

이제 다문화 교육은 다문화 학생이 우리나라에 적응하도록 돕는 것을 포함해 일반 내국인 학생과 학부모에게 다문화 현상을 이해하고 적응할 능력을 심어주는 것으로 변화하고 있다. 다문화 의상체험이나 다문화 음식 축제와 같은 1회성 행사보다 외국인이 볼 수 있는 책을 다양하게 비치한다든가 외국문화와 역사를 내국인들이 공감할 수 있는 전시공간을 마련하는 것도 하나의 방법이다. 그런 점에서 다문화가정에 무료로 배포하고 있는 다국어교육소식지 '위드(WITH)'는 여러 나라 언어로 만들어져 교육에 대한 정보를 주고 있어 좋은 반응을 얻고 있다. 충청북도 교육청 김자영 주무관은 "이제는 '다문화 교육'이라 하면 소외되고 낙후된 것이라는 이미지에서 벗어나야 할 때다. ❻세계인이 어울려 사는 것이 비단 우리나라만의 일이 아니라 이미 세계화의 한 현상"이라며 "다문화교육이라는 말이 필요 없을 정도로 모든 학생과 학부모들이 문화의 다양성을 이해하고, 다른 나라의 문화를 익숙하게 받아들이는 것이 필요한 시기"라고 말했다.

〈00신문, 윤00 기자〉

❶언제	❷어디서
❸누가	❹무엇을
❺어떻게	❻왜 했나

예문

돈이 없으니 제가 가진 기술이라도 베풀어야죠.

"저 같은 사람은 돈을 많이 기부하기는 어렵기 때문에 제가 가진 재능이라도 기부해야죠. 제가 잠깐만 시간내서 고장난 보일러, 수도시설 고쳐주면 어려운 이들은 두고두고 편하고 또 따뜻한 겨울을 보낼 수 있잖아요."

엄동설한의 맹추위 속에서 고장난 보일러, 얼어 터진 수도 등을 기술기부로 해결해 주는 이가 있다. 신용보증기금 청주지점 김현기(48) 시설과장은 장애인과 독거노인들의 보일러, 전기, 수도, 화장실, 조명 등을 손봐주고 있다. 거의 '맥가이버' 수준이다. 기술기부는 물론이고 후원금 기부, 사비를 털어 보일러 설치, 싱크대 후원, 장애인 경사로 설치 등도 해주고 있다. 2009년부터 4년째다.

"제가 가진 기술이 어려운 이들에게는 큰 힘이 되는 것 같더라구요. 제가 가진 장점과 장비를 활용할 수 있는 봉사여서 더 뿌듯해요. 집에 손볼 거 있으면 얘기하세요."

그가 갖고 있는 기술자격증만 11개. 보일러산업기사, 가스용접기능사, 전기용접기능사, 고압가스냉동기계기능사, 위험물관리기능사 등이 그의 자산. 이 기술자격증들은 다양한 봉사활동에 요긴하게 쓰인다. 청원군 오창 장애인 가정에 전기온열 판넬 공사를 갔다가 화장실이 없는 것을 보고 화장실을 만들어줬던 일, 미원면 산골마을에 수도배관이 터져서 하루종일 땅파서 해결했던 일, 장애인 가정에 보일러 수리 갔다가 휠체어 경사로까지 만들어준 일 등 잊지 못할 기억들이 떠오른다.

"더불어 사는 거잖아요. 어려운 사람들의 손도 잡아줘야죠. 어려운 사람도 있고 도와주는 사람도 있어야 사회가 잘 돌아가죠. 봉사는 제겐 기쁨, 누군가에겐 희망입니다."

봉사와의 인연은 작은 것에서 시작됐다. 2009년, 회사에서 연차를 쓰라고 해외여행을 갈까 생각했다가 9일간 봉사를 하기로 마음먹었다. 그때부터 청주혜원장애인복지관과 인연이 돼 장애인 식사봉사, 목욕봉사, 휠체어봉사, 복지관 시설 관리 등을 시작했고, 그의 '기술'이 속속 드러나면서 '기술봉사'로 이어졌다. 장애인과 독거노인이 주대상이다.

"장애인들은 조금만 도와주면 남에게 의지하지 않고 본인이 스스로 할 수 있어서 굉장히 좋아해요. 그만큼 봉사의 보람도 크죠."

그의 '착한' 봉사는 직장 동료들에게까지 전파됐다. 2010년부터 신용보증기금 청주지점 이종석 지점장 등 전 직원 20명이 한 달에 1만원씩 모아 분기별로 후원금 및 후원물품 전달과 봉사 등을 하고 있다.

"직원들은 3년마다 인사이동이 있으니까 매달 1만원씩 내는 게 불평일 텐데 함께해줘서 고마워요. 시설에 돈만 내고 사진만 찍고 오는 게 보통인데 저희 회사는 직원들이 직접 같이 봉사도 하고 후원도 해요."

앞으로는 도배, 목공 등도 배워 봉사 영역을 넓히고 싶단다. 더 많은 소외 이웃들을 돕는 게 새해 소망.

"두려운 건, 정년퇴임해도 평생 봉사하며 살고 싶은데 지금의 마음이 변할까봐. 제 몸이 허락하는 한 기술기부는 계속 할 거에요. 저 같은 사람이 3명만 더 있으면 소외계층이 더 편하게 생활할 텐데…"

엄동설한의 새해. 김현기 씨가 이 세상의 '보일러'가 되어 따뜻함을 불어넣고 있다.

(김미정, 중부매일 문화교육부 기자)

6 기행문

1) 내용(內用)

기행문(紀行文)은 여행(旅行)하면서 보고, 듣고, 느끼고, 겪은 것을 적은 글을 말한다. 대체로 일기체(日記體), 편지 형식(便紙形式), 수필(隨筆), 보고 형식(報告形式) 따위로 쓴다.

(1) 메모하기

수첩(手帖, 때, 곳, 여행자, 본 것, 배운 것, 느낀 것 등), 볼펜 준비

① 출발(出發)하기: 출발 시간과 전경을 적는다.
② 여행(旅行)하기: 여행하면서 느낀 것, 들은 것, 본 것을 적는다.
③ 도착(倒着)하기: 도착 시간과 전경을 적는다.
④ 정리(整理)하기: ①, ②, ③을 종합 정리한다.

(2) 차례대로 기록하기

여행한 곳을 차례대로 기록(記錄)한다.

(3) 소제목 붙이기

글의 내용에 따라서 제목을 나누고, 소제목(小題目)을 붙여서 쓴다. 예를 들면, 진천 여행에서 정송강사, 보탑사, 종박물관, 농다리, 이상설 생가 등의 제목을 붙여서 쓰면 좋다.

(4) 여행자의 감상

여행자(旅行者)가 보고, 듣고, 겪은 일을 차례대로 맞추어 쓰되, 그때마다 느낌을 적어서 표현한다.

2) 기행문 작성의 요령과 유의할 점

(1) 출발(出發)하는 즐거움을 표출(表出)한다.

읽는 사람이 공감할 수 있는 감흥이나 여행의 동기와 목적을 밝힌다. 이는 읽는 이로 하여금 앞으로 전개될 여행에 대한 호기심과 기대감을 갖게 한다.

(2) 여행의 노정(路程)이 나타나게 한다.

여행자가 언제, 어디서, 어떻게 출발하여 무엇을 보고, 듣고, 느끼고, 어느 곳을 어떻게 여행하고 돌아왔는지의 내용을 쓴다.

(3) 여행하는 곳의 지방색(地方色)이 표현되어야 한다.

여행자는 가는 곳마다 깊은 인상을 받을 수 있고, 그 지방마다 새로운 것을 느끼게 된다. 이것은 기행문의 특색이며 아름다움이라고 할 수 있다.

(4) 전체적인 느낌을 정리(整理)한다.

출발부터 있었던 일들을 종합 정리한다.

3) 기행문의 종류(種類)

(1) 주관적인 기행문(主觀的紀行文)

여행자의 감정이 중심을 이루게 된다. 여행자의 정서와 개성이 잘 나타난다.

(2) 객관적인 기행문(客觀的紀行文)

풍광이나 풍속 등을 일정한 거리를 두고 여행자의 주관적인 입장보다는 객관적인 입장에서 관찰하고 묘사한다.

(3) 학술적인 기행문(學術的紀行文)

주관적인 정서나 감흥이 배제되고 역사적(歷史的), 사회적(社會的), 경제적(經濟的)인 면(面)에서 파악하고 서술하므로 폭 넓은 지식(知識)과 조예(造詣)가 있어야 한다.

예문

낯선 곳에서 '해신' 장보고를 느끼다

4월 19일. 위해에 있는 유공도와 석도의 적산법화원을 답사하기 위해 일찍부터 서둘러 집을 나섰다. 위해에 도착하기 전에 버스 안에서 만난 대학생들에게 유공도를 가려고 한다고 하니 종점에 도착하기 전 시내에서 함께 내려주었다.

버스가 하차하는 곳은 호객행위를 하는 기사들로 시끄럽고 혼잡했다. 앞 다투어 어디를 가냐고 물어보는데 도통 알아들을 수가 없었다. 알아들을 수 있는 것은 유공도는 오늘 문을 열지 않으니, 위해 시내를 관광하고 내일 유공도를 다시 찾는 것이 좋겠다는 말이었다.

관광객이 많지 않은 목요일 오전이지만 배가 운행하지 않을 줄은 전혀 예상하지 못했다. 난감했다. 그렇지만 다시 연대로 돌아갈 수 없는 노릇. 두 번째 답사 지역인 적산법화원을 가기 위해 학생들에게 무슨 버스를 타야 하는지 물어 터미널에 도착했다. 다행히 그곳에서 석도(石島)로 가는 차를 탈 수 있었다. 목적지까지는 1시간 30분 가량 소요되었다.

법화원은 산동성 영성시 석도진 적산 기슭에 자리잡고 있는 사찰이다. 이 사찰은 산동성을 관광하려는 한국인에게 꼭 가볼 만한 관광 코스로 추천되는 곳이다. 왜냐하면 1,200년 전 해상무역로를 개척한 신라의 무역왕 장보고가 세운 사찰이기 때문이다. 근래 들어 장보고를 새롭게 조명하려는 학계의 노력, 장보고를 주인공으로 한 『해신』이라는 최인호의 소설과 역사 드라마로 인해 이곳을 찾는 관광객이 부쩍 늘고 있다. 우리가 답사한 날에도 세 팀의 한국 관광객을 만날 수 있었다.

장보고는 신라인으로 일찍이 입당(入唐), 이사도의 난을 평정하는데 큰 공을 세워서 무령군소장의 지위에까지 올랐다. 장보고는 이곳 적산을 중심으로 경제적 기반을 마련하였으며, 법화원을 창건하여 당나라에 거주하는 신라인들을 규합하는 구심점으로 삼았다.

법화원은 1년에 쌀 500섬을 소출할 수 있을 정도이 큰 규모였으며, 가장 큰 사찰이었다고 한다.

여기에서 불교의식인 강경회를 정기적으로 개최하였으며, 여름에는 금광명경, 겨울에는 묘법연화경 등을 강론하였다. 사찰의 이름이 적산법화원인 것도 이에서 유래한 것이다. 더욱이 장보고는 바다를 오고가는 해상이기에 온갖 어려움을 수호해 줄 신으로 관세음보살을 숭상하였던 것으로 알려져 있다.

이 사찰은 당나라 목종 4년(824)에 정보고에 의해 창건되었다가 845년 회창법난 때 파손되었다. 회창법난(會昌法難)이란 842년부터 4년간에 걸친 당 무종의 불교탄압을 말한다. 이때

4만여 사원이 폐쇄되고 26만 명의 승려가 환속하였다. 이후 영성현에서 원인 스님이 저술한 『입당구법순례행기』의 내용을 근거로, 1988년 7월에 법화원을 중건하여 오늘에 이르게 된 것이다.

『입당구법순례행기』는 엔닌, 즉 일본 승려 원인(圓仁)이 당나라의 불교 성지를 돌아보고 기록한 여행기이다. 이 책에 청해진대사 장보고가 세운 적산법화원 이야기가 소상하게 기록되어 있다. 원인 스님은 법화원에 2년 9개월간 체류하면서 불경을 구하는 등 많은 도움을 받았다.

장보고는 원인 스님이 법화원에 머물고 있다는 말을 듣고 예물을 드려 위로하였고, 이에 원인 스님은 무척 감격하였다고 한다. 일본으로 돌아가는 중에 적산명신의 도움으로 무사히 귀국할 수 있게 되어 그후 일본에 적산선원이라는 사찰을 창건하였다.

적산명신(赤山明神)을 두고 어떤 사람은 장보고라 하고, 어떤 사람은 원인 스님이라 한다. 그런데 적산명신 앞에 세워진 비문을 보면, 적산명신은 저 멀리 진시황 때 이사(李斯)가 불사약을 구하러 갔다가 도중에 병이 나자 명신에게 기도하여 곧 병이 나았다는 기록으로 보아, 중국 백성들이 예로부터 숭배하던 신으로 보여진다. 어쨌든 법화원 앞에 위엄있게 좌정한 명신이 원인 스님이 아님은 틀림없다.

적산명신상 위에 올라서니 바람이 어찌나 세게 부는지 날아갈 것 같았다. 난간 끝을 겨우 잡고 내려다보니 사찰 아래로 마을이 아득하게 보이고 멀리 바다가 펼쳐져 있었다. 검푸른 바다 위에 수십 척의 배들이 매어 있었다. 천여 년 전 산동성 일대뿐만 아니라 저 멀리 일본까지 누비며 활약하였을 장보고를 생각하니 나도 모르게 다리에 힘이 들어갔다.

적산명신상을 보고 내려와 장보고기념관을 향했다. 장보고기념관에는 장보고의 입당 배경, 무녕군 종군, 적산법화원 건립, 청해진 창설, 해적 평정, 노예 매매 근절, 해상 무역 활동, 해신으로서의 장보고 모습 등이 있었다.

장보고기념탑은 1994년 최민자 씨가 발기하여 건립한 것이다. 한국과 중국을 상징하는 두 개의 탑신이 연결되어 있는 기념탑은 두 나라의 우의를 상징한다고 한다. 적산법화원과 장보고를 기념하기 위해서 만든 장보고기념관을 보면서 그 엄청난 규모에 입이 쩍 벌어졌다. 그렇지만 이것만으로 당시 중국과 일본을 오고가며 무역제국을 꿈꾸었던 장보고의 거대한 스케일을 가늠하기란 쉽지 않다.

지중해가 청동의 발굽과 황금의 갈기가 휘날리는 명마들이 끄는 전차를 타고 바다 위를 달리는 포세이돈을 낳았다면 우리의 다도해는 장보고를 낳았다. 우리 민족에게 많은 배가 떠다니는 바다와 아버지의 땅, 그 신화를 남겨준 단 한 사람의 영웅 장보고. 그래서 나는

장보고를 감히 바다의 신, 해신(海神)이라 부른다. - 최인호, 「해신」 중에서

1,200년 전 좁디좁은 한반도를 벗어나 세계로 진출했던 해신 장보고, 오늘 그의 무한한 프런티어 정신을 닮고 싶다.

조영임(충북대 국어국문학과 외래교수)

Ⅲ. 세계기록유산, 훈민정음

Ⅲ. 세계기록유산, 훈민정음

1 훈민정음(訓民正音)

우리 고유문자(固有文字)인 『훈민정음(訓民正音)』은 세종 25년(1443) 12월에 창제하여 28년(1446) 9월에 반포되었다. 『훈민정음(訓民正音)』은 우리 고유문자로 처음 창제되었을 당시의 공식 명칭이며, '백성(百姓)을 가르치기 위한 바른 소리'[훈민정음], 곧 우리 어음(語音)을 바르게 쓰는 글이라는 뜻이다. 현존본(現存本)은 1940년경 안동군 와룡면 주하동에서 발견된 것으로서 고(故) 전형필(全鎣弼) 씨(氏) 소장본(간송미술관 소장, 서울 성북구 성북로 102-11(성북동 71-1), 02-762-0442)이며, 전권 33장 1책이다. 1997년에 유네스코 세계 기록 유산으로 지정되으며, 국보 제70호이고, 판장은 가로 16.8㎝, 세로 23.3㎝이다. 예의(例義)는 매 쪽 7행에 매 11자, 해례 부분은 매 쪽 8행에 매 행 13자이며, 정인지의 서문은 한 자씩 낮추어서 매 행 12자이다. 훈민정음(訓民正音)은 두 가지 의미로 사용된다. 첫째, 우리나라 글자 이름이다. 둘째, 한글의 창제원리를 설명한 책 이름이다.

2 훈민정음(訓民正音)의 명칭(名稱)

① 훈민정음(訓民正音): '백성을 가르치는 바른 소리이다'.(『훈민정음』의 정인지 서)

② 정음(正音): '훈민정음'을 줄여서 부르는 말이다.(세종의 『훈민정음』)

③ 언문(諺文): '한자'를 '진서(眞書)'라 하는 것에 대하여 낮추어 일컫는 말이다.(성현의 『용재총화』, 수필집)

④ 언서(諺書): '고유어'를 적는 '문자(文字)'라는 뜻이다.(이수광의 『지봉유설』, 백과사전)

⑤ 반절(反切): '한자음(漢字音)' 표기의 원리인 '반절'과 같다고 일컫는 말이다.(최세진의 『훈몽자회』, 한자 학습서)

⑥ 국문(國文): '개화기'에 국어의 존엄성을 자각한 이름이다.(이봉운의 『국문정리』, 문법서)
⑦ 조선어(朝鮮語): '일본어(日本語)'에 대한 상대적인 명칭이다.
⑧ 한글: '크고 위대한 글'이다.(주시경의 『한글』), (一, 大, 正, 韓)
⑨ 이 외에도 '가갸글, 기역니은, 암클, 중클, 배달말' 등등으로 불리고 있다.

* 용재총화(慵齋叢話)는 조선 전기의 용재 성현(成俔)의 수필집이다. 풍속 · 지리 · 역사 · 문물 · 제도 · 음악 · 문학 · 인물 · 설화 따위가 수록되어 있으며, 문장이 아름다워 조선 시대의 수필 문학의 우수작으로 꼽힌다. ≪대동야승≫에 실려 있는데, 시화 부분은 ≪시화총림≫에도 실려 있다. 1934년 계유 출판사에서 펴낸 ≪조선야사전집≫에 한글로 토를 달아 실었으며, 3권 3책이다.
* 지봉유설(芝峯類說)은 조선 선조 때의 학자 이수광이 지은 책이다. 우리나라 최초의 백과사전적인 저술로, 천문 · 지리 · 병정 · 관직 따위의 25부문 3,435항목을 고서(古書)에서 뽑아 풀이하였다. 광해군 6년(1614)에 간행하였으며, 20권 10책이다.
* 훈몽자회(訓蒙字會)는 조선 중종 22년(1527)에 최세진이 지은 한자 학습서이다. 3,360자의 한자를 33항목으로 종류별로 모아서 한글로 음과 뜻을 달았다. 중세 국어의 어휘를 알 수 있는 귀중한 자료이며, 3권 1책이다.
* 국문정리(國文正理)는 광무 원년(1897)에 이봉운(李鳳雲)이 지은 문법책이다. 순 국문으로 된 우리나라 최초의 문법책이며, 띄어쓰기, 장단음(長短音), 된소리, 시제 따위를 내용으로 하고 있다.
* 한글은 우리나라 고유 문자의 이름이다. 세종대왕이 우리말을 표기하기 위하여 창제한 훈민정음을 20세기 이후 달리 이르는 것으로, 1446년 반포될 당시에는 28 자모(字母)였지만, 현재는 24 자모만 쓴다.

훈민정음 명칭

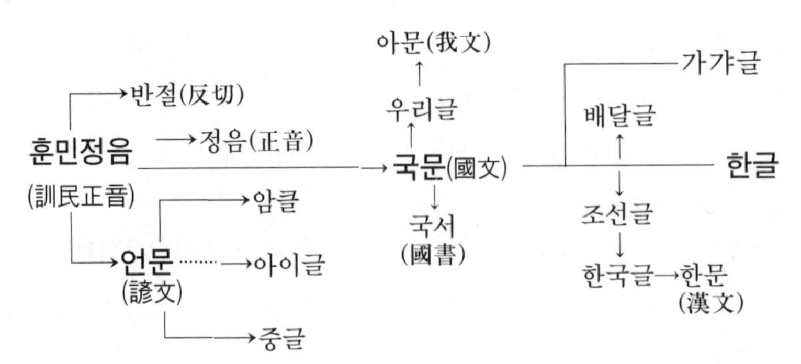

3 훈민정음(訓民正音) 예의(例義)

어제 서문, 자음 17자의 음가, 모음 11자의 음가, 병서, 순경음, 방점 등에 관한 규정을 설명하였다.(7행 11자, 총 54자)

● 어제 서문

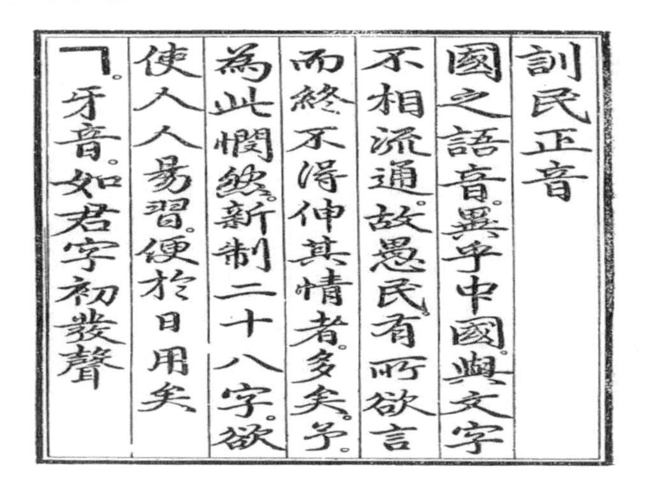
訓民正音
國之語音異乎中國與文字
不相流通故愚民有所欲言
而終不得伸其情者多矣予
爲此憫然新制二十八字欲
使人人易習便於日用矣
ㄱ。牙音。如君字初發聲

<훈·민·졍·음>

國之語音 異乎中國 與文字 不相流通 故愚民 有所欲言而 終不得伸其情者 多矣 予 爲此憫然 新制二十八字 欲使人人易習 便於日用耳(解例本)

<·솅종·엉·젱·훈민·졍흠>

나·랏:말ᄊᆞ·미 中듕國·귁·에 달·아 文문字·ᄍᆞᆼ·와·로 서르 ᄉᆞᄆᆞᆺ·디 아·니ᄒᆞᆯ·ᄊᆡ·이런 젼·ᄎᆞ·로·어린 百·ᄇᆡᆨ姓·셩·이 니르·고·져 ·홇·배 이·셔·도ᄆᆞ·ᄎᆞᆷ:내 제 ·ᄠᅳ·들 시·러 펴·디 :몯홇 ·노·미 하·니·라.·내 ·이·ᄅᆞᆯ 爲·윙·ᄒᆞ·야 :어엿·비 너·겨 ·새·로 ·스·믈여·듧 字·ᄍᆞᆼ·ᄅᆞᆯ ᄆᆡᇰ·ᄀᆞ노·니 :사ᄅᆞᆷ:마·다 :ᄒᆡ·ᅇᅧ :수ᄫᅵ 니·겨 ·날·로 ·ᄡᅮ·메 便뼌安한·킈 ᄒᆞ·고·져 홇 ᄯᆞᄅᆞ·미니·라.(諺解本)

〈창제(創制) 목적(目的)〉

㉠ 우리 어음이 중국과 달라 한자를 가지고 그대로 우리말을 적는데 쓸 수 없다.(國之語音 異乎中國 與文字 不相流通)

㉡ 일반 백성은 말을 나타내고자 하여도 마침내 그 뜻을 펴지 못하는 사람이 많다.(故愚民有所欲言而 終不得伸其情者 多矣)

㉢ 내가 이를 딱하게 여기어 새로 28자를 만들어 사람마다 쉽게 익히고 일용에 편하도록 하였다.(予 爲此憫然 新制二十八字 欲使人人易習 便於日用耳)

ㄱ 牙音(아음)/ 如君字初發聲(여군자초발성)/
 並書(병서)/ 與虯字初發聲(여규자초발성)/
ㅋ 牙音(아음)/ 如快字初發聲(여쾌자초발성)/
ㆁ 牙音(아음)/ 如業字初發聲(여업자초발성)/
ㄷ 舌音(설음)/ 如斗字初發聲(여두자초발성)/
 並書(병서)/ 如覃字初發聲(여담자초발성)/
ㅌ 舌音(설음)/ 如呑字初發聲(여탄자초발성)/
ㄴ 舌音(설음)/ 如那字初發聲(여나자초발성)/
ㅂ 脣音(순음)/ 如彆字初發聲(여별자초발성)/
 並書(병서)/ 如步字初發聲(여보자초발성)/
ㅍ 脣音(순음)/ 如漂字初發聲(여표자초발성)/
ㅁ 脣音(순음)/ 如彌字初發聲(여미자초발성)/
ㅈ 齒音(치음)/ 如即字初發聲(여즉자초발성)/
 並書(병서)/ 如慈字初發聲(여자자초발성)/
ㅊ 齒音(치음)/ 如侵字初發聲(여침자초발성)/
ㅅ 齒音(치음)/ 如戌字初發聲(여술자초발성)/
 並書(병서)/ 如邪字初發聲(여사자초발성)/
ㆆ 喉音(후음)/ 如挹字初發聲(여읍자초발성)/
ㅎ 喉音(후음)/ 如虛字初發聲(여허자초발성)/
 並書(병서)/ 如洪字初發聲(여홍자초발성)/
ㅇ 喉音(후음)/ 如欲字初發聲(여욕자초발성)/
ㄹ 半舌音(반설음)/ 如閭字初發聲(여려자초발성)/
ㅿ 半齒音(반치음)/ 如穰字初發聲(여양자초발성)/

ㆍ 如呑字中聲(여탄자중성)/
ㅡ 如即字中聲(여즉자중성)/

ㅣ 如侵字中聲(여침자중성)/

ㅗ 如洪字中聲(여홍자중성)/

ㅏ 如覃字中聲(여담자중성)/

ㅜ 如君字中聲(여군자중성)/

ㅓ 如業字中聲(여업자중성)/

ㅛ 如欲字中聲(여욕자중성)/

ㅑ 如穰字中聲(여양자중성)/

ㅠ 如戌字中聲(여술자중성)/

ㅕ 如彆字中聲(여별자중성)/

終聲復用初聲(종성부용초성)/ㅇ連書脣音之下(연서순음지하)/則爲脣輕音(즉위순경음)/初聲合用則並書(초성합용즉병서)/終聲同(종성동)/

ㆍㅡㅗㅜㅛㅠ 附書初聲之下(부서초성지하)/ㅣㅏㅓㅑㅕ 附書於右(부서어우)/凡字必合而成音(범자필합이성음)/

左加一點則去聲(좌가일점즉거성)/二則上聲(이즉상성)/無則平聲(무즉평성)/入聲加點同而促急(입성가점동이촉급)/

終聲復用初聲(종성부용초성): 然ㄱ ㆁ ㄷ ㄴ ㅂ ㅁ ㅅ ㄹ 八字可足用也(국어에서는 음절말에서 여덟 음만이 발음되고 있었음을 설명하고 있다.)

連書(연서): 두 개의 자음을 상하로 잇대어 쓰는 철자법으로 순경음과 반설경음에만 쓰이었다.

ㅇ連書脣音之下則 爲脣輕音(훈민정음 예의)

脣輕音 : ㅸ, ㆄ, ㅹ, ㅱ

ㅇ連書ㄹ下 爲半舌輕音 舌乍附上顎 ᄛ(훈민정음 합자해)

半舌輕音 : ᄛ

竝書(병서): 둘 이상의 자음을 옆으로 나란히 쓰는 철자법이다. 初聲合用則竝書 終聲同(훈민정음 예의)

병서는 각자병서(동자병서)와 합용병서(이자병서)로 나뉜다.

각자병서: ㄲ, ㄸ, ㅃ, ㅆ, ㅉ, ㆅ, ㆀ, ㆁ

虯뀽, 覃땀, 步뽕, 邪썅, 慈쭝, 皇帝(ᅘᅪᇰ뎽), 괴ᅇᅧ(爲人愛我), 다ᄔᆞ니라(ᄃᆞ ᇹ느니라)

합용병서: ᄢ, ᄣ, ᄞ, ᄠ, ᄡ, ᄧ, ᄩ, ᄭ, ᄮ, ᄯ, ᄲ

ᄢᅮᆯ(蜜), ᄣᅵ(時), ᄡᅮ다(借), ᄣᅢ(時), ᄡᅳ다(用, 苦, 冠), ᄧᅡ다(織), ᄧᅡᆨ(雙), ᄭᅩ리(尾), ᄭᅮ다(夢), ᄯᅥᆨ(餠), ᄲᅧ(骨), ᄲᅳᆯ(角)

附書(부서): 자음에 모음을 붙여서 한 음절이 되도록 적은 철자법을 말하는 것이다.

ㆍ ㅡ ㅗ ㅜ ㅛ ㅠ : 附書初聲之下

(초성+ㆍ ㅡ ㅗ ㅜ ㅛ ㅠ) : ᄀᆞ 느 도 루 묘 뷰

ㅣ ㅏ ㅓ ㅑ ㅕ : 附書於右

(초성+ㅣ ㅏ ㅓ ㅑ ㅕ) : 기 나 더 랴 며

成音法(성음법): 범자필합이성음(凡字必合而成音): 모든 글자는 모름지기 어울려야 소리가 이루어진다. 훈민정음 28자는 낱낱의 글자만으로는 음을 이룰 수 없고, 반드시 초성과 중성 또는 초성, 중성, 종성이 갖추어져야 음을 이룬다는 것이다.

국어 : 초성+중성-가, 나
초성+중성+종성-각, 간

한자 : 초성+중성+종성-字ᄍᆞᆼ, 爲윙, 快쾡

四聲法(사성법): 사성(四聲)은 '방점, 사성점, 가점' 등으로 불리며, 한자음의 고저장단을 복합하여 성조를 네 가지로 구분한 것이다. 훈민정음 예의에 '左加一點則去聲 二則上聲 無則平聲 入聲加點同而促急'로 되어 있다. 왼쪽에 점 하나를 찍으면 거성이 되고 둘을 찍으면 상성이 되고 점이 없으면 평성이 되며 입성은 점찍는 법은 같으나 촉급하다.

이 사성법은 훈민정음 해례의 합자해에서 좀 더 자세히 설명하고 있다.

'諺語平上去入 如활爲弓而其聲平 :돌爲石而其聲上 ·갈爲刀而其聲去 ·붇爲筆而其聲入之類

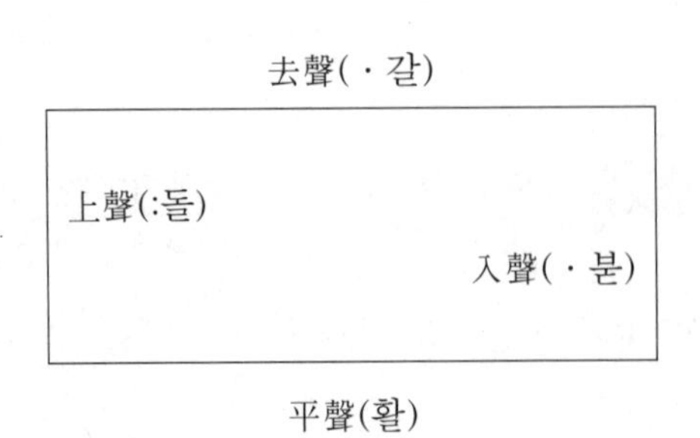

4 훈민정음(訓民正音) 해례(解例)

1) 제자해(制字解): 창제 배경, 제자 기준, 제자 원리, 초성 체계, 중성 체계, 성조를 설명하였다.

㉠ 창제 배경

『훈민정음』의 창제에는 당시의 유일한 언어학(言語學)이라 할 중국의 음운학(聲韻學)의 영향을 많이 받았고, 한편으로는 유교 철학인 송학 이론(宋學理論)의 응용도 많았다. 송학 이론은 유교의 근본 뜻을 철학적, 심리학적으로 규명하려는 학문으로, 여기에 불교(佛敎)와 선교(禪敎)의 사상(思想)을 취합하는 한편, 역경[周易]의 태극설(太極說)도 받아들여 우주의 근본을 논하고, 인생의 본질을 논하는 이론 철학으로 발전시켰으며, 성리학(性理學)이라고 한다.

중국에서는 예로부터 한자의 자음(字音)을 이분(二分)하여 고찰하고, 사성(四聲)으로 분류·정리하는 학문이 발달하였는데, 이를 성운학이라고 한다. 『훈민정음』에서는 중국의 성모(Initial)에 해당하는 우리말을 초성(初聲)으로, 운모(Medial(두운), Vowel(운복), Ending(어미))에 해당하는 우리말을 중성(中聲), 종성(終聲)으로 분할하는 삼분법으로 발전시켰다. 또한, 이에 부합되는 문자를 창안하였고, 우리말의 성조가 중국의 사성과 차이가 있었음을 분명하게 밝히고 있다.

㉡ 제자 기준:

자음: 중국 36자모 체계의 영향 하에 훈민정음 23자모(자음) 체계.

● 七音 36자모표

七音	舌音	舌頭音	舌上音	脣重音	脣輕音	齒頭音	整齒音	喉音	半舌	半齒
全淸	見	瑞	知	幇	非	精	照	影		
次淸	溪	透	徹	滂	敷	淸	穿	曉		
全濁	群	定	澄	竝	奉	從	狀	匣		
不淸不濁	疑	泥	孃	明	微			喩	來	日
全淸						心	審			
全濁						邪	禪			

● 訓民正音 23자모표

五音	牙音	舌音	脣音	齒音	喉音	半舌音	半齒音
全淸	君ㄱ	斗ㄷ	彆ㅂ	卽ㅈ	挹ㆆ		
次淸	快ㅋ	呑ㅌ	漂ㅍ	侵ㅊ	虛ㅎ		
全濁	虯ㄲ	覃ㄸ	步ㅃ	慈ㅉ	洪ㆅ		
不淸不濁	業ㆁ	那ㄴ	彌ㅁ		欲ㅇ	閭ㄹ	穰 ㅿ
全淸			戌ㅅ				
全濁			邪ㅆ				

㉢ 제자 원리:

자음자: 發音器官 象形

모음자: 天地人三才 象形

● 자음

五音	基本字	象形
牙音	ㄱ	혀뿌리가 목구멍을 막는 모양
舌音	ㄴ	혀가 윗잇몸에 닿는 모양
脣音	ㅁ	입의 모양
齒音	ㅅ	이의 모양
喉音	ㅇ	목구멍의 모양

● 모음

글자	혀의 위치	상형	모양	혀의 모양
·	深	天	圓	縮
ㅡ	不深不淺	地	平	小縮
ㅣ	淺	人	立	不縮

㉣ 초성(初聲):

초성(初聲)을 '아(牙), 설(舌), 순(脣), 치(齒), 후음(喉音)' 다섯으로 분류하고 이곳에서 발음되는 소리의 기본자 다섯을 발음 기관의 모양에 따라 만들었다.

● 초성 17자

	基本字	發音器官 象形	加劃字	異體字
牙音	ㄱ	舌根閉喉之形	ㅋ	ㆁ
舌音	ㄴ	舌附上齶之形	ㄷ, ㅌ	
脣音	ㅁ	象口形	ㅂ, ㅍ	
齒音	ㅅ	象齒形	ㅈ, ㅊ	
喉音	ㅇ	象喉形	ㆆ, ㅎ	
半舌音				ㄹ
半齒音				ㅿ

『훈민정음』의 초성자는 17자이다. 즉, 아음의 'ㄱ, ㅋ, ㆁ', 설음의 'ㄷ, ㅌ, ㄴ', 순음의 'ㅂ, ㅍ, ㅁ', 치음의 'ㅅ, ㅈ, ㅊ', 후음의 'ㆆ, ㅎ, ㅇ' 반설음의 'ㄹ', 반치음의 'ㅿ'이었다. 그러나 전탁자(全濁字) 'ㄲ, ㄸ, ㅃ, ㅆ, ㅉ, ㆅ'을 제외하였다.

『훈민정음』에서 17자 이외에 초성의 연서는 본문과 제자해의 'ㅇ連書脣音之下則爲脣輕音'이라는 규정에 따른 순경음 'ㅸ, ㆄ, ㅹ, ㅱ'을 만들었다. 병서 중에서 각자병서의 전탁자는 본문의 병서 규정에 따라 전탁자에 속하는 'ㄱ, ㄷ, ㅂ, ㅅ, ㅈ'을 병서하여 만들었으나 후음에 한해서는 차청의 'ㅎ'을 병서하여 'ㆅ'을 만들었으며, 합용병서는 해례본 합자해의 '初聲二字三字合用竝書'에 따라 'ㅺ, ㅼ, ㅽ, ㅳ, ㅄ, ㅶ, ㅷ, ㅴ, ㅵ' 등이 초성글자로 제시되어 있다.

㉤ 중성(中聲):

중성(中聲)은 '천(天) · 지(地) · 인(人)'을 상형으로 기본자 'ㆍ, ㅡ, ㅣ' 3글자를 만들고 발음할 때의 형의 모양과 소리의 청각적 인상으로 음가를 규정하였다. 천 · 지 · 인의 결합으로 초출자(初出字)는 'ㅏ, ㅓ, ㅗ, ㅜ' 4글자를 만들고, 초출자에 'ㆍ'를 더하여 재출자(再出字)는 'ㅑ, ㅕ, ㅛ, ㅠ' 4글자를 만들어 모두 11자가 된다.

● 기본자

글 자	혀의 위치	상 형	모 양	혀의 모양
ㆍ	深	天	圓	縮
ㅡ	不深不淺	地	平	小縮
ㅣ	淺	人	立	不縮

초출자

形	합자형태	입술모양
ㅗ	·와 ㅡ	입을 오므린다
ㅏ	ㅣ와 ·	입을 벌린다
ㅜ	ㅡ와 ·	입을 오므린다
ㅓ	·와 ㅣ	입을 벌린다

재출자

形	발음의 시작과 끝의 내용
ㅛ	ㅣ → ㅗ
ㅑ	ㅣ → ㅏ
ㅠ	ㅣ → ㅜ
ㅕ	ㅣ → ㅓ

11자 이외에 훈민정음의 중성은 해례본 중성해의 '二字合用'에 따라 만들어진 'ㅘ, ㆇ, ㅝ, ㆊ'와 '一字中聲之與ㅣ相合字十'의 'ㆎ, ㅢ, ㅚ, ㅐ, ㅟ, ㅔ, ㆉ, ㅒ, ㆌ, ㅖ', '二字中聲之與ㅣ相合者四'의 'ㅙ, ㅞ, ㆈ, ㆋ' 등이 있다.

(1) 모음의 분류

단모음: ·, ㅡ, ㅣ, ㅗ, ㅏ, ㅜ, ㅓ(7)

복모음: 이중모음: ㅛ, ㅑ, ㅠ, ㅕ, ㆎ, ㅢ, ㅚ, ㅐ, ㅟ, ㅔ, ㅘ, ㅝ(12)

삼중모음: ㅒ, ㅖ, ㅙ, ㅞ(4)

실용되지 않았던 모음: ㆇ, ㆊ, ㆈ, ㆋ(4)

(2) 동국정운 26모음: ·, ㅡ, ㅣ, ㅚ, ㆉ, ㅐ, ㅒ, ㅙ, ㆈ, ㅟ, ㆌ, ㅔ, ㅖ, ㅞ, ㆋ, ㅗ, ㅛ, ㅏ, ㅑ, ㅘ, ㆇ, ㅜ, ㅠ, ㅓ, ㅕ, ㅝ, ㆊ

동국정운: ·, ㅡ, ㅣ, ㅗ, ㅛ, ㅏ, ㅑ, ㅜ, ㅠ, ㅓ, ㅕ

훈민정음: ·, ㅡ, ㅣ, ㅗ, ㅏ, ㅜ, ㅓ, ㅛ, ㅑ, ㅠ, ㅕ

훈몽자회: ㅏ, ㅑ, ㅓ, ㅕ, ㅗ, ㅛ, ㅜ, ㅠ, ㅡ, ㅣ, ·

㉥ 종성(終聲)

종성부용초성(終聲復用初聲): 乃終ㄱ 소리ᄂᆞᆫ 다시 첫소리를 ᄡᅳᄂᆞ니라.(훈민정음 예의)

『훈민정음』 본문 예의에 있는 규정으로 초성 17자를 모두 종성에 그대로 쓴다는 것이다. 훈민정음 해례의 종성해에서 '然 ㄱ, ㆁ, ㄷ, ㄴ, ㅂ, ㅁ, ㅅ, ㄹ 八字可足用也'를 종성에 대한 구체적인 사용 규정으로 파악하였다.

종성부용초성(終聲復用初聲)의 규정은 『용비어천가』, 『월인천강지곡』에만 적용되어 있다.

2) 초성해(初聲解): 초성이 무엇인가를 설명하였다.

ㄱ與ᅲᆫ而爲군 快字初聲是ㅋ ㅋ與ᅫ而爲쾌 虯字初聲是ㄲ ㄲ與ᅲ而爲뀨 業字初聲是ㆁ ㆁ與ᅥᆸ而爲 업之類(ㄱ인데 ㄱ과 ᅲᆫ이 어울려 '군'이 되며, 快자의 초성은 ㅋ이니 ㅋ은 ᅫ와 어울려 '쾌'를 이룬다. 虯자의 초성은 ㄲ이니 ㄲ과 ㅠ가 어울려 '뀨'를 이룬다. 業자의 초성은 곧 ㆁ이니, ㆁ과 ᅥᆸ이 어울려서 '업'을 이루는 것과 같다.)

3) 중성해(中聲解): 중성이 무엇인가, 중성 표기에 쓰이는 문자를 설명하였다.

如呑字中聲是ㆍ ㆍ居 ㅌ ㄴ之間而爲ᄐᆞᆫ 卽字中聲是ㅡ ㅡ居 ㅈㄱ 之間而爲즉 侵字中聲是ㅣ ㅣ居 ㅊㅁ 之間爲侵之類(呑자의 중성은 곧ㆍ인데ㆍ는 ㅌ과 ㄴ의 가운데 있어 'ᄐᆞᆫ'을 이룬다. 卽자의 중성은 곧 ㅡ인데 ㅡ는 ㅈ과 ㄱ 사이에 있어 '즉'을 이룬다. 侵자의 중성은 곧 ㅣ이니 ㅣ는 ㅊ과 ㅁ의 중간에 있어 '침'을 이루는 것들과 같다.)

4) 종성해(終聲解): 종성의 본질, 팔종성, 사성 등을 설명하였다.

如卽字終聲是ㄱ ㄱ居ᄌᆞ終而爲즉 洪字終聲是ㆁ ㆁ居ᅘᅩ終而爲ᅘᅩᆼ之類(卽자의 종성은 ㄱ이며 ㄱ은 ᄌᆞ의 마지막에 붙어서 '즉'이 된다. 洪자 종성은 곧 ㆁ이며 ㆁ은 ᅘᅩ의 종성에서 'ᅘᅩᆼ'이 되는 것과 같다.)

5) 합자해(合字解): 초, 중, 종성 문자를 합해서 표기하는 예와 성조에 대한 설명하였다.

初中終三聲 合而成字 初聲或在中聲之上 或在中聲之左 如君字ㄱ在ㅜ上 業字 ㆁ在ㅓ左之類(초성, 중성, 종성의 세 소리가 합해지면 글자를 이룬다. 초성은 혹은 중성의 위에 있고 혹은 중성의 좌측에 있으니 군(君)자의 ㄱ은 ㅜ의 위에 있고, 업(業)자의 ㆁ은 ㅓ의 좌측에 있는 것과 같다.)

6) 용자례(用字例): 단어의 표기 예로서 94개의 어휘 용례를 설명하였다.

初聲ㄱ 如:감爲柿 ·골爲蘆 ㅋ如우·케爲未舂稻 콩爲大豆 ㆁ如러·울爲獺 서·에爲流澌(초성은 ㄱ이니 :감(柿, 감 시)과 ·골(蘆, 갈대 로)의 초성과 같다. ㅋ은 우·케(未舂稻, 방아찧을 용, 벼도)와 콩(豆, 콩 두)의 초성과 같다. ㆁ은 러·울(獺, 수달 달)과 서·에(流澌, 성엣장 시)의 초성과 같다.)

中聲· 如·톡爲頤 ·풋爲小豆 ᄃᆞ리爲橋 ᄀᆞ래爲楸 ㅡ如·믈爲水 ·발·측爲跟 그력爲鴈 드·레爲汲器 ㅣ如·깃爲巢 :밀爲蠟 피爲稷 ·키爲箕(중성 ·는 ·톡(頤, 턱 이)이 되고, ·풋(小豆)가 되고, ᄃᆞ리(橋, 다리 교)가 되고, ᄀᆞ래(楸, 가래나무 추)가 되는 것과 같으며, ㅡ는 ·믈(水, 물 수)가 되고, ·발측(跟, 팔꿈치 근)이 되고, 그력(雁, 기러기 안)이 되고, 드·레(汲器, 두레박, 물기를 급, 그릇 기)가 됨과 같으며 ㅣ는 ·깃(巢, 집 소)가 되고, :밀(蠟, 꿀찌기 랍)이 되고, ·피(稷, 피 직)이 되고, ·키(箕, 키 기)가 됨과 같다.)

終聲 ㄱ如닥爲楮 독爲甕 ㆁ如:굼벙爲蠐螬 ·올창爲蝌蚪(종성 ㄱ은 닥(楮, 닥나무 저)이 되고, 독(甕, 독 옹)이 됨과 같으며, ㆁ은 :굼벙(蠐螬, 굼벵이 제, 굼벵이 조)이 되며, 올창(蝌蚪, 올창이 과, 올창이 두)이가 됨과 같다)

5 정인지(鄭麟趾) 서문(序文)

신문자의 창제 이유, 창제자, 신문자의 우수성, 책의 편찬자 등을 명기하였다. 세종 25년 12월에 훈민정음의 원안이 완성된 지 두 달도 못된 26년 2월 20일에 집현전 '부제학 최만리, 직제학 신석조, 직전 김문, 응교 정창손, 부교리 하위지, 부수찬 송처검, 저작랑 조근' 등이 6개 조의 상소문(上疏文)을 올렸다.

정인지 서문의 내용은 다음과 같다.

㉠ 古人(고인)이 만든 문자를 후세 사람이 마음대로 바꿀 수 없음.
㉡ 중국 이외의 나라에서는 固有文字(고유문자)가 없다고 漢字(한자)를 빌어 쓰고 있으니 제대로 이치를 알 수 없음.
㉢ 신라 때부터 써온 吏讀(이두)가 불편하고 언어생활에서는 萬分之一(만분지일)도 의사를

전달할 수 없음.

㉣ 세종 24년 겨울에 세종께서 정음 28자를 만들고 훈민정음이라고 이름을 붙임.

㉤ 배우기 쉬워서 하루아침이나 열흘이면 익힐 수 있음.

㉥ 이 책의 편찬자는 강희안, 박팽년, 성삼문, 신숙주, 이개, 이선로, 정인지, 최항 등임.

㉦ 이 글자는 세종대왕의 독창적인 창안에 의해서 창제됨.

* 율곡 선생 자경문(栗谷先生自警文)

이이(李珥, 1536~1584)는 조선 중기의 문신 · 학자이다. 자는 숙헌(叔獻), 호는 율곡(栗谷) · 석담(石潭) · 우재(愚齋)이며, 호조, 이조, 병조 판서, 우찬성을 지냈다. 서경덕의 학설을 이어 받아 주기론을 발전시켜 이황의 주리적(主理的) 이기설과 대립하였다. 저서에 ≪율곡전서≫, ≪성학집요≫, ≪경연일기≫가 있다.

1. 입지(立志)

먼저 그 뜻을 크게 가져야 한다. 성인을 본보기로 삼아서, 조금이라도 성인에 미치지 못하면 나의 일은 끝난 것이 아니다.

2. 과언(寡言)

마음이 안정된 자는 말이 적다. 마음을 안정시키는 일은 말을 줄이는 것으로부터 시작한다. 제때가 된 뒤에 말을 한다면 말이 간략하지 않을 수 없다.

3. 정심(定心)

오래도록 멋대로 하도록 내버려두었던 마음을 하루아침에 거두어들이는 일은, 그런 힘을 얻기가 어찌 쉬운 일이겠는가. 마음이란 살아있는 물건이다. 번뇌 망상을 제거하는 힘이 완성되기 전에는 마음의 요동을 안정시키기 어렵다. 마치 잡념이 분잡하게 일어날 때에 의식적으로 그것을 싫어해서 끊어버리려고 하면 더욱 분잡해지는 것과 같다. 금방 일어났다가 금방 없어졌다가 하여 나로 말미암지 않는 것 같은 것이 마음이다. 가령 잡념을 끊어버린다고 하더라도 다만 이 '끊어야겠다는 마음'은 내 가슴에 가로질러 있으니, 이것 또한 망녕된 잡념이다. 분잡한 생각들이 일어날 때에는 마땅히 정신을 수렴하여 집착없이 그것을 살필 일이지 그 생각들에 집착해서는 안 된다. 그렇게 오래도록 공부해나가면 마음이 반드시 고요하게 안정되는 때가 있게 될 것이다. 일을 할 때에 전일한 마음으로 하는 것도 또한 마음을 안정시키는 공부이다.

4. 근독(謹獨)

늘 경계하고 두려워하며 홀로 있을 때를 삼가는 생각을 가슴속에 담고서 유념하여 게을리 함이 없다면, 일체의 나쁜 생각들이 자연히 일어나지 않게 될 것이다. 모든 악은 모두 '홀로 있을 때를 삼가지 않음'에서 생겨난다. 홀로 있을 때를 '삼간 뒤라야 기수에서 목욕하고 시를 읊으며 돌아온다.'는 의미를 알 수 있다.

5. 독서(讀書)

새벽에 일어나서는 아침나절에 해야 할 일을 생각하고, 밥을 먹은 뒤에는 낮에 해야 할 일을 생각하고, 잠자리에 들었을 때에는 내일 해야 할 일을 생각해야 한다. 일이 없으면 그냥 가지만, 일이 있으면 반드시 생각을 하여, 합당하게 처리할 방도를 찾아야 하고, 그런 뒤에 글을 읽는다. 글을 읽는 까닭은 옳고 그름을 분간해서 일을 할 때에 적용하기 위한 것이다.

만약에 일을 살피지 아니하고, 똑바로 앉아서 글만 읽는다면, 그것은 쓸모없는 학문을 하는 것이 된다.

6. 소제욕심(掃除慾心)

재물을 이롭게 여기는 마음과 영화로움을 이롭게 여기는 마음은 비록 그에 대한 생각을 쓸어 없앨 수 있더라도, 만약 일을 처리할 때에 조금이라도 편리하게 처리하려는 마음이 있다면 이것도 또한 이로움을 탐하는 마음이다. 더욱 살펴야 할 일이다.

7. 진성(盡誠)

무릇 일이 나에게 이르렀을 때에, 만약 해야 할 일이라면 정성을 다해서 그 일을 하고 싫어하거나 게으름 피울 생각을 해서는 안 되며, 만약 해서는 안 될 일이라면 일체 끊어버려서 내 가슴속에서 옳으니 그르니 하는 마음이 서로 다투게 해서는 안 된다.

8. 정의지심(正義之心)

항상 '한 가지의 불의를 행하고 한 사람의 무고한 사람을 죽여서 천하를 얻더라도 그런 일은 하지 않는다.'는 생각을 가슴속에 담고 있어야 한다.

9. 감화(感化)

어떤 사람이 나에게 이치에 맞지 않는 악행을 가해오면, 나는 스스로 돌이켜 자신을 깊이 반성해야 하며 그를 감화시키려고 해야 한다. 한 집안 사람들이 선행을 하는 것으로 변화하지 아니함은 단지 나의 성의가 미진하기 때문이다.

10. 수면(睡眠)

밤에 잠을 자거나 몸에 질병이 있는 경우가 아니면 눕는 일이 있어서는 안 되며 비스듬히

기대어 서도 안 된다. 한밤중이더라도 졸리지 않으면 누워서는 안 된다. 다만 밤에는 억지로 잠을 막으려 해서는 안 된다. 낮에 졸음이 오면 마땅히 이 마음을 불러 깨워 십분 노력하여 깨어 있도록 해야 한다. 눈꺼풀이 무겁게 내리누르거든 일어나 두루 걸어다녀서 마음을 깨어 있게 해야 한다.

11. 용공지효(用功之效)

공부를 하는 일은 늦추어서도 안 되고 급하게 해서도 안 되며, 죽은 뒤에야 끝나는 것이다. 만약 그 효과를 빨리 얻고자 한다면 이 또한 이익을 탐하는 마음이다. 만약 이와 같이 하지 않는다면 부모께서 물려주신 이 몸을 형벌을 받게 하고 치욕을 당하게 하는 일이니, 사람의 아들이 아니다.

Ⅳ. 우리가 배워야 할 언어예절

Ⅳ. 우리가 배워야 할 언어예절

1 언어 예절(言語禮節)

1) 언어 예절이란 무엇인가?

언어(言語)는 '인간(人間)의 사상(思想)과 감정(感情)을 표현(表現)하는 소리', '생활상(生活相)의 도구(道具)', '의사전달(意思傳達), 의사소통(意思疏通)의 수단(手段)'이다. 언어 예절은 사람이 갖추어야 할 가장 기본적인 덕목(德目)이다.

2) 언어의 7가지 기능(D. Hymes)

① 표현적 기능(表現的 機能): 화자(話者)가 각별히 강하거나 높은 억양을 넣어 단어를 말할 때 그 단어가 나타내는 객관적인 의미는 변함이 없지만 화자의 주장(主張)은 강렬하게 전달되는 기능(表出的 機能).

② 명령적 기능(命令的 機能): 청자(聽者)의 행동(行動)을 지시하는 기능.

③ 시적 기능(詩的 機能): 바둑이와 순이, 순이와 바둑이가 우리 귀에 자연스럽게 들리는 것은 앞에 오는 단어를 짧게 했을 때 국어의 시적 기능이 잘 나타난다.(美學的 機能)

④ 지시적 기능(指示的 機能): 언어가 어떤 대상(자연물, 추상물)이든, 직접 지시하여 정보를 제공하는 기능(情報的 機能).

⑤ 친교적 기능(親交的 機能): 인사말과 대화(對話)에서 많이 발견되는 기능.

⑥ 메타 언어적 기능(메타 言語的 機能): 언어를 다른 언어와 관련지어 쓸 때 나타나는 기능(關語的 機能)

할아버지: 큰할아버지[伯祖父], 작은할아버지[叔祖父], 둘째할아버지[仲祖父]

할머니: 아버지의 큰어머니[큰從祖母], 아버지의 작은어머니[작은從祖母],

아버지: 큰아버지[伯父], 작은아버지[叔父], 둘째아버지[仲父], 아버지의 막내아우[季父]

어머니: 큰어머니[伯母], 작은어머니[叔母], 둘째어머니[仲母], 아버지의 막내아우의 아내 [季母]

⑦ 사회 문맥적 기능(社會文脈的 機能): 화자가 자신이 처한 사회적 장면에 잘 어울리는 단어(單語), 문장(文章), 말씨를 골라 사용하는 기능.

3) 언어 예절 정의(定義)와 목적(目的)

언어 예절의 정의는 사회(社會) 문화(文化) 구성원(構成員)이 지키도록 요구되는, 바람직한 언어 구조(言語構造)와 언어 사용(言語使用)의 형식(形式)을 말한다.

언어 예절의 목적은 다음과 같다.

① 화자(話者)가 자신(自身)과 청자(聽者)의 이익(利益)을 극대화(極大化)하는 것이다.

② 화자와 청자의 체면(體面)을 위협하는 언어행위(言語行爲)를 최소화(最小化)하는 것이다.

③ 예절이라고 인정된 기준에 맞는 틀을 사용하여 효율적(效率的)인 인간관계(人間關係)를 맺기 위한 것이다.

예: 인간(人間)은 사회적(社會的) 동물(아리스토텔레스), 인간은 도구(道具)를 가진 동물(프랭클린), 인간은 사고(思考)하는 동물(비트겐슈타인)

4) 언어 예절의 보편성(普遍性)과 독자성(獨自性)

(1) 보편성

① 공손(恭遜)한 표현을 사용한다.

② 작은 부탁을 할 때 집단정신(集團情神, 우리)을 강조하는 언어를 이용한다.

(2) 독자성

화자(話者)와 청자(聽者), 그리고 발화(發話) 안에 나타나는 인물(人物)에 따라 달라지는 경어법(敬語法)과 호칭어(呼稱語)를 사용한다.(그라이스(Herbert Paul Grice)의 회화의 격률)

① 협동성(協同性)의 원리(原理): 상호성(相互性)에 기인되는 것으로 사람들이 대화를 할 때 반드시 하는 말이 지금 이루어지고 있는 상태에서 지향한다고 생각되는 목적이나 방향의 요구에 합치되도록 말을 한다는 것.

② 양(量)에 관한 격률(格率): 필요한 것보다 적게 말하지 마라, 필요한 것보다 너무 많이 말하지 마라.

③ 질(質)에 관한 격률(格率): 진실성(眞實性)과 관련이 있다. 즉, 말하는 사람이 거짓이라고 생각하는 것이나, 타당한 증거를 갖고 있지 않은 것은 말하지 말라는 것.

④ 관련성(關聯性)에 관한 격률(格率): 관련성을 두라.

⑤ 방법(方法)에 관한 격률(格率): 한마디로 간단하고 명료(明瞭)하라.

※ 말할 때는 말하고자 하는 의도가 분명히 드러나도록 하라는 것.
첫째, 모호성(模糊性)을 피하고, 둘째, 중의성(重義性)을 피하며, 셋째, 간결(簡潔)하고 조리(條理) 있게 순서대로 말하는 것.

2 언어 예절의 특성(特性)

1) 공손(恭遜)

언어 예절의 가장 큰 특성이 공손이다. 공손함은 예절(禮節), 예절은 교양(敎養), 교양은 문명화(文明化)된 의식(意識)과 통해 있다.

(1) 화자(話者) 중심적 공손함

화자가 자신을 낮추기 위해 사용하는 언어형식에는 낮고 온화한 어조, 작고 낮은 음성도 포함한다.

말/말씀, 나이/연세(年歲)/춘추(春秋), 성질(性質)/성품(性品), 밥/진지, 생일/생신(生辰), 병(病)/병환(病患)/환후(患候), 아내/부인(夫人)/합부인(閤夫人), 할아버지/조부님/할아버님/조부장(祖父丈)/왕대인(王大人), 할머니/조모님/할머님/왕대부인(王大夫人), 아버지/아버님/가친/엄친/노친/가대인//춘부장(椿府丈)/춘장/당장/존당, 어머니/어머님/모친/자친/자정/대부인/영당(令堂)/자당(慈堂)/훤당(萱堂), 술/약주(藥酒), 아들/아드님/영식(令息)/영랑(令郞)/영윤(令胤), 의견/고견(高見), 이/치아(齒牙), 편지/옥함(玉函)/혜함(惠函)/존찰(尊札), 원고(原稿)/옥고(玉稿), 이름/존함(尊銜)/명함(名銜), 알리다/아뢰다/사뢰다

(2) 청자(聽者) 중심적 공손함

화자가 청자를 높이는 언어형식이다. 청자에게 비켜 달라는 행동을 강제하지도 않으며, 청자가 '안 내립니다, 나는 다음 역에서 내립니다.'하며 거절할 선택권을 부여하기 때문이다.

좀, 내립시다. 오늘도 즐거운 하루 되십시오.

2) 체면(體面)

어느 사회에서나 사람은 정서적(情緖的)으로 체면을 중시한다. 체면을 잃거나 깎였다고 의기소침해 가기도 하고 체면을 지키거나 높여야겠다고 다짐을 하기도 한다.(브라운과 레빈슨)

(1) 소극적 체면(消極的體面): 모든 사람이 자신의 행동이 타인에게 의해 침해받지 않기를 바라는 욕구와 관련된 체면을 말한다.

(2) 적극적 체면(積極的體面): 그 자신의 욕구가 타인에게도 바람직한 것으로 여겨지도록 바라는 욕구와 관련된 체면을 말한다.

3) 실용성(實用性)

우리가 언어생활(言語生活)에서 사회 문맥에 어울리는 적절한 단어, 문장, 말씨를 선택하여 실용성 있게 대응해야 한다.

(1) 언어 책략(言語策略)

화자와 청자가 대화를 하면서 언어 사용 계획을 바꾸기도 하는 것처럼 전언(傳言, 메시지)의 구조물을 구성하고 때에 따라 수정하는 것이다.

(2) 사회적 정체성(社會的 整體性)

동일한 집단에 속하는 사람들은 대체로 동일한 문법적(文法的), 어휘적(語彙的), 음운적(音韻的) 자질(資質)을 사용하고 유사한 화제를 선택하며, 정보를 제시하는 방식과 말씨가 비슷하다.

3 언어 예절의 내용(內容)과 표현(表現)

1) 권세(權勢)

화자와 청자가 가진 사회적 지위(社會的地位)를 비교하였을 때의 상대적인 사장과 직원 사이, 상급자와 하급자 사이, 교사와 학생 사이는 권세 면에서 차이가 난다.

① 상위자(上位者)는 하위자(下位者에)게 평칭형(平稱形), 하위자는 상위자에게 경칭형(敬稱形)을 쓴다.

② 권세는 국어의 경어법과 호칭 사용에도 큰 영향을 가지며 결정요인으로 작용하는 연령(年齡), 직위(職位), 항렬(行列)은 모두 권세를 통합하여 부를 수 있다.

③ 농촌(農村)의 담화공동체(談話共同體)에서는 직위보다는 연령과 항렬이, 가문(家門)이나 족보(族譜)를 중시하는 친족 담화공동체에서는 연령보다 항렬이 더 중요한 요인이다.

2) 유대(紐帶)

화자와 청자가 상호간에 가진 사회적 거리, 두 사람이 공유하는 친밀도와 친근감(親近感)의 정도를 말한다.

① 가족(家族)끼리는 유대가 매우 깊다.

② 친구(親舊)나 동창(同窓), 동지(同志)라든가 하는 공통된 인연(因緣)이 있으면 유대가 두텁다.

3) 완곡어법(婉曲語法)

듣는 사람의 감정(感情)이 상하지 않도록 모나지 않고 부드러운 말을 쓰는 표현법이다.

① 죽다 → 돌아가다, ② 변소 → 화장실, 해우소, ③ 부모님을 말할 때

④ 남에게 자기의 형을 겸손하게 말할 때 → 사형(舍兄)

⑤ 남의 딸을 높여 말할 때 → 영애(令愛)

⑥ 남의 아들을 높여 말할 때 → 영식(令息)

⑦ 자기의 아들을 낮추어 말할 때 → 가돈(家豚), 가아(家兒)

4 호칭어 · 지칭어(呼稱語 · 指稱語)

남편을 지칭할 때 '아빠'라고 하는 것이 잘못이라고 하는데, 어떻게 해야 하나?

남편(男便)을 '아빠'라고 지칭(指稱)하여 친정아버지(親庭아버지)를 말하는지 애들 아버지를 말하는지 알 수가 없어 듣는 사람이 혼란을 겪는 수가 있다. 또 남편이 사회적으로 높은 지위에 있다고 해서 '그분'이라고 지칭하여 다른 사람들의 빈축을 사는 경우도 있고, 시부모에게 남편을 가리키는 말이 쉽게 떠오르지 않아 당황하는 경우도 적지 않다. 이렇게 남편을 남에게 가리킬 때의 말이 쉬운 것은 아니다.

가장 조심해야 할 것은, 어느 경우에나 자녀들이 어릴 때 아버지를 부르는 말인 '아빠'를 남편을 지칭하는 말로 써서는 안 되고, 또한 아무리 자랑스럽고 훌륭한 남편이라 하더라도 남에게 '그분'이라고 높여 말해서는 안 된다는 것이다. 우리의 경어법은 상대방은 높이고 자기 자신, 그리고 자기 자신과 관련되는 인물 등은 낮추는 것을 기본으로 하고 있기 때문이다.

남편을 지칭할 때에는 누구에게 가리키는가에 따라 다르다. 시부모에게 남편을 지칭할 때에는 '아비' 또는 '아범'이라고 한다. 아이가 없을 경우에는 '아비'나 '아범'이라 할 수 없기 때문에 '그이(이이, 저이)'라고 지칭한다.

친정 부모에게는 남편의 성을 넣어 '0 서방(書房)'이라고 하는데, '그 사람'이라고 할 수도 있다.

남편의 형제들에게는, 형제들의 입장에 서서 형제들이 부르는 대로 지칭한다. 시아주버니와 손위 시누이에게는 '동생', 시동생에게는 '형(님)', 손아래 시누이에게는 '오빠'로 한다. 동서들이나 시누이 남편에게는 '그이', '00 아버지', '00 아빠'로 하면 된다.

자신의 친구들에게는 '그이', '우리 남편', '애 아버지', '애 아빠'로 쓰면 되는데, 신혼 초에는 '우리 신랑', 나이가 들어서는 '우리 영감'이라고 해도 된다. 그러나 남편의 직함을 넣어서 '우리 사장'이나 '우리 부장'과 같이 지칭해서는 안 된다.

남편의 친구들에게는 '애 아버지', '바깥 양반', '바깥 사람'으로 쓰는데, '00 아버지', '00 아빠'도 허용된다.

스승의 남편에 대한 호칭은 무엇인가?

여자 선생님(先生님)의 남편을 부르는 말은 '사부(師夫)님', '선생님', '0 선생님', '000 선생님'이다. 예전에는 여자 스승이 없었기 때문에 여자 선생님의 남편을 부르는 전통적인 말은 없다. 현실적으로 많은 사람들이 여자 선생님의 남편을 '사부님'으로 부르고 있지만, 아직 사전에는 올라 있지 않다. 그러나 점점 많이 쓰이기 때문에 자리를 잡아가는 말이라 할 수 있다. 스승을 높여 이르는 말인 '사부(師父)님'과 한자가 다르다는 점을 주의해야 한다.

직장에서 '이 형', '김 형'과 같은 호칭어를 써도 되는가?

가족 호칭에서 '형(兄)'은 윗사람을 부르는 말이지만, 사회에서의 '형'은 주로 동년배(同年輩)이거나 아랫사람에게 쓰는 말이다. 직장(職場)에서도 '이 형', '김 형'처럼 '성'과 '형'을 합쳐서 쓸 수 있는 경우는 남자 직원이 동료 남자 직원을 부를 때이다. 그러나 그냥 '형'이라고 하거나, '이름'과 '형'을 합쳐서 '00 형'이라고 하거나 '성명'과 '형'을 합친 '000 형'은 지나치게 사적인 인상을 주기 때문에 쓰지 말아야 한다. 그리고 여직 직원이 남자 직원을 '0 형' 하고 부르는 것도 잘못된 것이다.

〈경어법(敬語法)〉

"주례 말씀이 계시겠습니다"라는 표현은 옳은 것인가?

"말씀이 계시겠습니다"라는 말은 요즈음 주변에서 흔히 들을 수 있는 말이다. 결혼식(結婚式)과 같은 각종 행사장에서 사회자가 윗사람이 무슨 말을 할 차례라는 것을 소개(紹介)할 때 많이 쓰인다.

이러한 잘못은 '있다'의 존대형이 '계시다'와 '있으시다' 두 가지인 데에서 비롯되는 것인데, '있다'가 언제나 '계시다'로 바뀌어 쓰일 수 있는 것은 아니다. '있다'를 '계시다'로 바꿀 수 있는 경우는, 존칭 명사가 주어이고 '있다'가 '존재'를 의미할 때("할아버지는 방에 계십니다")와 '있다'가 보조용언으로 사용되어 존칭 명사의 동작이 진행되는 것을 나타낼 때("할아버지가 책을 읽고 계십니다")이다. '말씀'은 높임말로 쓰이지만 이것 자체가 존대의 대상이 되는 존칭 명사가 아니다. 또한 '존재할' 수 있는 유정명사도 아니다. 따라서 이 경우에는 '있다'의 또 다른 존대형인 '있으시다'를 사용하여 "000 선생님의 주례 말씀이 있으시겠습니다"라고 하거나 "000 선생님께서 주례(主禮) 말씀을 해 주시겠습니다"와 같이 말해야 한다.

'당부'라는 말을 윗사람에게 써도 괜찮은가?

언어 예절(言語禮節)이 발달한 국어에서는 대화 상대나 대화 내용에 따라 달리 표현하거나 쓰지 말아야 하는 말이 있는 경우가 많다. 경어법(敬語法)과 관련된 문제이지만 어감 때문에 사용에 제약을 받는 말들도 있다. 가장 많이 거론되는 것이 '수고하십시오.'라는 말일 것이다. 윗사람에게 고생을 하라고 말하는 것은 실례이니까 이 말을 윗사람에게 써서는 안 된다고 생각하는 사람들이 많다. 그렇지만 의례적인 인사말로 생각하고 거리낌 없이 사용하는 사람들도 많이 있다. 그러나 표준화법(標準話法)에서는 윗사람에게는 써서는 안 되는 것으로 정해 놓고 있다.

그러면 '당부(當付)'의 경우는 어떠한가? 먼저 사전의 뜻풀이를 보면 '말로 단단히 부탁함. 또는 그런 부탁'(「표준국어대사전」)으로 되어 있다. '당부'가 윗사람에게 써서는 안 될 말이라는 정보는 없다. 사전적 뜻풀이를 보면 '당부'는 부탁의 정도가 강한 경우에 쓰는 말이라는 것을 알 수 있다. 부탁이라면 어떤 일을 해 달라고 청하는 것이기 때문에 상대방에게는 그만큼 부담이 되는 일이 된다. 우리의 사고방식으로는 부담이 되는 일을 그것도 강하게 윗사람에게 요구하는 것은 예의에 어긋나는 태도가 된다. 이러한 이유 때문에 '당부'라는 말을 윗사람에게 쓰지 말아야 할 말이라고 보게 된 것이라 할 수 있다.

〈인사말(人事말)〉

나 자신을 남에게 소개할 때 어떻게 하는 것이 좋은가?

자신을 남에게 소개(紹介)할 때에는 "처음 뵙겠습니다. (저는) 000입니다", 또는 "인사드리겠습니다. (저는) 000입니다"로 한다. '처음 뵙겠습니다.'나 '인사드리겠습니다.' 대신에 '안녕하십니까?'를 쓰는 경우도 있는데, 이것은 다른 사람이 소개를 해 주었을 경우에는 가능하지만, 자신이 소개하는 경우에는 쓸 수 없는 표현이다.

그리고 이러한 형식을 기본으로 하여 상대방이 자신의 신상을 알 수 있도록 추가적인 정보를 줄 수도 있다. 자신의 직장을 말할 때에는 '000에 있는' 등을 덧붙여서 "처음 뵙겠습니다. 000에 있는 000입니다"라고 하거나 "처음 뵙겠습니다. 000입니다. 000에 있습니다"와 같이 하면 된다.

아버지에 기대어서 자신을 소개하는 경우에는 "저의 아버지는 0[성] 0자 0자이십니다", 또는 "저의 아버지 함자는 0[성] 0자 0자이십니다"라고 해야 한다. 성 뒤에도 '자'를 붙여서 "0자 0자 0자이십니다"라고 하는 경우도 있는데, 이것은 잘못이다. 성 뒤에는 '자'를 붙여서는 안 된다.

자신의 성이나 본관(本貫, 本鄕)을 남에게 소개할 때에는 '장수 황가'라고 해야 하는지, '장수 황씨'라고 해야 하는지도 고민스럽게 생각될 수 있다. 그러나 남의 성을 말하는 경우에는 "어디 황씨세요?"와 같이 '씨'를 써서 높여야 하지만, 자신의 성을 말할 때에는 "저는 장수 황가입니다."와 같이 말해야 한다.

문상을 갔을 때의 적절한 인사말은 무엇인가?

많은 사람들이 문상(問喪)을 가서 어떤 위로의 말을 해야 하는지를 몰라 망설이게 된다. 실제 문상 가서 하는 말은 문상객과 상주의 나이, 평소의 관계 등 상황에 따라 다양하다. 그러나 어떠한 관계 어떠한 상황이든지 문상을 가서 고인에게 절을 두 번 하고, 상주에게 절을 한 번 한 후에 아무 말도 하지 않고 물러나오는 것이 일반적이고 가장 무난하다고 할 수 있다.

그러나 굳이 말을 해야 할 상황이라면, “삼가 조의를 표합니다.”, “얼마나 슬프십니까?”, “뭐라 드릴 말씀이 없습니다.” 등으로 인사를 하면 된다. 그런데 이런 인사말을 할 때에는 또박또박 분명하게 말하지 말고 뒤를 흐리는 것이 예의라고 한다. 상을 당하여서는 문상하는 사람도 슬퍼서 말을 제대로 할 수 없다는 것을 표시하기 위해서이다.

문상을 하는 사람이 말로써 문상하지 않는 것이 가장 모범적인 것과 마찬가지로, 문상을 받는 상주 역시 문상객에게 아무 말도 하지 않는 것이 좋다. 상주는 죄인이므로 말을 해서는 안 된다는 것이다. 굳이 말을 한다면 “고맙습니다.” 또는 “드릴(올릴) 말씀이 없습니다.” 하고 문상을 와 준 사람에게 고마움을 표하면 된다.

지방(紙榜)은 종잇조각에 지방문을 써서 만든 신주(神主, 죽은 사람의 위패)를 말한다. 지방은 제사 대상자를 신물(神物=紙榜)로 신주 대신 사용하고, 제사 직전에 쓰고, 모시고 나면 불태운다. 지방의 크기는 가로 6㎝, 세로 22㎝가 적당하고 한자를 사용한다. 지방에 남과 여의 신위를 쓸 때는 제사를 하는 사람을 기준으로 왼쪽은 남자, 오른쪽은 여자를 쓰며, 세로쓰기를 하여야 한다.

〈지방(紙榜) 쓰는 방법〉
현(顯): 돌아가신 분의 경칭
고(考): 돌아가신 아버지
학생(學生): 벼슬하지 않은 사람. 벼슬한 사람은 관직명.
비(妣): 돌아가신 어머니
유인(孺人): 부인
부군(府君: 돌아가진 조상의 존칭
신위(神位): 신(神)을 모시는 자리

〈고인과의 제주 관계〉

증조부모: 현증조고(顯曾組考), 현증조모(顯曾祖妣)

조부모: 현조고(顯組考), 현조비(顯祖妣)

부모: 현고(顯考), 현비(顯妣)

〈조부모 지방〉		〈부모 지방〉	
현(顯)	현(顯)	현(顯)	현(顯)
조(祖)	조(祖)	고(考)	비(妣)
고(考)	비(妣)	학(學)	유(孺)
학(學)	유(孺)	생(生)	인(人)
생(生)	인(人)	부(府)	평(平)
부(府)	광(光)	군(君)	산(山)
군(君)	산(山)	신(神)	신(申)
신(神)	김(金)	위(位)	씨(氏)
위(位)	씨(氏)		신(神)
	신(神)		위(位)
	위(位)		

학교 등에서 먼저 하교하면서 남아 있는 윗사람에게 '수고하십시오'라는 인사말은 적절한가?

젊은 층을 중심으로 "수고하십시오."와 같은 인사말을 하는 것을 적지 않게 볼 수 있다. 그러나 윗사람에게 "수고하십시오." 하고 인사하는 것은 잘못이다. '수고하다'가 '일을 하느라고 힘을 들이고 애를 쓰다.'라는 말이기 때문에 먼저 하교하면서 하는 인사말로 "수고하십시오."라고 하게 되면 '남아서 고생하라'는 좋지 않은 의미로 해석된다. '수고'의 의미를 잘 모르는 젊은 층이 좋은 뜻으로 하는 인사말인데 단어의 뜻에 너무 얽매이는 것 아닌가 하는 생각도 할 수 있지만, 아직도 이 말을 듣는 어른들이 불쾌하게 생각하는 경우가 많기 때문에 이 인사말은 부적절한 것이라 할 수 있다. 좀 더 확대해서 말하면, 윗사람에게는 '수고'가 들어가는 말은 거의 모든 경우에 적절한 인사말이 될 수 없다.

5 인사 예절(人事禮節)

1) 인사의 의미(意味)

① 인사는 마음의 문을 여는 열쇠이다.
② 인사는 자신의 인격(人格)을 표현하는 최초(最初)의 행동이다.
③ 인사는 상대(相對)에게 예절의 시작이며 기본(基本)이다.

2) 인사말

① 밝은 마음: '안녕(安寧)하십니까?', '안녕하세요.'
② 상냥한 마음: '네', '예'
③ 사과(謝過)하는 마음: '미안(未安)합니다.', '죄송(罪悚)합니다.'
④ 겸허(謙虛)한 마음: '덕택(德澤)으로', '당신(當身) 때문에'
⑤ 감사하는 마음: '고맙습니다.', '감사(感謝)합니다.'

3) 올바른 인사법(人事法)

(1) 인사의 종류(種類)

① 목례(目禮, 눈인사): 평교지간, 아랫사람, 우연히 두 번 이상 만난 분, 낯선 어른 등을 만날 때: 상체를 15도 숙인다.
② 보통례: 일상생활(日常生活)에서 어르신이나 교수님을 만날 때: 상체를 30도 숙인다.

(2) 인사 거리(人事距離)

① 인사 대상과 방향이 다를 때: 30보 이내에서 한다.
② 인사 대상과 방향이 마주칠 때: 6보 이내에서 한다.

(3) 시선(視線)

① 인사하기 전에 상대방의 시선을 바라본다.
② 1.5미터 정도 전방을 본다.
③ 인사 후에도 상대방의 시선을 본다.

(4) 양손의 위치(位置)

여자: 오른손으로 왼손을 감싸서 아랫배에 가볍게 댄다.

남자: 왼손으로 오른손을 감싸서 아랫배에 가볍게 대거나 가볍게 주먹을 쥐고 바지 재봉선에 둔다.

(5) 표정(表情)

① 얼굴에 가벼운 미소(微笑)를 띤다.

② 인사말을 할 경우에는 밝은 목소리로 한다.

6 응대 예절(應對禮節)

1) 악수 예절(握手禮節)

악수는 사람이 처음 만날 때 하는 인사 행위로서 매우 중요하다. 악수를 할 때는 상대방의 눈을 쳐다보면서 부드럽게 미소(微少)를 지으면서 악수를 한다. 상대가 여성인 경우는 손을 가볍게 쥐는 것이 예의다. 악수를 하면서 고개를 숙이거나 허리를 굽혀 인사를 하는 사람이 있는데, 악수 그 자체가 인사의 일종이므로 다른 인사를 할 필요가 없다.

① 악수를 청하는 순서(順序)

㉠ 여성(女性)이 남성(男性)에게 한다.

㉡ 윗사람이 아랫사람에게 한다.

㉢ 결혼(結婚)한 사람이 결혼하지 않은 사람에게 한다.

㉣ 선배(先輩)가 후배(後輩)에게 한다.

② 악수 방법(方法)

㉠ 오른 손을 잡고 얼굴에 미소를 띠며 기쁜 마음으로 악수한다.

㉡ 소개를 받았다고 곧바로 손을 내밀지 않는다.

㉢ 악수를 할 때 어깨에 걸치거나 껴안는 등 불필요하고 과장된 행동은 품위가 없어 보이므로 삼간다.

㉣ 너무 세게 쥐거나 약하게 잡아서는 안 되며, 손끝만 내밀어서는 안 된다.

㉤ 악수를 청했는데 받아 주지 않는 것은 상대방을 무시하거나 도전적인 의사의 표시로 여겨지므로 주의한다.

㉥ 예식용 장갑은 벗지 않아도 되며, 방한용 장갑은 벗어야 하나, 상대가 장갑을 낀 채면 낀 채로 응해도 된다.

2) 전화 예절(電話禮節)

전화 예절은 전화를 거는 사람이나 받는 사람이 서로 신분(身分)을 정확히 밝히고 용건(用件)을 분명(分明)하고, 정중(正中)하게 전하는 데 있다.

① 전화 사용 요령(要領)

㉠ 전화를 받을 때

벨이 울리면 수화기를 들고	집	여보세요. 여보세요.(지역 이름)입니다.[허용] 네, (지역 이름)입니다.[허용]
	직장	네, ○○○입니다.
전화를 바꾸어 줄 때	집	(네), 잠시(잠깐, 조금) 기다려 주십시오. 바꾸어 드리겠습니다.
	직장	(네), 잠시(잠깐, 조금) 기다려 주십시오. 바꾸어 드리겠습니다.
상대방이 찾는 사람이 없을 때	집	지금 안 계십니다. 들어오시면 뭐라고 전해 드릴까요?
	직장	지금 안 계십니다. 들어오시면 뭐라고 전해 드릴까요?
잘못 걸려 온 전화일 때	집	아닌데요(아닙니다), 전화 잘못 걸렸습니다.
	직장	아닌데요(아닙니다), 전화 잘못 걸렸습니다.

㉡ 전화를 걸 때

상대방이 응답을 하면	집	안녕하십니까? (저는, 여기는) ○○○입니다. ○○○씨 계십니까?
	직장	안녕하십니까? (저는, 여기는) ○○○인데요, ○○○ 씨 좀 바꾸어 주시겠습니까? (교환일 때) 안녕하십니까? ○○번 좀 부탁합니다.
통화하고 싶은 사람이 없을 때	집	죄송합니다만, ○○한테서 전화왔었다고 전해 주시겠습니까?/말씀 좀 전해 주시겠습니까?
	직장	죄송합니다만, ○○한테서 전화왔었다고 전해 주시겠습니까?/말씀 좀 전해 주시겠습니까?
대신 거는 전화	직장	안녕하십니까? ○○○님의 전화인데요. ○○○씨를 부탁합니다. (부탁한 전화가 연결되었을 때) 안녕하십니까? 저는 ○○회사 ○○○입니다. ○○○님의 전화인데요. 바꾸어 드리겠습니다.
전화가 잘못 걸렸을 때		죄송합니다(미안합니다), 전화가 잘못 걸렸습니다.

㉢ 전화를 끊을 때

안녕히 계십시오. 고맙습니다. 안녕히 계십시오. 이만(그만) 끊겠습니다. 안녕히 계십시오.

② 휴대폰 사용 예절

휴대폰(携帶phone)은 유선 전화(有線電話)와 달리 전자파의 발생으로 인해 병원(病院)이나 항공기(航空機) 등과 같은 곳에서 사용할 경우 다른 기계에 치명적인 문제를 야기할 뿐만 아니라 때와 장소를 가리지 않고 울려대는 신호음 때문에 많은 문제를 일으키고 있다. 휴대폰을 사용할 때는 다음과 같은 점에 유의해야 한다.

㉠ 강의 시간(講義時間)이나 회의 시간(會議時間) 등에는 휴대폰을 끄거나 진동으로 전환해 두고 전화를 받아서는 안 된다. 시간이 끝난 뒤 발신 전화(發信電話)를 확인해서 전화를 하도록 한다.

㉡ 열차(列車)나 전철(電鐵) 안에서 사용할 때는 목소리를 낮추어 다른 사람에게 폐를 끼치지 않도록 조용하게 받는다.

㉢ 음악회(音樂會), 영화관(映畵館) 등에서는 휴대폰의 전원을 끄거나 진동으로 전환한다.

㉣ 공공 장소(公共場所)에서 전화가 왔을 때는 밖으로 나가서 받는다.

㉤ 운전 중에는 휴대폰을 사용해서는 안 된다.

㉥ 항공기(航空機)나 병원(病院) 등 휴대폰 사용이 금지된 곳에서는 반드시 전원(電源)을 끄도록 한다.

7 강의실 예절(講義室禮節)

강의실(講義室)은 학문을 배우고 가르치는 신성한 공간(空間)이다. 교수(敎授)와 대학생(大學生)이 모두 진지하게 자신의 미래를 설계해 가는 기초를 놓게 되는 시간이자 공간이기도 하다. 이런 신성한 공간에서는 그에 맞는 예절이 뒷받침 되어야 하며, 나 자신만이 아닌 그 공간에 있는 모두를 배려(配慮)할 줄 아는 자세(姿勢)가 있어야 한다.

① 책(冊)과 필기구(筆記具) 등은 기본적(基本的)으로 준비(準備)한다.

② 휴대전화(携帶電話)를 꺼 놓아야 한다.

③ 강의(講義)를 받을 수 있는 단정(端正)한 옷차림을 하며, 교수도 정장을 입으려고 노력한다.

④ 대학생(大學生)은 미리 강의실에 도착하면 앞자리부터 자리를 채운다.

⑤ 대학생들은 강의 시간(講義時間)에 늦지 않도록 주의해야 하며, 강의를 하는 교수도 강의 시간을 반드시 지켜야 한다.

⑥ 강의 시작할 때와 마칠 때에 정중하게 인사(人事)를 나누며, 출석(出席)을 부를 때에는 잡담(雜談)을 하지 않는다.

⑦ 교수는 강의를 할 경우에 시선을 대학생들에게 고르게 주고, 대학생의 인격(人格)을 존중(尊重)해 준다.

⑧ 대학생은 한눈팔거나 떠들지 않고 강의에 성심껏 참여하며, 교수가 강의를 하고 있는데 음식을 먹거나 잠을 자거나 옆의 사람과 잡담(雜談)을 하거나 화장(化粧)을 고치거나 하지 않는다.

그 외에 강의가 끝나 교수가 강의실(講義室)을 나가면 그 후에 대학생들은 자리에서 일어난다. 그리고 강의가 끝났더라도 옆 강의실에서는 강의가 진행 중이므로 조용히 한다. 강의실을 깨끗이 사용하며, 음료를 마시고 난 빈 깡통은 반드시 쓰레기통에 버린다. 책상(冊床), 의자(倚子)에 낙서(落書)를 하거나 칼로 긁지 않는다. 강의가 끝나면 전등(電燈)을 끄고 나간다.

Ⅴ. 쉽게 풀이한 어문 규정

V. 쉽게 풀이한 어문 규정

1 한글 맞춤법

1) 먼 곳에선 **이따금/잇다금/이다금** 개 짖는 소리가 들린다.

'이따금'은 부사이며, 얼마쯤씩 있다가 가끔의 뜻이다. '이따금<잇다감<구방>←잇-+-다가+-ㅁ'으로 분석된다.

한글 맞춤법 제5항 한 단어 안에서 뚜렷한 까닭 없이 나는 된소리는 다음 음절의 첫소리를 된소리로 적는다. 그리고 한글 맞춤법 제5항 1에서 두 모음 사이에서 나는 된소리는 된소리로 적어야 한다. 그러므로 '**이따금**'으로 써야 한다. 예를 들면, '오빠, 기쁘다, 해쓱하다, 거꾸로' 등이 있다.

* 오빠=같은 부모에게서 태어난 사이이거나 일가친척 가운데 항렬이 같은 손위 남자 형제를 여동생이 이르거나 부르는 말.(우리 **오빠는** 아버지를 빼닮았다.)
* 해쓱하다=얼굴에 핏기나 생기가 없어 파리하다.(노국 공주의 얼굴은 조금 **해쓱하게** 놀란 듯하다가 고개를 숙이어 잠자코 끝까지 왕의 말을 들었다.≪박종화, 다정불심≫)
* 거꾸로=차례나 방향, 또는 형편 따위가 반대로 되게.(우리가 기습하려다가 **거꾸로** 기습을 당한 거지요.≪이병주, 지리산≫) '거꾸로<것ᄭᅮ로<백련>←것굴-[<갓ᄀᆞᆯ다<월석>]+-오'로 분석된다.

2) 그 사람은 재산을 **몽땅/몽당** 날려서 집안이 풍비박산/풍지박산이 되었다.

'몽땅'은 부사이며, 있는 대로 모두라는 뜻이다. 한글 맞춤법 제5항 2에서 'ㄴ, ㄹ, ㅁ, ㅇ' 받침 뒤에서는 된소리로 적어야 한다. 한 개 형태소 내부의 유성음(有聲音) 뒤에서 나는 된소리는 된소리로 적는다. 그러므로 '**몽땅**'으로 써야 한다. 예를 들면, '잔뜩, 살짝, 움찔, 엉뚱하다, 단짝, 번쩍, 물씬' 등이 있다.

* 잔뜩=한도에 이를 때까지 가득.(두 대감이 요 위에 앉자, 적객들은 구유같이 큼직하고 투박하게 생긴 돌화로에다 숯을 **잔뜩** 갖다 넣었다.≪현기영, 변방에 우짖는 새≫)
* 살짝=남의 눈을 피하여 재빠르게.(그는 모임에서 **살짝** 빠져나갔다.)
* 움찔=깜짝 놀라 갑자기 몸을 움츠리는 모양.(팔기는 제 목소리가 너무 커져 버린 것을 의식하고는 **움찔** 놀란다.≪김춘복, 쌈짓골≫)
* 엉뚱하다=상식적으로 생각하는 것과 전혀 다르다.(그 사람은 모습과는 다르게 **엉뚱한** 데가 있다.)
* 번쩍=큰 빛이 잠깐 나타났다가 사라지는 모양.(먹이를 본 맹수처럼 순간적으로 그의 눈빛이 **번쩍** 빛났다.)
* 물씬=코를 푹 찌르도록 매우 심한 냄새가 풍기는 모양.(술 냄새가 **물씬** 풍겨 오다.)

** 눈곱(세수하면서 **눈곱/눈꼽을** 닦다.)=명사이며, 눈에서 나오는 진득진득한 액. 또는 그것이 말라붙은 것을 뜻한다. '눉곱<훈몽>←눈+-ㅅ+곱'으로 분석된다.

** 눈살(**눈살/눈쌀(을)** 찌푸리다.=마음에 못마땅한 뜻을 나타내어 양미간을 찡그리다.) =명사이며, 두 눈썹 사이에 잡히는 주름을 뜻한다. '눈살<역해>←눈+살'로 분석된다.

3) 구양수는 아주 오래전부터 조한대를 **꼭뚜각시/꼭두각시/꼮두각시/곡두각시처럼** 조종해 오고 있었던 게 아니었을까.≪한승원, 해일≫

'꼭두각시'는 명사이며, 남의 조종에 따라 움직이는 사람이나 조직을 비유적으로 이르는 말이다. '←꼭두[<곡도<석상>]+각시'로 분석된다. 한글 맞춤법 제5항 다만, 'ㄱ, ㅂ' 받침 뒤에서 나는 된소리는, 같은 음절이나 비슷한 음절이 겹쳐 나는 경우가 아니면 된소리로 적지 아니한다. 그러므로 '**꼭두각시**'로 써야 한다. 예를 들면, '국수, 색시, 입술, 갑자기, 덥석' 등이다.

* 꼭두각시=꼭두각시놀음에 나오는 여러 가지 인형.
* 덥석=왈칵 달려들어 닁큼 물거나 움켜잡는 모양.(어머니는 아기를 **덥석** 받아 안으셨다./그는 허락도 없이 골치 아픈 일을 **덥석** 맡아 왔다.)
* 여자가 갖추어야 할 3씨는 무엇일까요?

첫째는 **맵씨/맵시**다. 맵시는 옷을 입는 것과 품격을 갖춘 여자를 말한다.

둘째는 **솜씨/솜시**다. 솜씨는 음식을 비롯하여, 집안일을 돌보는 데 지혜로운 솜씨를 발휘해야 멋있는 여성이다.

셋째는 **마음씨/마음시**다. 마음씨는 곱고, 인정있어야 한다.

4) 우리 동네 아이들은 **숨바꼭질/숨바꼭찔/숨박질과** 줄넘기를 즐겨 한다.

'숨바꼭질'은 명사이며, 아이들 놀이의 하나이다. 여럿 가운데서 한 아이가 술래가 되어 숨은 사람을 찾아내는 것인데, 술래에게 들킨 아이가 다음 술래가 된다. '숨바꼭질←숨박질<숨막질<번박>←숨-+-막+-질'로 분석된다.

한글 맞춤법 제5항 다만, 'ㄱ, ㅂ' 받침 뒤에서 나는 된소리는, 같은 음절이나 비슷한 음절이 겹쳐 나는 경우가 아니면 된소리로 적지 아니한다. 그러므로 '**숨바꼭질/숨박질**'로 써야 한다. 예를 들면, '작대기, 각시, 속삭속삭, 깍두기, 쭉정이' 등이다.

* 각시=아내를 달리 이르는 말. 한자를 빌려 '閣氏'로 적기도 한다.(**각시를** 얻다.)
* 쭉정이=껍질만 있고 속에 알맹이가 들지 아니한 곡식이나 과일 따위의 열매.(금년 벼농사는 망쳐서 **쭉정이가** 반이다.)

그러나 '똑똑(-하다), 쌉쌀(-하다)'처럼 같은 음절이나 비슷한 음절이 거듭되는 경우에는 첫소리와 같은 글자로 적어야 한다.

5) 한결 짙어진 구름은 진홍으로, 하늘은 온통 불바다로 변해 간다. 장엄하고 화려한 **해돋이/해돚이/해도지/해뜨기의** 의식이 시작되려는 것이다. ≪박경리, 토지≫

'해돋이'는 명사이며, 해가 막 솟아오르는 때. 또는 그런 현상을 일컫는다. '해돋이〈ᄒᆡᆺ도디<월석>←ᄒᆡᆺ+돋-+-이'로 분석된다.

한글 맞춤법 제6항 'ㄷ' 받침 뒤에 종속적 관계를 가진 '-히-'가 올 적에는 그 'ㄷ'이 'ㅊ'으로 소리 나더라도 'ㄷ'으로 적는다. 예를 들면, '맏이, 굳이, 핥이다, 닫히다, 묻히다' 등이 있다. 그러므로 '**해돋이/해뜨기**' 등으로 써야 한다.

* 맏이=여러 형제자매 가운데서 제일 손위인 사람.(아버지도 안 계신 데다가 내가 **맏이이니** 집에 의지할 장정 식구란 없는 셈이었다.≪박완서, 부끄러움을 가르칩니다≫)
* 굳이=단단한 마음으로 굳게.(평양 성문은 **굳이** 닫혀 있고, 보통문 문루 위에는 왜적들이 파수를 보고 있었다.≪박종화, 임진왜란≫)
* 핥이다=혀가 물체의 겉면에 살짝 닿으면서 지나가게 하다.(아이들이 아이스크림을 하나씩 들고 **핥으며** 걸어간다.)

＊닫히다＝열린 문짝, 뚜껑, 서랍 따위를 도로 제자리로 가게 하여 막다.(방문을 **닫고** 다녀라./문을 **닫아라.**)

＊묻히다＝일을 드러내지 아니하고 속 깊이 숨기어 감추다.

'라는 뜻이다. 보충 설명하면, "① 명사 밑에 붙는 '조사'로서 'ㅣ': 맏이, 끝이, 밭이, 뭍이, ② 용언(형용사)을 부사로 바꾸는 접미사 'ㅣ': 굳이, 같이, ③ 용언(동사)을 명사로 바꾸는 접미사 'ㅣ': 해돋이, 땀받이, ④ 용언(동사)을 사동 혹은 피동으로 만드는 선어말어미 '이'나 '히': 핥이다(핥음)" 등이 있다.

한편, 명사 '맏이[마지, 昆]'를 '마지'로 적자는 의견이 있었으나 '맏-아들, 맏손자, 맏형' 등을 통하여 '태어난 차례의 첫 번'이란 뜻을 나타내는 형태소가 '맏'임을 인정하여 '맏이'로 적기로 하였다.

6) 그 **덛저고리/덧저고리가** 깃과 동정도 없는 대신 목에 흰 단추가 달려 있고 그 단추가 어깨까지 연달아 있었다.≪안수길, 북간도≫

'덧저고리'는 명사이며, 저고리 위에 겹쳐 입는 저고리를 말한다. 한글 맞춤법 제7항 'ㄷ' 소리로 나는 받침 중에서 'ㄷ'으로 적을 근거가 없는 것은 'ㅅ'으로 적는다. 그러므로 '**덧저고리**'로 써야 한다. 예를 들면, '웃어른, 핫옷, 무릇, 사뭇, 얼핏' 등이 있다.

*핫옷＝솜옷.(옷이라는 건…솜뭉치가 비어 나오는 **핫옷이다.**≪채만식, 탁류≫)

*무릇＝대체로 헤아려 생각하건대.(부모가 물려주는 거만의 유산은 **무릇** 불행을 낳기 쉽다.≪김유정, 생의 반려≫)

*사뭇＝거리낌 없이 마구.(그는 선생님 앞에서 **사뭇** 술을 마셨다.)

*얼핏/언뜻＝생각이나 기억 따위가 문득 떠오르는 모양.(저만큼 앞으로 다가오는 네거리 하나가 **얼핏** 눈에 띄었다.≪윤흥길, 제식 훈련 변천 약사≫)

보충 설명하면, 'ㄷ' 소리로 나는 받침 'ㅅ, ㅆ, ㅈ, ㅊ, ㅌ' 등이 음절 끝소리로 발음될 때에 [ㄷ]으로 실현되는 것을 말한다. 이 받침들은 뒤에 형식 형태소의 모음이 결합될 경우에는 제 소리 값대로 뒤 음절 첫소리로 내리어져 발음되지만, 단어의 끝이나 자음 앞에서 음절 말음으로 실현된 때에는 모두 [ㄷ]으로 발음된다.

'ㄷ'으로 적을 근거가 없는 것은 그 형태소가 'ㄷ' 받침을 가지지 않은 것을 말한다. 예를 들면, '갓-스물, 걸핏-하면, 그-까짓, 기껏, 놋-그릇, 덧-셈, 짓-밟다, 풋-고추, 햇-곡식' 등이 있다.

'걷-잡다(거두어 잡다), 곧-장(똑바로 곧게), 낟-가리(낟알이 붙은 곡식을 쌓은 더미), 돋-

보다(도두 보다) 등은 본디 'ㄷ' 받침을 가지고 있는 것으로 분석되고, '반짇-고리, 사흗-날, 숟-가락' 등은 'ㄹ' 받침이 'ㄷ'으로 바뀐 것으로 설명될 수 있다.

'겯잡다'는 '한 방향으로 치우쳐 흘러가는 형세 따위를 붙들어 잡다.'의 뜻이다. '곧장'은 '옆길로 빠지지 아니하고 곧바로.'의 뜻이다. '낟가리'는 '낟알이 붙은 곡식을 그대로 쌓은 더미.'를 의미한다. '돋보다'는 '도두보다'의 준말로 '실상보다 좋게 보다.'의 뜻이다.

7) 트랩을 내린 일단의 승객들이 활주로를 거쳐 공항 **휴계실/휴게실로** 몰려든다.

≪홍성원, 육이오≫

'휴게실(休憩室)'은 명사이며, 잠깐 동안 머물러 쉴 수 있도록 마련해 놓은 방을 말한다. 한글 맞춤법 제8항 '계, 례, 몌, 폐, 혜'의 'ㅖ'는 'ㅔ'로 소리 나는 경우가 있더라도 'ㅖ'로 적는다. 다만, 한자어(漢字語) '게(偈), 게(揭), 게(憩)'는 본음인 'ㅔ'로 적기로 하였다. 그러므로 '**휴게실**'로 써야 한다. 예를 들면, '게송(偈頌), 게실(休憩室), 게구(揭句), 게기(揭記), 게방(揭榜), 게양(揭揚), 게재(揭載), 게판(揭板)' 등이 있다.

* 게송=부처의 공덕이나 가르침을 찬탄하는 노래.
* 게구=부처의 공덕이나 가르침을 찬탄하는 노래인 가타(伽陀)의 글귀.
* 게기=기록하여 내어 붙이거나 걸어 두어서 여러 사람이 보게 함.
* 게방=여러 사람이 볼 수 있도록 글을 써서 내다 붙임.
* 게재=글이나 그림 따위를 신문이나 잡지 따위에 실음.
* 게판=시문(詩文)을 새겨 누각에 걸어 두는 나무 판.

8) 그리 세지 않은 **하늬바람/하니바람에** 흔들리는 나뭇가지에서 가끔 눈가루가 날고 멀리서 찌륵찌륵 꿩 우는 소리가 들려와서 더욱 산중의 고적을 실감할 수 있었다.

≪선우휘, 사도행전≫

'하늬바람'은 명사이며, 서쪽에서 부는 바람. 주로 농촌이나 어촌에서 이르는 말이다. 하늬바람에 곡식이 모질어진다.(여름이 지나 서풍이 불게 되면 곡식이 여물고 대가 세진다는 말.)

하늬바람에 엿장수 골내듯.(자기에게 유리한 조건이 이루어지는데도 도리어 못마땅하게 여기고 성을 내는 경우를 비유적으로 이르는 말.) 한글 맞춤법 제9항 '의'나, 자음을 첫소리로 가지고 있는 음절의 'ㅢ'는 'ㅣ'로 소리 나는 경우가 있더라도 'ㅢ'로 적는다. 그러므로 '**하늬바람**'으로 써야 한다. 예를 들면, '보늬, 무늬, 오늬, 의의' 등이 있다.

* 보늬=밤이나 도토리 따위의 속껍질.(**보늬를** 벗기다.) '보늬<보ᄂᆡ<보ᄆᆡ<두시-초>'로 분석된다.

* 오늬=화살의 머리를 활시위에 끼도록 에어 낸 부분. '오늬<오ᄂᆡ<번노>'로 분석된다.

바람의 종류로 '동풍(東風)'은 동쪽에서 불어오는 바람으로 '곡풍(谷風)'이라고도 한다. '샛바람'은 뱃사람이 동풍을 부르는 말이다. '서풍(西風)'은 서쪽에서 불어오는 바람으로 농촌, 어촌에서 '하늬바람'을 '서풍'이라 한다. '南風'은 남쪽에서 불어오는 바람으로 뱃사람들이 '남풍(南風)'을 이르는 말로, '경풍(景風), 마풍(麻風), 앞바람, 오풍'이라고도 한다. '북풍(北風)'은 북쪽에서 불어오는 바람으로 '광막풍(廣漠風), 뒤바람, 북새풍'이라고도 불린다. '오늬'는 '화살의 머리를 활시위에 끼도록 에어 낸 부분.'을 뜻한다.

9) 새해 **년초/연초에** 토정비결을 보았다.

'연초'는 명사이며, 새해의 첫머리를 뜻한다. 한글 맞춤법 제10항 한자음 '녀, 뇨, 뉴, 니'가 단어 첫머리에 올 적에는 두음 법칙에 따라 '여, 요, 유, 이'로 적는다. 그러므로 '**연초**'로 써야 한다. 예를 들면, '여자/녀자, 요소/뇨소' 등이 있다. '요소(尿素)'는 '카보닐기에 두 개의 아미노기가 결합된 화합물.'을 말한다. 무색의 고체로 체내에서는 단백질이 분해하여 생성되고, 공업적으로는 암모니아와 이산화탄소에서 합성된다. 포유류의 오줌에 들어 있으며, 요소수지, 의약 따위에 쓰인다.

보충 설명하면, 두음 법칙(頭音法則)이란 어두(語頭)에서 발음될 수 있는 음에 제약을 받는 규칙이다.

다만, 다음과 같은 의존 명사에서는 '냐, 녀' 음을 인정한다. 예를 들면, '냥(兩), 냥쭝(兩-), 년(年), (몇 년)' 등이 있다.

보충 설명하면, 고유어(固有語) 중에서도 다음 의존 명사에는 두음 법칙이 적용되지 않는다. 예를 들면, '녀석(고얀 녀석), 년(괘씸한 년), 님(바느질 실 한 님), 닢(엽전 한 닢)' 등이 있다.

하지만 '년(年)'이 '연 3회'처럼 '한 해(동안)'란 뜻을 표시하는 경우에는 의존 명사(依存名詞)가 아니므로 두음 법칙을 적용한다. 의존 명사는 분명히 단어이지만 실질적으로는 항상 다른 단어의 뒤에 쓰이게 되어 두음 법칙의 행사 영역 밖에 있기 때문이다.

10) 일 학년 담임 선생은 내가 처음 만난, 엄마가 말한 **신여성/신녀성의** 구색을 한 몸에 갖춘 분이었다.≪박완서, 엄마의 말뚝≫

'신여성'은 명사이며, 개화기 때에, 신식 교육을 받은 여자를 이르던 말이다. 한글 맞춤법 제10항 [붙임 2] 접두사처럼 쓰이는 한자가 붙어서 된 말이나 합성어에서, 뒷말의 첫소리가 'ㄴ' 소리로 나더라도 두음 법칙에 따라 적는다. 그러므로 '**신여성**'으로 써야 한다. 예를 들면, '공염불(空念佛), 상노인(上老人)' 등이 있다.

보충 설명하면, 단어의 구성요소 가운데 적어도 일부가 독립된 단어로 쓰일 수 있는 파생어나 합성어는 어두가 아니라고 하더라도 두음 법칙에 따른다.

11) 축하객들은 많았고 절차도 성대하였건만 묘하게 냉랭한 **혼예/혼례는** 끝이 났다. 박경리, 토지≫

'혼례(婚禮)'는 명사이며, 부부 관계를 맺는 서약을 하는 의식을 말한다. 한글 맞춤법 제11항 한자음 '랴, 려, 례, 료, 류, 리'가 단어의 첫머리에 올 적에는 두음 법칙에 따라 '야, 여, 예, 요, 유, 이'로 적는다. [붙임 1] 단어의 첫머리 이외의 경우에는 본음대로 적는다. 그러므로 '**혼례**'로 써야 한다. 예를 들면, '개량(改良), 협력(協力), 와룡(臥龍), 도리(道理), 진리(眞理)' 등이 있다.

* 와룡(臥龍)=누워 있는 용이나 앞으로 큰일을 할, 초야(草野)에 묻혀 있는 큰 인물을 비유적으로 이르는 말.
* 도리(道理)=사람이 어떤 입장에서 마땅히 행하여야 할 바른 길.(여러 사람이 그렇게 애를 쓰니 그 마음을 받아서라도 먹어야 **도리가** 옳지 않은가?≪염상섭, 이심≫)
* 진리(眞理)=참된 이치나 참된 도리.(만고불변의 **진리**/그는 평생을 **진리** 탐구에 진력했다.)

** 쌍용/쌍룡(雙龍)

12) 교육과학기술부에서는 **취업률/취업율로** 대학교를 평가하고 있다.

'취업률(就業率)'은 취직한 사람의 비율을 말한다. 한글 맞춤법 제11항 [붙임 1]에서 다만, 모음이나 'ㄴ' 받침 뒤에 이어지는 '렬', '률'은 '열', '율'로 적는다. 예를 들면, '나열/나렬, 분열/분렬, 비율/비률, 실패율/실패률' 등이 있다.

그러나 모음이나 'ㄴ' 받침 뒤에 오는 단어가 아니기 때문에 '성공율'은 '성공률'로 적는다.

그러므로 '**취업률**'로 써야 한다. 예를 들면, '명중률, 합격률, 법률' 등이 있다.

13) 오늘 그가 친구한테 하는 행동으로 미루어 평소에 그가 얼마나 친구를 **놀놀/놀롤/롤롤하게** 보았는지 알 수 있었다.

'놀놀하다'는 형용사이며, 만만하며 보잘것없다는 뜻이다. 한글 맞춤법 제13항 한 단어 안에서 같은 음절이나 비슷한 음절이 겹쳐 나는 부분은 같은 글자로 적는다. 그러므로 '**놀놀하게**'로 써야 한다. 예를 들면, '밋밋하다/민밋하다, 싹싹하다/싹삭하다' 등이 있다.

* 싹싹하다=눈치가 빠르고 사근사근하다.(그는 부하 직원이나 손님에게는 **싹싹하고** 친절했지만 가정에서는 매우 무뚝뚝한 아버지였다.)
* 밋밋하다=생김새가 미끈하게 곧고 길다.(그 집 아들들은 모두가 **밋밋하고** 훤칠하여 보는 사람을 시원스럽게 해 준다.)

그러나 한자가 겹치는 모든 경우에 같은 글자로 적는 것은 아니다. 예를 들면, '낭랑(朗朗)하다, 냉랭(冷冷)하다, 녹록(碌碌)하다, 늠름(凜凜)하다, 역력(歷歷)하다, 적나라(赤裸裸)하다' 등이 있다.

* 낭랑(朗朗)하다=소리가 맑고 또랑또랑하다.
* 냉랭(冷冷)하다=태도가 정답지 않고 매우 차다.
* 녹록(碌碌)하다=만만하고 상대하기 쉽다.
* 늠름(凜凜)하다=생김새나 태도가 의젓하고 당당하다.
* 년년생/연연생/연년생(年年生)은 명사이며, 한 살 터울로 아이를 낳음. 또는 그 아이를 말한다.
* 념념불망/염염불망/염념불망(念念不忘)은 명사이며, 자꾸 생각이 나서 잊지 못함을 뜻한다.

14) 환이는 연일 계속되는 신문과 고문에 시달리어 몸을 가누지 못한 채 마룻바닥에 **늘어져/느러져** 있었다.≪박경리, 토지≫

'늘어지다'는 동사이며, 기운이 풀려 몸을 가누지 못하다라는 뜻이다. 한글 맞춤법 제15항 [붙임 1] 두 개의 용언이 어울려 한 개의 용언이 될 적에, 앞말의 본뜻이 유지되고 있는 것은 그 원형을 밝히어 적고, 그 본뜻에서 멀어진 것은 밝히어 적지 아니한다. 그러므로 '**늘어져**'로 써야 한다. 예를 들면, '넘어지다, 돌아가다, 되짚어가다, 들어가다, 떨어지다, 벌어지다, 엎어지다, 접어들다, 틀어지다, 흩어지다' 등이 있다.

* 넘어지다=사람이나 물체가 한쪽으로 기울어지며 쓰러지다.(아이가 돌부리에 걸려 진흙탕에 **넘어졌다**.)
* 돌아가다=일이나 형편이 어떤 상태로 진행되어 가다.(일이 너무 바쁘게 **돌아가서** 정신을 차릴 수가 없다.)
* 되짚어가다=지난 일을 다시 살피거나 생각하다.(딸에 대한 자지러질 듯한 애정으로 태임은 자신의 시간을 사라져 버린 유년기로 마냥 **되짚어가며** 그리운 소꿉 노래를 떠올렸다.≪박완서, 미망≫)
* 들어가다=밖에서 안으로 향하여 가다.(그는 평생 세상을 등지고 산속으로 **들어가** 살았다.)
* 떨어지다=어떤 상태나 처지에 빠지다.(타락의 길로 **떨어지다**.)
* 벌어지다=갈라져서 사이가 뜨다.(모퉁이가 깨진 차창이며 출입구의 **벌어진** 틈새로 새어 들어온 매캐한 석탄 연기가 잠에서 막 깨어난 인철의 빈속을 메스껍게 했다.≪이문열, 변경≫)
* 엎어지다=서 있는 사람이나 물체 따위가 앞으로 넘어지다.(사내는 그대로 땅바닥에 **엎어졌다**.)
* 접어들다=일정한 때나 기간에 이르다.(고향을 떠난 지 삼 년째 **접어들다**.)
* 틀어지다=어떤 물체가 반듯하고 곧바르지 아니하고 옆으로 굽거나 꼬이다.(목재를 햇볕에 너무 오래 노출시키면 약간씩 **틀어져서** 상품 가치가 떨어진다.)
* 흩어지다=한데 모였던 것이 따로따로 떨어지거나 사방으로 퍼지다.(그들은 사방으로 **흩어져** 도망쳤다.)

(2) 본뜻에서 멀어진 것은 '드러나다, 사라지다, 쓰러지다' 등이 있다.

* 드러나다=가려 있거나 보이지 않던 것이 보이게 되다.(구름이 걷히자 산봉우리가 **드러났다**./진실은 반드시 **드러난다**.)
* 사라지다=현상이나 물체의 자취 따위가 없어지다.(꼴도 보기 싫으니 당장 내 눈앞에서 **사라져라**.)
* 쓰러지다=힘이 빠지거나 외부의 힘에 의하여 서 있던 상태에서 바닥에 눕는 상태가 되다.(태풍에 가로수가 **쓰러졌다**.)

보충 설명하면, (1, 2)에 적용되는 세 가지 조건은 첫째, 두 개 용언이 결합하여 하나의 단어로 된 경우, 둘째, 앞 단어의 본뜻이 유지되고 있는 것은 그 어간의 본 모양을 밝히어 적고, 셋째, 본뜻에서 멀어진 것은 원형을 밝혀 적지 않는다. '본뜻에서 멀어진 것'이란 그 단어가 단독으로 쓰일 때에 표시되는 어휘적 의미가 제대로 인식되지 못하거나 변화되었음을 말한다.

15) 부모님이 기다릴 테니 빨리 집으로 **돌아가오/돌아가요**.

'오'는 '이다', '아니다'의 어간, 받침 없는 용언의 어간, 'ㄹ' 받침인 용언의 어간 또는 어미 '-으시-' 뒤에 붙어, '하오할 자리에 쓰여, 설명, 의문, 명령의 뜻을 나타내는 종결 어미'이다.

한글 맞춤법 제15항 [붙임 2] 종결형에서 사용되는 어미 '-오'는 '요'로 소리 나는 경우가 있더라도 그 원형을 밝혀 '오'로 적는다. 그러므로 '**아니오**'로 써야 한다.

16) 초하루 그믐에는 이지러졌다가 보름이면 다시 **둥그는/둥구는/둥글은/둥그른** 달을 볼 수가 있다.

'둥글다'는 동사이며, 원이나 공과 모양이 같거나 비슷하게 되다라는 뜻이다. 한글 맞춤법 제18항 다음과 같은 용언들은 어미가 바뀔 경우, 그 어간이나 어미가 원칙에 벗어나면 벗어나는 대로 적는다. 1. 어간의 끝 'ㄹ'이 줄어질 적에는 벗어내는 대로 적어야 한다. 그러므로 '**둥그는**'으로 적어야 한다.

보충 설명하면, 어휘적 형태소(語彙的 形態素)인 어간(語幹)이 문법적 형태소(文法的 形態素)인 어미(語尾)와 결합하여 이루어지는 활용의 체계에는 다음과 같은 원칙이 있다. '첫째, 어간의 모양은 바뀌지 않고 어미만이 변화한다. 둘째, 어미는 모든 어간에 공통되는 형식으로 결합한다.'라는 원칙이 있다.

'원칙에 벗어나면'이란, 이 두 가지 조건에 맞지 않음을 뜻하는 것으로 다음과 같은 두 가지 형식이 있다. '첫째, 어미가 예외적인 형태로 결합하는 것, 둘째, 어간의 모양이 달라지고, 어미도 예외적인 형태로 결합하는 것' 등이다.

17) **들으면/듣으면** 병이요 안 **들으면/듣으면** 약이다.

'듣다[聽]'는 동사이며, 사람이나 동물이 소리를 감각 기관을 통해 알아차리다라는 뜻이다. **들으면** 병이요 안 **들으면** 약이다.(들어서 걱정될 일은 듣지 않는 것이 차라리 낫다는 말.) 한글 맞춤법 제18항 다음과 같은 용언들은 어미가 바뀔 경우, 그 어간이나 어미가 원칙에서 벗어나면 벗어나는 대로 적는다. 5에서 어간의 끝 'ㄷ'이 'ㄹ'로 바뀔 적에는 그렇다. 그러므로 '**들으면**'로 써야 한다. 예를 들면, '걷다[步], 묻다[問], 싣다[載]' 등이 있다.

'걷다'는 '다리를 움직여 바닥에서 발을 번갈아 떼어 옮기다.'라는 뜻이다. '듣다'는 '사람이나 동물이 소리를 감각 기관을 통해 알아차리다.'의 뜻이다.

＊걷다=(그는 종로 거리를 **걷고** 또 **걸었다.**)

＊묻다=(친구에게 문제 푸는 방식에 대해 **묻다**/그는 나에게 이곳에서 빠져나갈 방법을 **물었다.**)

＊싣다=(그 동네에서는 아직도 연탄을 수레로 **실어** 나르고 있었다./내가 짐 보따리를 리어카에 **싣고** 떠나던 그 일요일까지 아무런 연락이 없었다.)

보충 설명하면, 어간(語幹)이 'ㄷ'으로 끝나는 용언 중에는 모음 어미와 만나면 'ㄷ'이 'ㄹ'로 변하는 것이다. '걷다'와 같은 용언은 자음으로 시작하는 어미와 만나면 '걷고, 걷게, 걷는, 걷다가' 등과 같이 받침 'ㄷ'이 유지되지만, 모음으로 시작하는 어미와 만나면 '걸어서, 걸으니, 걸으면' 등과 같이 받침 'ㄷ'이 'ㄹ'로 바뀌는 것이다. 이러한 활용을 보이는 동사는 '긷다, 깨닫다, 붇다, 일컫다' 등이 있다.

＊물다=윗니나 아랫니 또는 양 입술 사이에 끼운 상태로 떨어지거나 빠져나가지 않도록 다소 세게 누르다.(아기가 젖병을 **물다.**/사자가 먹이를 **물어다** 새끼에게 먹였다.)

그러나 항상 'ㄷ' 받침을 유지하는 용언은 '걷다[收], 닫다[閉], 묻다[埋]' 등이 있다. '걷다'는 '거두다'의 준말이다. '닫다'는 '열린 문짝, 뚜껑, 서랍 따위를 도로 제자리로 가게 하여 막다.'의 뜻이다. '묻다'는 '물건을 흙이나 다른 물건 속에 넣어 보이지 않게 쌓아 덮다.'라는 뜻이다.

＊걷다=(사람들로부터 참가비를 **걷다**/반장이 친구들에게 불우 이웃 돕기 성금을 **걷었다.**)

＊닫다=(방문을 **닫고** 다녀라/문을 **닫아라.**)

＊묻다=(야산에 시체를 **묻다**/화단에 거름을 **묻어** 주다.)

18) 부엌에서는 연엽이가 20여 명의 여인들을 데리고 한쪽에서는 밥을 하고 한쪽에서 **살림살이/살림사리를** 제자리에 놓는 등 부지런히 움직이고 있었다.

≪송기숙, 녹두 장군≫

'살림살이'는 명사이며, 숟가락, 밥그릇, 이불 따위의 살림에 쓰는 세간을 뜻한다. 한글 맞춤법 제19항 어간에 '-이'나 '-음/-ㅁ'이 붙어서 명사로 된 것과 '-이'나 '-히'가 붙어서 부사로 된 것은 그 어간의 원형을 밝히어 적는다. 1에서 '-이'가 붙어서 명사로 된 것이다. 그러므로 '**살림살이**'로 써야 한다. 예를 들면, '길이, 높이, 땀받이, 달맞이, 벼훑이, 쇠붙이' 등이 있다.

＊길이=한끝에서 다른 한끝까지의 거리.(**길이가** 짧다/품이 크고 저고리 **길이가** 길다 하여 퇴짜를 놓았던 것이다.≪김원일, 불의 제전≫)

＊땀받이=땀을 받아 내려고 입는 속옷.(빳빳한 등등거리도 빼내고 **땀받이** 하나 바람으로

서늘한 장판 바닥에 등을 붙였다.≪김정한, 수라도≫)

＊달맞이=(정월 대보름날 동네 아이들은 횃불을 들고 **달맞이를** 하며 소원을 빌었다.)

2에서 '-음/-ㅁ'이 붙어서 명사로 된 것으로는 '울음, 웃음, 졸음, 죽음, 앎, 만듦' 등이 있다.

＊울음=우는 일. 또는 그런 소리.(그녀는 슬픔에 복받쳐 **울음을** 터뜨렸다./그녀는 갑자기 **울음** 섞인 목소리로 푸념을 늘어놓았다.) '울음<우룸<석상>←울-+-움'로 분석된다.

＊앎=아는 일.(나의 믿음이 너의 **앎이** 되었으리니 이제는 행함이 있어라.≪장용학, 역성서설≫/대의명분은 뚜렷하나 지배층이 그걸 실천할 성의가 없고 민중은 힘과 **앎이** 모자란다는 거야.≪최인훈, 회색인≫)

보충 설명하면, 한글 맞춤법 제19항 1, 2는 원형(原形)을 밝혀 적는다는 조항이다. 명사화 접미사 '-음/-ㅁ'이 붙어서 만들어진 말을 적을 때에 원형을 밝혀서 적어야 한다.

19) 그 마을에 사시는 할아버지는 **목거리/목걸이**로 고통을 받으신다.

'목거리'는 명사이며, 목이 붓고 아픈 병을 말한다. '목거리←목+걸-+-이'로 분석된다. 한글 맞춤법 제19항 다만, 어간(語幹)에 '-이'나 '-음'이 붙어서 명사로 바뀐 것이라도 그 어간의 뜻과 멀어진 것은 그 원형을 밝히어 적지 아니한다. 그러므로 '**목거리**'로 써야 한다. 예를 들면, '굽도리, 다리[髢], 코끼리, 거름[肥料], 고름[膿]' 등이 있다.

*굽도리/굽도리지=방 안 벽의 밑부분.(**굽도리를** 대다.)

*고름=몸 안에 병균이 들어가 염증을 일으켰을 때에 피부나 조직이 썩어 생긴 물질이나, 파괴된 백혈구, 세균 따위가 들어 있는 걸쭉한 액체.(**고름을** 짜다/**고름을** 빨다.)

보충 설명하면, 명사화 접미사 '-이'나 '-음'이 결합하여 된 단어라도 그 어간의 본뜻과 멀어진 것은 원형을 밝힐 필요가 없이 소리 나는 대로 적는다.

그러나 '목걸이'는 '목에 거는 물건을 통틀어 이르는 말.', '귀금속이나 보석 따위로 된 목에 거는 장신구.'를 뜻한다.(그녀는 진주 **목걸이**를 하고 있다./그녀의 목에는 조개껍데기로 만든 예쁜 **목걸이**가 걸려 있었다.)

20) 들창 **너머/넘어**, 파랗다 못해 보라색을 머금은 하늘이 눈에 싱싱했다.

≪장용학, 위사가 보이는 풍경≫

'너머'는 높이나 경계를 나타내는 명사 다음에 쓰여, '높이나 경계로 가로막은 사물의 저쪽이나, 그 공간.'을 뜻한다. 한글 맞춤법 제19항 [붙임] 어간에 '-이'나 '음' 이외의 모음으로 시작된 접미사가 붙어서 다른 품사로 바뀐 것은 그 어간의 원형을 밝히어 적지 아니한다. 그러므로 '**너머**'로 써야 한다. 예를 들면, 명사로 바뀐 것은 '뜨더귀, 마감, 마개, 마중, 무덤, 비렁뱅이, 쓰레기, 올가미, 주검' 등이 있다.

* 뜨더귀=조각조각으로 뜯어내거나 가리가리 찢어 내는 짓이나 그 조각.(아이가 창호지 문을 **뜨더귀로** 만들어 놓았다.)
* 마감=하던 일을 마물러서 끝냄이나 그런 때.(공사가 **마감** 단계에 있다.)
* 비렁뱅이=거지를 낮잡아 이르는 말.(쪽박 차고 문전 문전을 빌어먹고 다니는 **비렁뱅이** 아들이 상급 학교가 웬 말인가.≪박경리, 토지≫) '비렁뱅이←빌-+-엉+-뱅이'로 분석된다.
* 올가미=새끼나 노 따위로 옭아서 고를 내어 짐승을 잡는 장치.(그래서 사냥꾼들은 그 길목을 알아 **올가미를** 만들어 놓거나 함정을 파 놓는다고 했다.≪윤후명, 별보다 멀리≫/ 누구라도 그의 빈틈없이 계획된 **올가미를** 빠져나가기는 어려울 것이다.) '올가미←올기 <법어>←옭-+-이'로 분석된다.

** 주검=송장(送葬)과 같은 뜻.(병사는 산허리를 타고 넘다가, 풀숲에 넘어진 **주검을** 보았다.≪최인훈, 광장≫)

** 죽음=죽는 일.(**죽음에** 들어 노소가 없다.(늙은이나 젊은이나 죽는 것은 매한가지라는 말.)

21) 형은 다리가 아픈 듯이 긴 의자의 **끄트머리/끝으머리에** 걸터앉았다.

≪김용성, 도둑 일기≫

'끄트머리'는 명사이며, 끝이 되는 부분을 말한다. '끄트머리←끝+-으머리'로 분석된다. 한글 맞춤법 제20항 [붙임] '-이' 이외의 모음으로 시작된 접미사가 붙어서 된 말은 그 명사의 원형을 밝히어 적지 아니한다.

그러므로 '**끄트머리**'로 써야 한다. 예를 들면, '꼬락서니, 모가치, 바깥, 싸라기, 지붕, 지푸라기, 짜개' 등이 있다.

* 모가치=몫으로 돌아오는 물건.(이 재산을 제대로 못 지킬 것 같아서 이제 나도 이 재산 더 축나기 전에 내 **모가치를** 찾아서 쓰겠다는….≪송기숙, 녹두 장군≫)
* 싸라기=부스러진 쌀알.(수탈이 심해 타작마당 쓸고 난 검부러기 속의 **싸라기까지** 골라 바쳐야 했다.)
* 짜개=콩이나 팥 따위를 둘로 쪼갠 것의 한쪽.

그러나 한글 맞춤법 제20항 명사 뒤에 '-이'가 붙어서 된 말은 그 명사의 원형을 밝히어 적는다. 1에서 부사로 된 것은 '곳곳이, 낱낱이, 몫몫이, 샅샅이, 앞앞이, 집집이' 등이 있다.

2에서 명사로 된 것은 '곰배팔이, 바둑이, 삼발이, 애꾸눈이, 육손이, 절뚝발이/절름발이' 등이 있다.

* 곰배팔이=팔이 꼬부라져 붙어 펴지 못하거나 팔뚝이 없는 사람을 낮잡아 이르는 말.
* 삼발이=둥근 쇠 테두리에 발이 세 개 달린 기구'이다. 화로(火爐)에 놓고 주전자, 냄비, 작은 솥, 번철 따위를 올려놓고 음식물을 끓이는 데 쓴다.
* 육손이=손가락이 여섯 개 달린 사람을 낮잡아 이르는 말.

22) 정문부터 넓은 플라타너스 **잎사귀/잎삭위/입사귀/잎싸귀가** 뒹굴고 있다.

'잎사귀'는 명사이며, 낱낱의 잎을 뜻하며, 주로 넓적한 잎을 이른다. 한글 맞춤법 제21항 명사나 혹은 용언의 어간 뒤에 자음으로 시작된 접미사가 붙어서 된 말은 그 명사나 어간의 원형을 밝히어 적는다. 1에서 명사 뒤에 자음으로 시작된 접미사가 붙어서 된 것은 원형을 밝히어 적는다. 그러므로 '**잎사귀**'로 써야 한다. 예를 들면, '값지다, 홑지다, 넋두리, 빛깔, 옆댕이' 등이 있다.

* 값지다=물건 따위가 값이 많이 나갈 만한 가치가 있다.
* 홑지다=복잡하지 아니하고 단순하다.
* 넋두리=불만을 길게 늘어놓으며 하소연하는 말.
* 옆댕이=옆을 속되게 이르는 말.

2에서 어간 뒤에 자음으로 시작된 접미사가 붙어서 된 것으로는 '낚시, 늙정이, 덮개, 뜯게질, 갉작갉작하다, 갉작거리다, 뜯적거리다, 뜯적뜯적하다, 굵직하다, 깊숙하다, 넓적하다, 높다랗다, 늙수그레하다, 얽죽얽죽하다' 등이 있다.

'-다랗다'는 일부 형용사 어간 뒤에 붙어, '그 정도가 꽤 뚜렷함'의 뜻을 더하는 접미사이다. 예를 들면, '가느다랗다, 기다랗다, 깊다랗다, 높다랗다, 잗다랗다, 좁다랗다, 커다랗다' 등이 있다.

* 늙정이=늙은이를 속되게 이르는 말.
* 뜯게질=해지고 낡아서 입지 못하게 된 옷이나 빨래할 옷의 솔기를 뜯어내는 일.
* 솔기=옷이나 이부자리 따위를 지을 때 두 폭을 맞대고 꿰맨 줄을 말한다.
* 갉작갉작하다=되는대로 자꾸 글이나 그림 따위를 쓰거나 그리다.
* 갉작거리다=날카롭고 뾰족한 끝으로 바닥이나 거죽을 자꾸 문지르다.
* 뜯적거리다=손톱이나 칼끝 따위로 자꾸 뜯거나 진집을 내다.

* 뜯적뜯적하다=괜히 트집을 잡아 자꾸 짓궂게 건드리다.
* 굵직하다=밤, 대추, 알 따위의 부피가 꽤 크다.
* 깊숙하다=위에서 밑바닥까지, 또는 겉에서 속까지의 거리가 멀고 으슥하다.
* 넓적하다=펀펀하고 얇으면서 꽤 넓다.
* 높다랗다=썩 높다.
* 늙수그레하다/늙수레하다=꽤 늙어 보이다.
* 얽죽얽죽하다=얼굴에 잘고 굵은 것이 섞이어 깊게 얽은 자국이 많다.
* 가느다랗다=아주 가늘다.
* 기다랗다=매우 길거나 생각보다 길다.
* 깊다랗다=정도가 꽤 심하다.
* 잔다랗다=꽤 잘다.

23) 연기는 넓고 **얄다랗게/얄따랗게/얇다랗게/얇따랗게** 벽 위로 펼쳐지면서 천장으로 빨려 올라갔다.

'얄따랗다'는 형용사이며, 꽤 얇다는 뜻이다. 한글 맞춤법 제21항 다만, 다음과 같은 말은 소리대로 적는다.

(1) 겹받침의 끝소리가 드러나지 아니하는 것은 드러나지 않게 쓴다. 그러므로 '**얄따랗게**'로 써야 한다. 예를 들면, '할짝거리다, 널찍하다, 말끔하다, 말쑥하다, 말짱하다, 실쭉하다, 실큼하다, 얄팍하다, 짤따랗다, 짤막하다, 실컷' 등이 있다.

* 할짝거리다/할짝대다=혀끝으로 잇따라 조금씩 가볍게 핥다.
* 널찍하다=꽤 너르다.
* 말끔하다=티 없이 맑고 환하게 깨끗하다.
* 말쑥하다=지저분함이 없이 말끔하고 깨끗하다.
* 말짱하다=정신이 맑고 또렷하다.
* 실쭉하다=어떤 감정을 나타내면서 입이나 눈이 한쪽으로 약간 실그러지게 움직이다.
* 실큼하다=싫은 생각이 있다.
* 얄따랗다=꽤 얇다.
* 얄팍하다=생각이 깊이가 없고 속이 빤히 들여다보이다.
* 짤따랗다=매우 짧거나 생각보다 짧다.

(2) 어원이 분명하지 아니하거나 본뜻에서 멀어진 것으로는 '**넙치, 올무, 골막하다, 납작하**

다' 등이 있다.

보충 설명하면, 겹받침에서 뒤엣것이 발음되는 경우에는 그 어간의 형태를 밝히어 적고, 앞의 것만 발음되는 경우에는 어간의 형태를 밝히지 않고 소리 나는 대로 적는다는 것이다. 또한 어원이 분명하지 않거나 본뜻에서 멀어진 것은 소리 나는 대로 적는다.

*넙치=넙칫과의 바닷물고기이다. 몸의 길이는 60cm 정도이고 위아래로 넓적한 긴 타원형이며, 눈이 있는 왼쪽은 어두운 갈색 바탕에 눈 모양의 반점이 있고 눈이 없는 쪽은 흰색이다. 중요한 수산 자원 가운데 하나로 맛이 좋다. 한국, 일본, 남중국해 등지에 분포하며, '광어(廣魚)'라고도 함.

* 올무=새나 짐승을 잡기 위하여 만든 올가미.

* 골막하다=담긴 것이 가득 차지 아니하고 조금 모자란 듯하다.

* 납작하다=판판하고 얇으면서 좀 넓다.

24) 노인네들의 그 노래도 한탄도 아닌 흥얼거림처럼, 혹은 그 느릿느릿 젖어 드는 필생의 슬픔처럼 취흥을 **돋울/돋굴** 만한 소리는 아니었다.≪이청준, 이어도≫

'돋우다'는 동사이며, 위로 끌어 올려 도드라지거나 높아지게 하다는 뜻이다. 한글 맞춤법 제22항 용언의 어간에 다음과 같은 접미사들이 붙어서 이루어진 말들은 그 어간을 밝히어 적는다. 1. '-기-, -리-, -이-, -히-, -구-, -우-, -추-, -으키-, -이키-, -애-'가 붙는 것이다. 그러므로 '**돋울**'로 써야 한다. 예를 들면, '맡기다, 뚫리다, 쌓이다, 굳히다, 돋구다, 갖추다, 일으키다, 돌이키다, 없애다' 등이 있다.

* 맡기다=맡다의 사동사이며, 어떤 일에 대한 책임을 지고 담당하다.

* 뚫리다=뚫다의 피동사이며, 구멍을 내다.

* 굳히다=굳다의 사동사이며, 무른 물질이 단단하게 되다.

* 돋구다=안경의 도수 따위를 더 높게 하다.

* 갖추다=필요한 자세나 태도 따위를 취하다.

* 일으키다=일어나게 하다.

* 돌이키다=자기가 한 말이나 행동에 대하여 잘못이 없는지 생각하다.

* 없애다=없다의 사동사이며, 어떤 일이나 현상이나 증상 따위가 생겨 나타나지 않은 상태.

25) 엄마는 매일 밤 장독대에다 정화수를 떠 놓고 치성을 **들였다/드렸다**.

≪박완서, 그 많던 싱아는 누가 다 먹었을까≫

'드리다'는 동사이며, 신에게 비는 일을 하다라는 뜻이다. 한글 맞춤법 제22항 다만, '-이-, -히-, -우-'가 붙어서 된 말이라도 본뜻에서 멀어진 것은 소리대로 적는다. 그러므로 '**드렸다**'로 써야 한다. 예를 들면, '고치다, 바치다(세금을 ~), 부치다(편지를 ~), 거두다, 미루다, 이루다' 등이 있다.

보충 설명하면, 동사의 어원적인 형태는 어간에 접미사 '-이-, -히-, -우-'가 결합한 것으로 해석되더라도 본뜻에서 멀어졌기 때문에 피동이나 사동의 형태로 인식되지 않는 것은 소리 나는 대로 적는다.

* 드리다=윗사람에게 그 사람을 높여 말이나 인사, 결의, 축하 따위를 하다.
* 고치다=고장이 나거나 못 쓰게 된 물건을 손질하여 제대로 되게 하다.
* 부치다=편지나 물건 따위를 일정한 수단이나 방법을 써서 상대에게로 보내다.
* 거두다=자식, 고아 따위를 보살피거나 기르다.
* 미루다=정한 시간이나 기일을 나중으로 넘기거나 늘이다.
* 바치다=(몸소 남문 이십 리 밖의 산천단에 올라가 한라산 산신께 살찐 송아지 하나를 희생하여 **바치고** 축문을 읽었다.≪현기영, 변방에 우짖는 새≫)

** 밭이다=(체에 **밭인** 젓국이 주방에 놓여 있다./어머니는 나에게 쌀을 씻어 체에 **밭였다**.)

** 붙이다=(메모지를 벽에 덕지덕지 **붙이다.**)

26) "자네 같은 **살살이/살사리니까** 여전할 테지." "그 말씀하시려고 소인을 부르셨는가요?"≪서기원, 조선백자 마리아상≫

'살살이'는 명사이며, 간사스럽게 알랑거리는 사람을 뜻한다. 한글 맞춤법 제23항 '-하다'나 '-거리다'가 붙는 어근에 '-이'가 붙어서 명사가 된 것은 그 원형을 밝히어 적는다. 그러므로 '**살살이**'로 써야 한다. 예를 들면, '깔쭉이/깔쭈기, 꿀꿀이/꿀꾸리, 삐죽이/삐주기, 살살이/살사리' 등이 있다. '깔쭉이'는 '가장자리를 톱니처럼 파 깔쭉깔쭉하게 만든 주화(鑄貨)를 속되게 이르는 말'이다.

* 오뚝이/오뚜기=(실망하지 말고 **오뚝이처럼** 다시 일어서서 새로 시작해 봐.)
* 오똑/오뚝=(그의 콧날은 **오뚝** 도드라졌다.)

27) 속담 중에서 **딱따구리/딱다구리/딲다구리/닥따구리/딱따굴이** 부작의 뜻을 알겠는가?

'딱따구리'는 명사이며, 딱따구릿과의 새를 통틀어 이르는 말. 삼림에 살며 날카롭고 단단한 부리로 나무에 구멍을 내어 그 속의 벌레를 잡아먹는다. 한글 맞춤법 제23항 [붙임] '-하다'나 '-거리다'가 붙을 수 없는 어근에 '-이'나 또는 다른 모음으로 시작되는 접미사가 붙어서 명사가 된 것은 그 원형을 밝히어 적지 아니한다. 그러므로 **'딱따구리'**로 써야 한다. 예를 들면, '개구리, 귀뚜라미, 기러기, 깍두기, 꽹과리, 날라리, 누더기, 동그라미, 두드러기, 매미, 얼루기, 칼싹두기' 등이 있다.

*꽹과리=풍물놀이와 무악 따위에 사용하는 타악기. 놋쇠로 만들어 채로 쳐서 소리를 내는 악기로, 징보다 작으며 주로 풍물놀이에서 상쇠가 치고 북과 함께 굿에도 쓴다. 명절이면 마을 사람들이 모여 꽹과리 장단에 맞춰 춤을 추기도 하였다.

* 날라리=언행이 어설프고 들떠서 미덥지 못한 사람을 낮잡아 이르는 말.
* 누더기=누덕누덕 기운 헌 옷.
* 얼루기=얼룩얼룩한 점이나 무늬 또는 그런 점이나 무늬가 있는 짐승이나 물건.
* 칼싹두기=메밀가루나 밀가루 반죽 따위를 방망이로 밀어서 굵직굵직하고 조각 지게 썰어서 끓인 음식.

28) 주인 마누라의 목소리가 영창문 밖에서 **어렴풋이/어렴푸시/어렴풋히** 들려오자 민수는 자리에서 벌떡 일어났다.≪김말봉, 찔레꽃≫

'어렴풋이'는 부사이며, 소리가 뚜렷하게 들리지 아니하고 희미하게라는 뜻이다. 한글 맞춤법 제25항 '-하다'가 붙는 어근에 '-히'나 '-이'가 붙어서 부사가 되거나, 부사에 '-이'가 붙어서 뜻을 더하는 경우에는 그 어근이나 부사의 원형을 밝히어 적는다.

1에서 '-하다'가 붙는 어근에 '-히'나 '-이'가 붙는 경우이다. 그러므로 **'어렴풋이'**로 써야 한다. 예를 들면, '급히, '깨끗이' 등이 있다.

보충 설명하면, '-이'나 '-히'는 규칙적으로 어근(語根, 단어를 분석할 때, 실질적 의미를 나타내는 중심이 되는 부분)에 결합하는 부사화 접미사이다. 명사화 접미사 '-이'나 동사, 형용사화 접미사 '-하다', '-이다' 등의 경우와 마찬가지로 그것이 결합하는 어근의 형태를 밝히어 적는다. 다만 '-하다'가 붙지 않는 경우에는 소리 나는 대로 적는 것으로 '갑자기, 반드시(꼭), 슬며시' 등이 있다.

2에서 부사에 '-이'가 붙어서 역시 부사가 되는 경우에는 '곰곰이, 더욱이, 생긋이, 오뚝이, 일찍이' 등이 있다.

29) 지진이 일어난 뒤에는 **반드시/반듯이/반듯히** 해일이 일어난다.

'반드시'는 부사이며, 틀림없이 꼭이라는 뜻이다. '반드시<반ᄃᆞ시<두시-초>[←반ᄃᆞᆺ+-이]/반ᄃᆞ기<월석>[←반ᄃᆞᆨ+-이]'로 분석된다.

한글 맞춤법 제25항 '-하다'가 붙는 어근에 '-히'나 '-이'가 붙어서 부사가 되거나, 부사에 '-이'가 붙어서 뜻을 더하는 경우에는 그 어근이나 부사의 원형을 밝히어 적는다.

한글 맞춤법 1. [붙임] '-하다'가 붙지 않는 경우에는 반드시 소리대로 적는다. 그러므로 '**반드시**'로 써야 한다. 예를 들면, '슬며시, 갑자기' 등이 있다.

그러나 '반듯이'는 부사이며, 작은 물체, 또는 생각이나 행동 따위가 비뚤어지거나 기울거나 굽지 아니하고 바르게라는 뜻이다.(원주댁은 **반듯이** 몸을 누이고 천장을 향해 누워 있었다./머리단장을 곱게 하여 옥비녀를 **반듯이** 찌르고 새 옷으로 치레한 화계댁이….)

30) 그는 당황하지 않고 **곰곰이/곰곰히** 혼자 대책을 궁리하였다.

'곰곰이'는 부사이며, 여러모로 깊이 생각하는 모양을 일컫는다. 한글 맞춤법 제25항 2는 부사에 '-이'가 붙어서 역시 부사가 되는 경우이다. 그러므로 '**곰곰이**'로 써야 한다. 예를 들면, '더욱이, 생긋이, 오뚝이' 등이 있다.

보충 설명하면, '-하다'는 1. 명사 뒤에 붙어 동사를 만드는 접미사로는 '공부하다, 생각하다, 밥하다, 사랑하다, 절하다, 빨래하다' 등이 있다. 2. 명사 뒤에 붙어, 형용사를 만드는 접미사로는 '건강하다, 순수하다, 정직하다, 진실하다, 행복하다' 등이 있다. 3. 의성, 의태어 뒤에 붙어, 동사나 형용사를 만드는 접미사로는 '덜컹덜컹하다, 반짝반짝하다, 소곤소곤하다' 등이 있다. 4. 성상 부사 뒤에 붙어, 동사나 형용사를 만드는 접미사로는 '달리하다, 빨리하다, 잘하다' 등이 있다. 5. 몇몇 어근 뒤에 붙어, 동사나 형용사를 만드는 접미사로는 '흥하다, 망하다, 착하다, 따뜻하다' 등이 있다. 6. 의존 명사 뒤에 붙어, 동사나 형용사를 만드는 접미사로는 '체하다, 척하다, 뻔하다, 양하다, 듯하다, 법하다' 등이 있다.

31) 등대가 불을 켜서 일정한 사이를 두고 켜졌다 꺼졌다 하기 시작했다. 그 불빛이 유별나게 **새노래/샛노래** 보였다.≪황순원, 나무들 비탈에 서다≫

'샛노랗다'는 형용사이며, 매우 노랗다는 뜻이다. 한글 맞춤법 제27항 둘 이상의 단어가 어울리거나 접두사가 붙어서 이루어진 말은 각각 그 원형을 밝히어 적는다. 그러므로 '**샛노래**'로 써야 한다. 예를 들면, '국말이, 꺾꽂이, 꽃잎, 끝장, 물난리(합성어)' 등이 있다. 그리고 '웃옷, 헛웃음, 홀아비, 맞먹다, 시꺼멓다, 싯누렇다, 엿듣다, 옻오르다, 짓이기다, 헛되다(접두사)' 등이 있다.

* 웃옷=맨 겉에 입는 옷.
* 헛웃음=마음에 없이 지어서 웃는 웃음.
* 홀아비=아내를 잃고 혼자 지내는 사내.
* 맞먹다=거리, 시간, 분량, 키 따위가 엇비슷한 상태에 이르다.
* 빗나가다=움직임이 똑바르지 아니하고 비뚜로 나가다.
* 새파랗다=춥거나 겁에 질려 얼굴이나 입술 따위가 매우 푸르께하다.
* 시꺼멓다=매우 꺼멓다.

보충 설명하면, 둘 이상의 어휘 형태소(語彙形態素)가 결합하여 합성어를 이루거나 어근에 접두사가 결합하여 파생어를 이룰 때 그 사이에서 발음 변화가 일어나더라도 실질 형태소의 본 모양을 밝히어 적음으로써 그 뜻이 분명히 드러나도록 하는 것이다.

** 샛파랗다/새파랗다=(발을 구르며 욕설하던 오 노인은 금세 얼굴이 **새파랗게** 질려 말을 잃었다.≪현기영, 변방에 우짖는 새≫)

32) 지난 **며칠/몇 일** 동안 계속 내리는 장맛비로 개천 물은 한층 불어 있었다.
≪최인호, 지구인≫

'며칠'은 명사이며, 그달의 몇째 되는 날이라는 뜻이다. '며칠〈며츨<번박>'로 분석된다. '며칠'은 '몇-일(日)'로 분석하기 어려운 것이니 실질형태소인 '몇'과 '일'이 결합한 형태라면 [멷닐→면닐]로 발음되어야 하는데 형식형태소인 접미사나 어미, 조사가 결합하는 형식에서와 마찬가지로 'ㅊ'받침이 내리어져 [며칠]로 발음된다.

한글 맞춤법 제27항 [붙임 2] 어원이 분명하지 아니한 것은 원형을 밝히어 적지 아니한다.

그러므로 '며칠'로 써야 한다. 예를 들면, '골병, 골탕, 끌탕, 아재비, 오라비, 업신여기다, 부리나케' 등이 있다.

* 골병=겉으로 드러나지 아니하고 속으로 깊이 든 병.
* 골탕=한꺼번에 되게 당하는 손해나 곤란.
* 끌탕=속을 태우는 걱정.
* 아재비=아저씨의 낮춤말.
* 오라비=오라버니의 낮춤말.
* 업신여기다=교만한 마음에서 남을 낮추어 보거나 하찮게 여김.

** 오늘이 단기 몇 **년** 몇 **월 며칠**이더라?≪이문희, 흑맥≫

33) 우리나라 국민들은 항상 청결하게 생활하기 때문에 **머릿이/머릿니/머리니/머리이가** 전혀 없다.

'머릿니'는 명사이며, 잇과의 곤충. 몸의 길이는 수컷은 2~3mm, 암컷은 2.5~4mm로, 연한 회색이며, 복부의 가장자리는 어두운 회색이다. 날개가 없고 배는 긴 타원형이며 더듬이는 다섯 마디이다. '머릿니←머리옛니<구간>←머리+-예+-ㅅ+니'로 분석된다.

한글 맞춤법 제27항 [붙임 3] '이[齒, 虱]'가 합성어나 이에 준하는 말에서 [니] 또는 [리]로 소리날 때에는 '니'로 적는다. 그러므로 '**머릿니**'로 써야 한다. 예를 들면, '간니, 사랑니, 송곳니, 앞니, 어금니, 윗니, 젖니, 톱니, 틀니, 가랑니(虱)' 등이 있다.

* 간니=유치(乳齒)가 빠진 뒤 그 자리에 나는 영구치 또는 대생치(代生齒).
* 덧니=제 위치에 나지 못하고 바깥쪽으로 나오거나 안쪽으로 들어간 상태로 난 이.
* 송곳니=상하 좌우의 앞니와 어금니 사이에 있는 뾰족한 이.
* 사랑니/지치(智齒)=17세에서 21세 사이에 입의 맨 안쪽 구석에 나는 뒤어금니.
* 젖니/배냇니=출생 후 6개월에서부터 나기 시작하여 3세 전에 모두 갖추어지는, 유아기에 사용한 뒤 갈게 되어 있는 이.
* 톱니/거치(鋸齒)=톱의 날을 이룬 뾰족뾰족한 이.

** 가랑니=서캐에서 깨어 나온 지 얼마 안 되는 새끼 이.

* 머릿니[虱]=이목(目) 잇과의 곤충으로 옷엣니(옷에 있는 이를 머릿니에 상대하여 이르는 말)보다 작고, 사람의 머리에서 피를 빨아먹음.

보충 설명하면, 합성어(合成語)나 이에 준하는 구조의 단어에서 실질 형태소는 본 모양을 밝히어 적는 것이 원칙이지만 '이'의 경우는 예외이다. 독립적 단어인 '이'가 주격조사 '이'와 형태가 같음으로 해서 생길 수 있는 혼동을 줄이고자 하는 것이다.

34) 잡지에서 관심 있는 기사를 **달달이/다달이** 스크랩해 두었다.

'다달이'는 부사이며, 달마다라는 뜻이다. 한글 맞춤법 제28항 끝소리가 'ㄹ'인 말과 딴 말이 어울릴 적에 'ㄹ' 소리가 나지 아니하는 것은 아니 나는 대로 적는다. 그러므로 '**다달이**'로 써야 한다. 예를 들면, '따님(딸-님), 마되(말-되), 마소(말-소), 무자위(물-자위), 바느질(바늘-질), 부삽(불-삽), 부손(불-손), 소나무(솔-나무), 싸전(쌀-전), 여닫이(열-닫이), 우짖다(울-짖다)' 등이 있다.

* 다달이 = 과월(課月), 매달, 매삭, 매월 등과 같은 뜻임.
* 마되 = 말과 되를 아울러 이르는 말.
* 무자위/물푸개/수룡/수차(水車)/즉통(喞筩) = 물을 높은 곳으로 퍼 올리는 기계.
* 부삽 = 아궁이나 화로의 재를 치거나, 숯불이나 불을 담아 옮기는 데 쓰는 조그마한 삽.
* 부손 = 화로에 꽂아 두고 쓰는 작은 부삽.
* 여닫이 = 문틀에 고정되어 있는 경첩이나 돌쩌귀 따위를 축으로 하여 열고 닫고 하는 방식이나 그런 방식의 문이나 창을 통틀어 이르는 말.
* 우짖다 = 울며 부르짖다.
* 화살 = 활시위에 메워서 당겼다가 놓으면 그 반동으로 멀리 날아가도록 만든 물건.

보충 설명하면, 합성어(合成語)나 파생어(派生語, 실질 형태소에 접사가 붙은 말)에서 앞 단어의 'ㄹ' 받침이 발음되지 않는 것은 발음되지 않는 형태대로 적는다. 'ㄹ'은 대체로 'ㄴ, ㄷ, ㅅ, ㅈ' 앞에서 탈락된다.

또한, 한자어에서 일어나는 'ㄹ' 탈락의 경우에는 소리대로 적는데 '부당(不當), 부덕(不德), 부자유(不自由)'에서와 같이 'ㄷ, ㅈ' 앞에서 탈락되어 '부'로 소리 나는 경우에는 'ㄹ'이 소리 나지 않는 대로 적는다.

35) 집사람들은 남편이 출근을 하기 전에 와이셔츠의 **잗주름/잘주름/잔주름**을 잡는다.

'잗주름'은 명사이며, 옷 따위에 잡은 잔주름을 말한다. 한글 맞춤법 제29항 끝소리가 'ㄹ'인 말과 딴 말이 어울릴 적에 'ㄹ' 소리가 'ㄷ' 소리로 나는 것은 'ㄷ'으로 적는다. 그러므로 '**잗주름**'로 써야 한다. 예를 들면, '이튿날(이틀~), 푿소(풀~), 섣부르다(설~), 잗다듬다(잘~), 잗다랗다(잘~)' 등이 있다.

* 이튿날 = 어떤 일이 있은 그다음의 날.
* 푿소 = 여름에 생풀만 먹고 사는 소.

* 선부르다=솜씨가 설고 어설프다.(저들이 먼저 시비를 걸어오지 않는 한, **선부른** 행동은 금물이다.)
* 잗다듬다=잘고 곱게 다듬다.(화초를 **잗다듬어** 키우다.)
* 잗다랗다=꽤 잘다.(그는 젊은 나이임에도 불구하고 이마와 눈가에 **잗다랗게** 주름이 잡혔다.)

보충 설명하면, 'ㄹ' 받침을 가진 단어가 다른 단어와 결합할 때, 'ㄹ'이 [ㄷ]으로 바뀌어 발음되는 것은 'ㄷ'으로 적는다. 합성어나 자음으로 시작된 접미사가 결합하여 된 파생어는 실질 형태소의 본 모양을 밝히어 적는다는 원칙에 벗어나는 규정이지만, 역사적 현상으로서 'ㄷ'으로 바뀌어 굳어져 있는 단어는 어원적인 형태를 밝히어 적지 않는 것이다.

** 잔주름=중절모를 쓴 친구는 벗어진 이마 위에 **잔주름을** 지으면서 눈매를 한 번 씰룩해 보였다.≪오상원, 모반≫

36) **선짓국/선지국을** 먹고 발등걸이를 하였다.

'선짓국'은 명사이며, 선지를 넣고 끓인 국을 말한다. 선지는 짐승을 잡아서 받은 피. 식어서 굳어진 덩어리를 국이나 찌개 따위의 재료로 쓴다. 선짓국을 먹고 발등걸이를 하였다.(선짓국을 먹고 발등걸이를 당한 것 같은 얼굴빛이라는 뜻으로, 술을 먹고 얼굴이 불그레해진 사람을 비유적으로 이르는 말.)

한글 맞춤법 제30항 1. 순 우리말로 된 합성어로서 앞말이 모음으로 끝난 경우이다. (1) 뒷말의 첫소리가 된소리로 나는 것이다. 그러므로 '**선짓국**'으로 써야 한다. 예를 들면, '고랫재, 귓밥, 나룻배, 나뭇가지, 냇가, 댓가지, 뒷갈망, 맷돌, 머릿기름, 모깃불, 못자리, 바닷가, 뱃길, 볏가리, 부싯돌, 잇자국, 잿더미, 조갯살, 찻집, 쳇바퀴, 킷값, 핏대, 햇볕, 혓바늘' 등이 있다.

* 고랫재=방고래에 모여 쌓인 재.
* 댓가지=대나무의 가지.
* 뒷갈망=뒷감당.
* 볏가리=벼를 베어서 가려 놓거나 볏단을 차곡차곡 쌓은 더미.
* 쳇바퀴=체의 몸이 되는 부분.
* 킷값=키에 알맞게 하는 행동을 낮잡아 이르는 말.(너는 **킷값도** 못하고, 도대체 어쩌자는 것이냐?)

보충 설명하면, 사이시옷(순 우리말 또는 순 우리말과 한자어로 된 합성어 가운데 앞말이 모음으로 끝나거나 뒷말의 첫소리가 된소리로 나거나(쇳조각, 아랫집), 뒷말의 첫소리 'ㄴ', 'ㅁ' 앞에서 'ㄴ' 소리가 덧나거나(아랫니, 뒷머리, 빗물), 뒷말의 첫소리 모음 앞에서 'ㄴㄴ' 소리가 덧나는 것(도리깻열, 베갯잇, 욧잇) 따위에 받치어 적는다.)을 적는 경우는 합성어(合成語)의 경우로, 합성어를 구성하는 있는 두 요소 가운데 순 우리말이고 앞말이 모음으로 끝나는 경우에만 사이시옷을 적을 수 있다. 뒷말의 첫소리 'ㄱ, ㄷ, ㅂ, ㅅ, ㅈ' 등이 된소리로 나는 것이다.

37) 사람들이 많이 몰리는 역 광장이나 시외버스 정류장 일대 등이 바로 그런 곳으로 거기에는 이른바 비싼 **자릿세/자리세를** 꼬박꼬박 거둬들이는 터줏대감들이 군림하고 있었기 때문이다.≪이동하, 장난감 도시≫

'자릿세'는 명사이며, 터나 자리를 빌려 쓰는 대가로 주는 돈이나 물품을 뜻한다. 한글 맞춤법 제30항 2. 순 우리말과 한자어로 된 합성어로서 앞말이 모음으로 끝난 경우이다.

(1) 뒷말의 첫소리가 된소리로 나는 것이다. 그러므로 '**자릿세**'로 써야 한다. 예를 들면, '귓병(-病), 머릿방(—房), 뱃병(-病), 봇둑(洑-), 사잣밥(使者-), 샛강(-江), 아랫방(—房), 찻잔(茶盞), 찻종(茶鍾), 촛국(醋-), 콧병(-病), 탯줄(胎-), 핏기(-氣), 햇수(-數), 횟가루(灰—), 횟배(蛔-)' 등이 있다.

* 머릿방=안방 뒤에 딸린 작은 방.
** 머리방(房)/미용실(美容室)=파마, 커트, 화장, 그 밖의 미용술을 실시하여 주로 여성의 용모, 두발, 외모 따위를 단정하고 아름답게 해 주는 것을 전문으로 하는 집.
** 파마(permanent)=머리를 전열기나 화학 약품을 이용하여 구불구불하게 하거나 곧게 펴 그런 모양으로 오랫동안 지속되도록 만드는 일. 또는 그렇게 한 머리.
* 봇둑=보를 둘러쌓은 둑.
* 사잣밥=초상난 집에서 죽은 사람의 넋을 부를 때 저승사자에게 대접하는 밥.(밥 세 그릇, 술 석 잔, 벽지 한 권, 명태 세 마리, 짚신 세 켤레, 동전 몇 닢 따위를 차려 담 옆이나 지붕 모퉁이에 놓았다가 발인할 때 치운다.)
* 샛강=큰 강의 줄기에서 한 줄기가 갈려 나가 중간에 섬을 이루고, 하류에 가서는 다시 본래의 큰 강에 합쳐지는 강.
* 찻종=차를 따라 마시는 종지.
* 촛국=초를 친 냉국.

* 햇수=해의 수.
* 횟가루=산화칼슘을 일상적으로 이르는 말.
* 횟배/횟배앓이/거위배=회충으로 인한 배앓이.(**거위배를** 앓다.)

(2) 뒷말의 첫소리 'ㄴ, ㅁ' 앞에서 'ㄴ' 소리가 덧나는 것으로는 '곗날((契-), 제삿날(祭祀-), 훗날(後-), 툇마루(退—), 양칫물(養齒-)' 등이 있다.
* 곗날=계의 구성원이 모여 결산을 하기로 정한 날.
* 툇마루=툇간에 놓은 마루.(안채와 바깥채에 있는 마루에는 이미 손님들로 꽉 차 있어 우리는 **툇마루에서** 술상을 받았다.)
** 툇간=안둘렛간 밖에다 딴 기둥을 세워 만든 칸살.
** 안둘렛간=벽이나 기둥을 겹으로 두른 건물의 안쪽 둘레에 세운 칸.
** 칸살=일정한 간격으로 어떤 건물이나 물건에 사이를 갈라서 나누는 살.

(3) 뒷말의 첫소리 모음 앞에서 'ㄴㄴ' 소리가 덧나는 것으로는 '가욋일(加外-), 사삿일(私私-), 예삿일(例事-), 훗일(後-)' 등이 있다.
* 가욋일=필요 밖의 일.
* 사삿일=개인의 사사로운 일.
* 예삿일=보통 흔히 있는 일.
* 훗일=뒷일을 의미함.(둘이서 살림을 차리든 송사를 벌이든 **훗일이야** 내가 알 바 아니로되….≪윤흥길, 완장≫)

38) 이럴 때 맘씨 좋은 부자가 **곳간/고간을** 열고 우리를 도와주면 평생 그 은혜를 안 잊을 것인데.≪문순태, 타오르는 강≫

'곳간(庫間)'은 명사이며, 물건을 간직하여 두는 곳을 일컫는다. 한글 맞춤법 제30항 3. 두 음절로 된 다음 한자어를 말한다. 그러므로 **'곳간'**으로 써야 한다. 예를 들면, '셋방(貰房), 찻간(車間), 툇간(退間), 숫자(數字), 횟수(回數)' 등이 있다.
* 찻간=기차나 버스 따위에서 사람이 타는 칸.

보충 설명하면, (1) 고유어끼리 결합한 합성어 및 이에 준하는 구조 또는 고유어와 한자어가 결합한 합성어 중 앞 단어의 끝 모음 뒤가 폐쇄되는 구조이다.

① 뒤 단어의 첫소리 'ㄱ, ㄷ, ㅂ, ㅅ, ㅈ' 등이 된소리로 나는 것이다. 예를 들면, '귓밥,

나룻배, 못자리' 등이 있다.

② 폐쇄시키는 [ㄷ]이 뒤의 'ㄴ', 'ㅁ'에 동화되어 [ㄴ]으로 발음되는 것이다. 예를 들면, '멧나물, 텃마당, 냇물' 등이 있다.

③ 뒤 단어의 첫소리로 [ㄴ]이 첨가되면서 폐쇄시키는 [ㄷ]이 동화되어 [ㄴㄴ]으로 발음되는 것이다. 예를 들면, '뒷윷, 뒷일, 욧잇' 등이 있다.

(2) 두 글자(한자어 형태소)로 된 한자어 중, 앞 글자의 모음 뒤에서 뒤 글자의 첫소리가 된소리로 나는 6개 단어에 사이시옷을 붙여 적기로 한 것이다. 사이시옷 용법을 알기 쉽게 설명하면 아래와 같다.

① 앞 단어의 끝이 폐쇄되는 구조가 아니므로, 사이시옷을 붙이지 않는다. 예를 들면, '개-구멍, 배-다리, 새-집, 머리-말' 등이 있다.

② 뒤 단어의 첫소리가 된소리나 거센소리이므로, 사이시옷을 붙이지 않는다. 예를 들면, '개-똥, 보리-쌀, 허리-띠, 개-펄, 배-탈, 허리-춤' 등이 있다.

③ 앞 단어의 끝이 폐쇄되면서 뒤 단어의 첫소리가 경음화하여 사이시옷을 붙인다. 예를 들면, '갯값, 냇가, 뱃가죽, 샛길, 귓병, 깃대, 셋돈, 횟감' 등이 있다.

④ 앞 단어의 끝이 폐쇄되면서 자음 동화 현상(ㄷ+ㄴ → ㄴ+ㄴ, ㄷ+ㅁ → ㄴ+ㅁ)이 일어나므로, 사이시옷을 붙이는 '뱃놀이, 콧날, 빗물, 잇몸, 무싯날, 봇물, 팻말' 등이 있다. '팻말, 푯말'은 한자어 '牌, 標'에 '말(말뚝)'이 결합된 형태이므로 '팻말, 푯말'로 적는 것이다.

⑤ 앞 단어 끝이 폐쇄되면서 뒤 단어의 첫소리로 [ㄴ] 음이 첨가되고 동시에 동화 현상이 일어나므로 사이시옷을 붙이는 '깻잎, 나뭇잎, 뒷윷, 허드렛일, 가욋일' 등이 있다.

⑥ 두 음절로 된 한자어 6개만 사이시옷을 붙인다.(곳간, 셋방, 숫자, 찻간, 툇간, 횟수)

** 텃세(-貰)= 터를 빌려 쓰고 내는 세.(장사가 잘 안되어서 **텃세를** 내고 나면 남는 것이 없다.)

** 텃세(-勢)= 먼저 자리를 잡은 사람이 뒤에 들어오는 사람에 대하여 가지는 특권 의식. 또는 뒷사람을 업신여기는 행동.(그는 떠돌이에게는 **텃세를** 부려도 좋을 만한 토박이 축에 들어 있었다.)

39) 해마다 가을 명절에는 **햅쌀/해쌀/햇쌀로** 송편을 빚는다.

'햅쌀'은 명사이며, 그해에 새로 난 쌀을 말한다. '햅쌀←히+쌀'로 분석된다. 한글 맞춤법

제31항 두 말이 어울릴 적에 'ㅂ' 소리가 덧나는 것은 소리대로 적는다. 그러므로 '**햅쌀**'로 써야 한다.

예를 들면, '댑싸리(대ㅂ싸리), 멥쌀(메ㅂ쌀), 입때(이ㅂ때), 입쌀(이ㅂ쌀)' 등이 있다.

* 댑싸리＝명아줏과의 한해살이풀이며, 높이는 1미터 정도이며, 잎은 어긋나고 피침 모양이다. 한여름에 연한 녹색의 꽃이 피며 줄기는 비를 만드는 재료로 쓰인다. 유럽, 아시아가 원산지로 한국과 중국 등지에 분포함.

* 멥쌀＝메벼를 찧은 쌀.

** 메벼＝벼의 하나. 낟알에 찰기가 없으며, 열매에서 멥쌀을 얻음.

* 입때/여태＝지금까지. 또는 아직까지. 어떤 행동이나 일이 이미 이루어졌어야 함에도 그렇게 되지 않았음을 불만스럽게 여기거나 또는 바람직하지 않은 행동이나 일이 현재까지 계속되어 옴을 나타낼 때 쓰는 말이다.(그는 **여태** 무얼 하고 안 오는 것일까?)

* 입쌀＝멥쌀을 보리쌀 따위의 잡곡이나 찹쌀에 상대하여 이르는 말.(해주댁은 **입쌀이** 한 톨도 안 섞인 조밥을 이렇게 변명했다.≪박완서, 미망≫)

* 햅쌀＝그해에 새로 난 쌀.(해마다 가을 명절에는 **햅쌀로** 송편을 빚는다.)

보충 설명하면, 합성어(合成語)나 파생어(派生語)에 있어서는 뒤의 단어는 중심어가 되는 것이므로 '쌀[米], 씨[種], 때[時]' 따위의 형태를 고정시키고 'ㅂ'을 앞 형태소의 받침으로 붙여 적는다.

** 접때＝명사, 오래지 아니한 과거의 어느 때를 이르는 말.(저 사람은 **접때보다** 더 건강하고 씩씩해진 것 같다.)

** 접때＝부사, 오래지 아니한 과거의 어느 때에.(**접때** 그 일은 제가 했어요.) '접때←저＋ᄣㅐ'로 분석된다.

** 접대(接待)＝손님을 맞아서 시중을 듦.(**접대를** 받다.)

40) 카레에 넣으려면 **살코기/살고기/살꼬기가** 좋다.

'살코기'는 명사이며, 기름기나 힘줄, 뼈 따위를 발라낸, 순 살로만 된 고기를 말한다. '살코기←ᄉᆶ＋고기'로 분석된다. 한글 맞춤법 제31항 'ㅎ' 소리가 덧나는 것이다. 그러므로 '**살코기**'로 써야 한다. 예를 들면, '수캐(수ㅎ개), 수탉(수ㅎ닭), 안팎(안ㅎ밖), 암캐(암ㅎ개), 암컷(암ㅎ것), 암탉(암ㅎ닭)' 등이 있다.

보충 설명하면, 'ㅎ' 종성 체언(終聲體言)이었던 '머리[頭], 살[肌], 수[雄], 암[雌]' 등에 다른 단어가 결합하여 이루어진 합성어 중에서 [ㅎ] 음이 첨가되어 발음되는 단어는 소리 나는 대로 적는다.

** 머리가락/머리카락='머리카락<마경>[←머리+카락]/머리ㅋ락<가언>[←머리+ㅋ락]'으로 분석된다.

** 손가락/손카락='손가락<ᄉᆞᆫᆺ가락<월석>←손+-ㅅ+가락'으로 분석된다.

41) 안경알 뒤로 번득이는 눈매와 희고 넓은 이마에는 **만만찮은/만만잖은** 열정과 아울러 폭넓은 지적(知的) 수련의 자취가 엿보였다.≪이문열, 영웅시대≫

'만만찮다'는 형용사이며, 보통이 아니어서 손쉽게 다룰 수 없다는 뜻이다. '만만찮다←만만+하-+-지+아니+하-'로 분석된다.

한글 맞춤법 제39항 어미 '-지' 뒤에 '않-'이 어울려 '-잖-'이 될 적과 '-하지' 뒤에 '않-'이 어울려 '찮-'이 될 적에는 준 대로 적는다. 그러므로 '**만만찮은**'으로 써야 한다. 예를 들면, '대단하지 않다/대단찮다, 시원하지 않다/시원찮다' 등이 있다.

보충 설명하면, '만만하지 않다'는 '-하지' 뒤에 '않-'이 어울려 쓰인 경우로 '찮-'으로 적어야 한다. '만만찮다'는 '만만찮아, 만만찮으니, 만만찮소' 등으로 활용되며, '보통이 아니어서 손쉽게 다룰 수 없다.', '그렇게 쉽지 아니하다.' 등의 뜻이다.

42) 젊었을 때 그는 이것저것을 하며 돈도 **적잖게/적찮게** 쏟아부었으나 모두 실패했다.

'적잖다'는 형용사이며, 적은 수나 양이 아니다라는 뜻이다. '적잖다←적-+-지+아니+하-'로 분석된다. 한글 맞춤법 제40항 [붙임 2] 어간의 끝 음절 '하'가 아주 줄 적에는 준 대로 적는다. 그러므로 '**적잖게**'로 써야 한다. 예를 들면, '생각하건대/생각건대, 생각하다 못해/생각다 못해, 깨끗하지 않다/깨끗지 않다, 넉넉하지 않다/넉넉지 않다, 섭섭하지 않다/섭섭지 않다' 등이 있다.

보충 설명하면, 어간(語幹)의 끝 음절 '하' 전체가 줄어서 표면적으로는 전혀 나타나지 않는 경우에는 준 대로 적도록 하였다. '하' 전체가 줄 수 있는 경우는 '하' 앞의 자음이 'ㄱ, ㄷ, ㅂ'으로 발음되는 무성 자음(無聲子音, 성대(聲帶)가 진동하지 않고 나는 자음이다. 'ㄱ, ㄷ, ㅂ, ㅅ, ㅈ, ㅊ, ㅋ, ㅌ, ㅍ, ㅎ, ㄲ, ㄸ, ㅃ, ㅆ, ㅉ'이 있다.)인 경우이다.

43) 정호는 기말고사를 보고 '**나가면서까지도/나가∨면서∨까지∨도/나가면서∨까지∨도/나가면서∨까지도**' 환한 얼굴을 하고 있었다.

'나가면서까지도'는 동사 '나가(다)', 연결어미 '면서', 보조사 '까지', 보조사 '도'로 분석할 수 있다. '나가다'는 '일정한 지역이나 공간의 범위와 관련하여 그 안에서 밖으로 이동하다.', '앞쪽으로 움직이다.' 등의 뜻이다. '면서'는 '두 가지 이상의 움직임이나 사태 따위가 동시에 겸하여 있음.'을 나타내는 연결 어미이다. '까지'는 '이미 어떤 것이 포함되고 그 위에 더함.'의 뜻을 나타내는 보조사이다. '도'는 '둘 이상의 대상이나 사태를 똑같이 아우름.'을 나타내는 보조사이다.

한글 맞춤법 제41항 조사는 그 앞말에 붙여 쓴다. 그러므로 '**나가면서까지도**'로 붙여 써야 한다. 예를 들면, '꽃이, 꽃마저, 꽃밖에, 꽃에서부터, 꽃으로만, 꽃이나마, 꽃이다, 꽃입니다, 꽃처럼, 어디까지나, 거기도, 멀리는, 웃고만' 등이 있다.

보충 설명하면, '조사(助詞)'는 품사의 하나이며, '체언이나 부사, 어미 등의 아래에 붙어, 그 말과 다른 말과의 문법적 관계를 나타내거나 또는 그 말의 뜻을 도와주는 단어'이다. '격 조사, 접속 조사, 보조사'로 크게 나뉜다. '관계사, 토씨'라고도 일컫는다.

'격 조사(格助詞)'는 '체언 또는 용언의 명사형 아래에 붙어, 그 말의 다른 말에 대한 자격을 나타내는 조사'이다. '주격 조사, 서술격 조사, 목적격 조사, 보격 조사, 관형격 조사, 부사격 조사, 독립격 조사' 따위가 있으며, '자리토씨'라고도 한다.

'접속 조사(接續助詞)'는 조사의 하나이며, '체언과 체언을 같은 자격으로 이어 주는 구실'을 한다. '이음토씨'라고도 불린다.

'보조사(補助詞)'는 '체언뿐 아니라 부사, 활용 어미 등에 붙어서, 그것에 어떤 특별한 의미를 더해 주는 조사'이다. 특정한 격(格)을 담당하지 않으며 문법적 기능보다는 의미를 담당한다. '도움토씨, 특수 조사'라고도 한다.

44) 서울의 경계는 **저기'에서부터입니다/에서부터∨입니다/에서∨부터 ∨입니다/에서 ∨부터입니다.'**

'에서부터입니다'는 부사격조사 '에서', 보조사 '부터', 서술격조사 '이다'의 활용 형태로 분석된다. '저기'는 '말하는 이나 듣는 이로부터 멀리 있는 곳.'을 가리키는 지시 대명사이다. '에서'는 '앞말이 행동이 이루어지고 있는 처소의 부사어임.'을 나타내는 격 조사이며, '앞말이 출발점의 뜻을 갖는 부사어임.'을 나타내는 격 조사이다. '부터'는 '어떤 일이나 상태 따위에 관련된 범위의 시작임.'을 나타내는 보조사이다. '입니다'는 '이다'의 활용 형태이며, '주어가 지시하는 대상의 속성이나 부류를 지정하는 뜻.'을 나타내는 서술격 조사이다. 주어의 속성이나 상태, 정체(正體)나 수효 따위를 밝히는 서술어를 만들거나, 어떤 주제에 대하여 문제가 되는 사실을 밝히는 서술어를 만드는 기능을 한다. 모음 뒤에서는 '다'로 줄어들기도 하는데 관형형이나 명사형으로 쓰일 때는 줄어들지 않는다. 학자에 따라서 '지정사'로 보기도 하고, '형용사'로 보기도 하며, '서술격 어미'로 보기도 하나, 현행 학교 문법에서는 서술격 조사로 본다.

한글 맞춤법 제41항 조사는 그 앞말에 붙여 쓴다. 그러므로 '**저기에서부터입니다**'로 붙여 써야 한다. 예를 들면, '집에서처럼, 어디까지입니까, 들어가기는커녕, 아시다시피, 옵니다그려' 등이 있다.

보충 설명하면, 한글 맞춤법에서는 조사(助詞)를 하나의 단어로 인정하고 있으므로 원칙적으로 띄어 써야 하지만 자립성이 없다는 점 등을 고려하여 붙여 쓰도록 한 것이다. 결국 제2항 '문장의 각 단어는 띄어 씀을 원칙으로 한다.'라는 규정과 어긋나게 된 셈인데, 제2항이 원칙이라고 한다면 제41항은 예외라고 할 수 있다.

45) 노자의 도덕경은 **'제일장/제일∨장/제∨일장/제∨일∨장'부터** 되어 있다.

'제(第)'는 대다수 한자어 수사 앞에 붙어, '그 숫자에 해당되는 차례'의 뜻을 더하는 접두사이다. 한글 맞춤법 제43항 다만, 순서를 나타내는 경우나 숫자와 어울리어 쓰이는 경우에는 붙여 쓸 수 있다. 그러므로 '**제일∨장/제일장**' 등으로 쓸 수 있다. 예를 들면, '두시 삼십분 오초, 1446년 10월 9일, 2대대, 16동 502호, 제1어학실습실, 80원, 10개, 7미터' 등이 있다.

보충 설명하면, 수 관형사(數冠形詞) 뒤에 의존 명사가 붙어서 차례를 나타내는 경우나, 의존 명사가 아라비아 숫자 뒤에 붙는 경우는 붙여 쓸 수 있도록 하였다. 예를 들면, '제삼 장→제삼장, 제칠 항→제칠항' 등이 있다.

'제-'가 생략된 경우라도 차례를 나타내는 말일 때에는 붙여 쓸 수 있다. 예를 들면, '제이십칠 대→이십칠대, (제)오십팔 회→오십팔회' 등이 있다.

다만, 수효를 나타내는 '개년, 개월, 일(간), 시간' 등은 붙여 쓰지 않는다. 예를 들면, '삼(개)년, 육 개월, 이십 일(간)' 등이 있다.

그러나 아라비아 숫자 뒤에 붙는 의존 명사는 붙여 쓸 수 있다. 예를 들면, '35원, 70관, 42마일' 등이 있다.

* 도덕경=노자도덕경(老子道德經)은 중국의 도가서이다. 춘추 시대 말기에 노자가 난세를 피하여 함곡관에 이르렀을 때 윤희(尹喜)가 도를 묻는 데에 대한 대답으로 적어 준 책이라 전하나, 실제로는 전국 시대 도가의 언설을 모아 한(漢)나라 초기에 편찬한 것으로 추측된다. 내용은 우주 간에 존재하는 일종의 이법(理法)을 도(道)라 하며, 무위(無爲)의

치(治), 무위의 처세훈(處世訓)을 서술하였다.

**노자의 도덕경 1장

道可道非常道(도가도비상도): 도를 말로 아무리 잘 설명한다고 해도 그건 변함없는 진리의 도가 아니다.

名可名非常名(명가명비상명): 도에 도라고 이름을 붙였다고 해서 항상 도라고 불러야 하는 것은 아니다.

無名天地之始(무명천지지시): 무라고 하는 것은 우주가 처음 시작되기 전부터 존재했던 시간적 공간적 상황을 일컫는 말이다.

有名萬物之母(유명만물지모): 유라고 하는 것은 마치 자식을 돌보는 어미와 같이 이 세상 만물이 어울려 돌아가게 하는 역할과 이치를 일컫는 말이다.

故常無欲以觀其妙(고상무욕이관기묘): 그러므로 생각이 무에 머물면 세상의 근본을 꿰뚫어 볼 수 있는 오묘함을 깨달을 수 있게 된다.

常有欲以觀其徼(상유욕이관기요): 생각이 유에 머물면 세상 돌아가는 이치를 꿰뚫어 볼 수 있게 혜안을 갖을 수 있게 된다.

此兩者同出而異名(차양자동출이이명): 항아리를 만들면 항아리 속이 함께 생겨나듯 유와 무는 함께 생겨났으나 그 이름이 다를 뿐이다.

同謂之玄(동위지현): 있는 것과 없는 것이 같이 생겨났다니 얼마나 신기한가?

玄之又玄(현지우현): 현묘하고 또 현묘하다.

衆妙之門(중묘지문): 이 세상 모든 현묘함이 유와 무가 만든 문으로 들락거린다.

46) 우리나라는 정치, 군사, 경제, **사회∨등/사회등** 여러 면에 걸친 개혁이 필요한 시기라고들 말을 한다.

'등(等)'은 둘 이상의 대상이나 사실을 나열한 뒤, 예(例)가 그와 같은 대상이나 사실을 포함하여 그 외에도 더 있거나 있을 수 있음을 나타내는 말이며, 일반적으로 둘 이상의 체언을 나열한 다음이나 용언의 관형형 어미 '-ㄴ/-는' 다음에 쓰이나, 때로 한 개의 체언 뒤에 쓰이기도 한다. 한글 맞춤법 제45항 두 말을 이어 주거나 열거할 적에 쓰이는 다음의 말들은 띄어 쓴다. 그러므로 '**사회∨등**'으로 띄어 써야 한다. 예를 들면, '겸, 대, 및, 등등, 등속, 등지' 등이 있다.

* 겸(兼)=두 명사 사이에, 또는 어미 '-ㄹ/-을' 아래 붙어 한 가지 외에 또 다른 것이 아울림

을 나타내는 말.

* 대(對)=사물과 사물의 대비나 대립을 나타낼 때 쓰는 말이며, 두 짝이 합하여 한 벌이 되는 물건을 세는 단위.
* 및=그 밖에도 또, -와/-과 또처럼 풀이되는 접속부사.
* 등등(等等)=둘 이상의 대상을 나열한 뒤, 예(例)가 앞에 든 것 외에도 더 있음을 강조하여 이르는 말.
* 등속(等屬)=둘 이상의 사물이 나열된 다음에 쓰여 '그것을 포함한 여러 대상'의 뜻을 나타내는 말.
* 등지(等地)=둘 이상의 지명이 나열된 다음에 쓰여 '그 곳을 포함한 여러 곳'의 뜻을 나타내는 말.

47) 전셋집에 살다가 **'좀∨더∨큰∨집/좀더∨큰집'**으로 이사하는 것이 우리나라 사람들의 꿈일 것이다.

'좀'은 부사이고, '부탁이나 동의를 구할 때 말을 부드럽게 하기 위하여 삽입'하는 말이다. '더'는 부사이고, '계속하여, 또는 그 위에 보태어.', '어떤 기준보다 정도가 심하게, 또는 그 이상으로.'의 뜻이다. '크다'는 형용사이고, '사람이나 사물의 외형적 길이, 넓이, 높이, 부피 따위가 보통 정도를 넘다.'라는 뜻이며, '집'은 명사이다.

한글 맞춤법 제46항 단음절로 된 단어가 연이어 나타날 적에는 붙여 쓸 수 있다. 그러므로 '**좀∨더∨큰∨집/좀더∨큰집**'으로 띄어 쓰는 것이 원칙이고, 허용도 된다. 예를 들면, '그때 그곳, 좀더 큰것, 한잎 두잎' 등이 있다.

보충 설명하면, 단음절(單音節)로 된 단어가 연이어 나타나는 경우에 적절히 붙여 쓰는 것을 허용하는 규정이다. 단음절이면서 관형어나 부사인 경우라도 관형어와 관형어, 부사와 관형어는 원칙적으로 띄어 쓰며, 부사와 부사가 연결되는 경우에도 의미적 유형이 다른 단어끼리는 붙여 쓰지 않는 것이 원칙이다.

48) 오늘의 하늘을 보니 많은 눈이 **'올∨듯도∨싶다/올∨듯도싶다.'**

한글 맞춤법 제47항 다만, 앞말에 조사가 붙거나 앞말이 합성 동사인 경우, 그리고 중간에 조사가 들어갈 적에는 그 뒤에 오는 보조 용언은 띄어 쓴다. 그러므로 '**올∨듯도∨싶다**'로 띄어 써야 한다. 예를 들면, '잘도 놀아만 나는구나!', '책을 읽어도 보고…….', '그가 올 듯도

하다.', '잘난 체를 한다.' 등이 있다.

보충 설명하면, 다만, 의존 명사(依存名詞) 뒤에 조사가 붙거나 앞 단어가 합성 동사인 경우는(보조 용언을) 붙여 쓰지 않는다. 조사가 개입되는 경우는 두 단어(본용언과 의존 명사) 사이의 의미적, 기능적 구분이 분명하게 드러날 뿐 아니라, 한글 맞춤법 제42항 규정과도 연관되므로 붙여 쓰지 않도록 한 것이다. 또, 본용언이 합성어인 경우는 '덤벼들어보아라, 떠내려가버렸다'처럼 길어지는 것을 피하기 위하여 띄어 쓰도록 한 것이다.

49) 충청북도 낭성에는 단재 **신채호∨선생/신채호선생**의 사당이 있다.

'선생'은 명사이며, 학예가 뛰어난 사람을 높여 이르는 말이다. 한글 맞춤법 제48항 성과 이름, 성과 호 등은 붙여 쓰고, 이에 덧붙는 호칭어, 관직명 등은 띄어 쓴다. 그러므로 '**신채호∨선생**'으로 띄어 써야 한다. 예를 들면, '서화담(徐花潭), 민철기 회장, 송재관 박사, 충무공 이순신 장군' 등이 있다.

보충 설명하면, '성(姓)'은 '출생의 계통을 나타내는, 겨레붙이의 칭호'이다. 곧, '김(金), 박(朴), 이(李)' 등이며, 높임말은 '성씨'이다. '이름'은 어떤 사람을 부르거나 가리키기 위해 고유하게 지은 말을 성(姓)과 합쳐서 이르는 말이다. '성명(姓名)'이라고도 한다. 높임말은 '성함(姓銜), 존함(尊銜), 함자(銜字)' 등이 있다.

'호(號)'는 '본명이나 자(字) 대신에 부르는 이름'이다. 흔히, 자기의 거처, 취향, 인생관 등을 반영하여 짓는다. 오늘날에는 저명한 인사나 문필가, 예술가 등이 일부 사용하고 있는 정도이며, '당호, 별호' 등이 있다. '당호(堂號)'는 '당우(堂宇)의 호'이다. 집의 이름에서 따온 그 주인의 호이다. '별호(別號)'는 '사람의 외모나 성격 등의 특징을 나타내어 본명 대신에 부르는 이름'이다. '별명, 닉네임'이라고도 한다.

'아호(雅號)'는 '문인, 예술가 등의 호(號)나 별호(別號)를 높여 이르는 말'이다. '호칭어(呼稱語)'는 '어떤 대상을 직접 부를 때 쓰는 말'이다. '관직명(官職名)'은 '관리가 국가로부터 위임받은 일정한 범위의 직무'이다.

* **신채호**(申采浩, 1880~1936) 선생은 사학자 · 독립운동가 · 언론인이었다. 호는 단재(丹齋) · 단생(丹生) · 일편단생(一片丹生)이다. 성균관 박사를 거쳐, ≪황성신문≫과 ≪대한매일신보≫ 등에 강직한 논설을 실어 독립 정신을 북돋우고, 국권 강탈 후에는 중국에 망명하여 독립운동과 국사 연구에 힘쓰다가 일본 경찰에 체포되어 옥사하였다. 저서에 ≪조선 상고사≫, ≪조선사 연구초(朝鮮史硏究草)≫ 따위가 있다.

〈천고(天鼓)〉

천고(天鼓)여, 천고여, 구름이 되고 비가 되어 (이 땅에 가득찬) 더러움과 비린내(역겨움)을 씻어다오. 혼이 되고 귀신이 되어 적의 운명이 다하도록 저주해다오. 천고여, 총과 칼이 되어 왜적(倭敵)의 기운을 쓸어버려다오. 폭탄이 되고 비수가 되어 적을 동요시키고 뒤흔들어다오. 국내에선 민족의 기운이 고양돼 (적에 대한) 암살과 폭동의 장거가 끊이지 않고 있노라. 밖으로는 세계 추세가 달라져 약소국가들의 자결운동이 계속 벌어지고 있도다. 천고여, 천고여, 너를 북을 두드려라~. 나는 춤을 추리라. 우리 동포들의 사기를 끌어 올려보자꾸나. 우리 산하를 돌려다오. 천고여, 천고여, 분투하라, 노력하라, 너의 직분을 잊지 말지어다.

50) 정조의 어머니는 **혜경궁∨홍씨/혜경궁∨홍∨씨**이다.

'씨'는 인명(人名)에서 성을 나타내는 명사 뒤에 붙어, '그 성씨 자체', '그 성씨의 가문이나 문중'의 뜻을 더하는 접미사이다. 그러므로 '남씨'로 붙여 써야 한다. 예를 들면, '김씨, 이씨, 박씨 부인' 등이 있다.

그러나 '씨(氏)'는 의존명사이며, '성과 이름 뒤에 붙는 호칭어'이기에 띄어 써야 하는 것이다. '씨(氏)'는 성년이 된 사람의 성이나 성명, 이름 아래에 쓰여, '그 사람을 높이거나 대접하여 부르거나 이르는 말'이다. 그리고 공식적, 사무적인 자리나 다수의 독자를 대상으로 하는 글에서가 아닌 한 윗사람에게는 쓰기 어려운 말로, 대체로 '동료나 아랫사람'에게 쓴다.

다만, 성과 이름, 성과 호를 분명히 구분할 필요가 있을 경우에는 띄어 쓸 수 있다. 예를 들면, '남궁억/남궁 억, 선우용여/선우 용여, 황보지봉(皇甫芝峰)/황보 지봉' 등이 있다.

우리 한자음으로 적는 중국 인명의 경우도 본 항 규정이 적용된다. 예를 들면, '소정방, 이세민, 장개석' 등이 있다. 또한, 이름에 접미사 '전(傳)'이 붙어 책 이름이 될 때에는 붙여 쓴다. 다만, 이름 앞에 꾸미는 말이 올 때에는 '전'을 띄어 쓴다. 예를 들면, '홍길동전, 심청전, 유관순전/순국 소녀 유관순 전' 등이 있다.

* **정조**(正祖, 1752~1800)는 조선 제22대 왕이며, 이름은 산(祘), 자는 형운(亨運)이고, 호는 홍재(弘齋)이다. 시호는 문성무열성인장효왕(文成武烈聖仁莊孝王)이며, 탕평책을 써서 인재를 고루 등용하고, 실학을 크게 발전시켜 조선 후기 문화의 황금시대를 이룩하였다. 재위 기간은 1776~1800년이다.
* **혜경궁 홍씨**(惠慶宮洪氏, 1735~1815)는 조선 시대 사도 세자의 빈이다. 정조의 어머니로서 남편 사도 세자가 참변을 당한 영조 38년(1762)의 참사를 회고하여 ≪한중록≫을 지었다. 고종 때에 헌경 왕후로 추존되었다.

* 조선시대 여성의 품계

무품

← 대비(어머니) → 왕비(며느리) → 적녀(공주) → 서녀(옹주) 순서

왕비(내·외명부를 관장하는 왕의 부인), 공주(외명부 왕의 적녀), 옹주(외명부 왕의 서녀)

정1품

빈(내명부 후궁), 부부인(외명부 왕비의 모), 부부인(외명부 ○○대군의 아내)

군부인(외명부 ○○군의 아내), 정경부인(외명부 문무관의 처 - 남편의 품계를 따름)

종1품

귀인(내명부 후궁), 봉보부인(외명부 왕의 유모)

군부인(외명부 ○○대군의 적장자의 아내)

정경부인(외명부 문무관의 처)

정2품

소의(내명부 후궁), 군주(외명부 세자의 적녀)

현부인(외명부 세자의 아들의 아내, 대군의 적장손의 아내, 왕자군 적장자의 아내)

정부인(외명부 문무관의 처)

종2품

숙의(내명부 후궁), 양제(내명부 세자궁)

현부인(외명부 세자 손자의 아내, 대군의 아들들과 맏증손의 아내, 왕자군의 적장손의 아내)

정부인(외명부 문무관의 처)

정3품

소용(내명부 후궁), 현주(외명부 세자의 서녀)

신부인·신인(세자의 증손의 아내, 대군의 손자의 아내, 왕자군의 아들과 맏증손의 아내)

숙부인·숙인(외명부 문무관의 처)

종3품

숙용(내명부 후궁), 양원(내명부 세자궁)

신인(외명부 대군의 증손의 아내, 왕자군의 손자의 아내)

숙인(외명부 문무관의 처)

정4품

소원(내명부 후궁)

혜인(왕자군의 증손의 아내)

영인(외명부 문무관의 처)

종4품

숙원(내명부 후궁), 승휘(내명부 세자궁)

혜인(외명부 종친의 아내)

영인(외명부 문무관의 처)

정5품

상궁 · 상의(내명부 궁관)

온인(외명부 종친의 아내)

공인(외명부 문무관의 처)

종5품

상복 · 상식(내명부 궁관), 소훈(내명부 세자궁)

온인(외명부 종친의 아내)

공인(외명부 문무관의 처)

정6품

상침 · 상공(내명부 궁관)

순인(외명부 종친의 아내)

의인(외명부 문무관의 처)

종6품

상정 · 상기(내명부 궁관), 수규 · 수칙(내명부 세자궁 궁관)

의인(외명부 문무관의 처)

정7품

전빈 · 전의 · 전선(내명부 나인)

안인(외명부 문무관의 처)

종7품

전설 · 전제 · 전언(내명부 나인), 장찬 · 장정(내명부 세자궁 나인)

안인(외명부 문무관의 처)

정8품

전찬 · 전식 · 전약(내명부 나인)

단인(외명부 문무관의 처)

종8품

전등 · 전채 · 전정(내명부 나인), 장서 · 장봉(내명부 세자궁 나인)

단인(외명부 문무관의 처)

정9품

주궁 · 주상 · 주각(내명부 무희)

유인(외명부 문무관의 처)

종9품

주변치 · 주치 · 주우 · 주변궁(내명부 무희), 장장 · 장식 · 장의(내명부 세자궁 나인)

유인(외명부 문무관의 처)

○ 빈(정1품): 왕비를 도와 부인의 "예"를 의논

귀인(종1품): 위와 같음

소의(정2품): 위와 비슷

숙의(종2품): 위와 비슷

소용(정3품): 제사와 접객의 일을 담당

숙용(종3품): 위와 같음

소원(정4품): 평소 왕이 거처하는 전각을 관장하고 명주와 모시를 길쌈하여 바침

숙원(종4품): 위와 같음

상궁(정5품): 왕비를 인도하며, 상기와 전언을 통솔

상의(정5품): 일상생활의 모든 예의와 절차를 맡았으며, 전빈과 전찬을 통솔

상복(종5품): 의복과 수로 무늬놓은 채장을 공급하고, 전의와 전식을 통솔

상식(종5품): 음식과 반찬을 준비하였으며, 사선과 전약을 통솔

상침(정6품): 왕이 옷을 입고 먹는 일을 진행하는 순서를 맡으며, 사설과 전등을 통솔

상공(정6품): 여공의 과정을 맡았고, 사제와 전채를 통솔

상정(정6품): 궁녀의 품행과 직무단속 및 죄를 다스림

상기(종6품): 궁내의 문서와 장부의 출입을 담당

전빈(정7품): 손님 접대, 신하가 왕을 뵐 때 접대, 잔치 관장, 왕이 상을 주는 일 등을 맡음

전의(정7품): 의복과 머리에 꽂는 장식품의 수식을 맡음

전선(정7품): 음식을 삶고 졸여 간에 맞는 반찬을 만듦

전설(종7품): 장막을 치고 돗자리를 준비하며 청소하는 일과 물건을 베풀어 놓은 일을 담당

전제(종7품): 의복 제작

전언(종7품): 백성에게 널리 알리고 왕에게 아뢰는 중계구실 담당

전찬(정8품): 전빈과 같음

전식(정8품): 머리를 감고 화장하는 일과 세수하고 머리빗는 일을 담당

전약(정8품): 처방에 따라 약을 달임
전등(종8품): 등불과 촛불을 맡음
전채(종8품): 비단과 모시 등 직물을 맡음
전정(종8품): 궁관의 질서를 바르게 하는 일을 도움
주궁(정9품): 음악에 관한 일을 맡음
주상(정9품): 음악에 관한 일을 맡음
주각(정9품): 음악에 관한 일을 맡음
주변치(정9품): 음악에 관한 일을 맡음
주치(종9품): 음악에 관한 일을 맡음
주우(종9품): 음악에 관한 일을 맡음
주변궁(종9품): 음악에 관한 일을 맡음

51) 겨울 설한풍 속에서도 청청한 잎을 지키는 대나무지만 아래쪽 잎들은 **시월/십월** 하순의 냉기에 누릇누릇 변색해 가고 있었다.≪조정래, 태백산맥≫

'시월(十月)'은 한 해 열두 달 가운데 열째 달이고, 속음으로 나는 것이다. 한글 맞춤법 제52항 한자어에서 본음으로도 나고 속음으로도 나는 것은 각각 그 소리에 따라 적는다. 그러므로 '**시월**'로 써야 한다. 예를 들면, '수락(受諾), 쾌락(快諾), 허락(許諾), 곤란(困難), 논란(論難), 의령(宜寧), 회령(會寧)' 등이 있다.

보충 설명하면, '속음'은 세속에서 널리 사용되는 익은 소리이므로, 속음으로 된 발음 형태를 표준어로 삼게 되며, 따라서 맞춤법에서도 속음에 따라 적게 된다. 표의 문자(表意文字)인 한자는 하나하나가 어휘 형태소의 성격을 띠고 있다는 점에서 본음 형태와 속음 형태는 동일 형태소의 이형태인 것이다.

52) 저 학생들은 도서관 3층으로 **올라갈게야/올라갈께야**.

'-ㄹ게'는 모음으로 끝나는 동사의 어간에 붙어, '해' 할 상대에게 어떠한 행동을 약속하거나 어떤 일에 대한 자기의 의지를 나타낼 때 쓰이는 종결 어미이다. 한글 맞춤법 제53항 다음과 같은 어미는 예사소리로 적는다. 그러므로 '**올라갈게야**'로 써야 한다.

'-ㄹ거나'는 모음으로 끝나는 동사의 어간에 붙어, 영탄조로 자문(自問)하거나 '해' 할 상대에게 의견을 물어 볼 때 쓰이는 종결 어미이다. '-ㄹ걸'은 모음으로 끝나는 동사의 어간에 붙어, 지나간 일을 후회하는 뜻으로 혼자 말할 때 쓰이는 종결 어미이다. 또한 모음으로 끝나는 어간에 붙어, '해' 할 상대에게 어떤 일을 추측함을 나타내는 종결 어미이다. '-ㄹ세'는 '이다', '아니다'의 어간에 붙어, '하게' 할 자리에 자기의 생각을 설명하는 종결 어미이다. '-ㄹ세라'는 모음으로 끝나는 어간에 붙어, 어떠한 일이 일어날까 걱정함을 나타내는 종결 또는 연결 어미이다. '-ㄹ수록'은 모음으로 끝나는 어간에 붙어, 어떠한 일이 더하여 감을 나타내는 연결 어미이다. '-ㄹ시-'는 '이다', '아니다'의 어간에 붙어, '-ㄹ 것이', '-ㄴ 것이'의 뜻으로 추측하여 판단한 사실이 틀림없음을 나타내는 연결 어미이다.

'-ㄹ지'는 모음으로 끝나는 어간에 붙어, 추측으로 의심을 나타내는 연결 어미이다. '-ㄹ지니라'는 모음으로 끝나는 어간에 붙어, 상대보다 우월한 위치에서 '마땅히 그러할 것이니라.'의 뜻을 나타내어 장중하게 말하는, 예스러운 종결 어미이다. '-ㄹ지라도'는 모음으로 끝나는 어간에 붙어, '비록 그러하더라도'의 뜻으로 뒤의 사실이 앞의 사실에 매이지 않음을 나타내는 연결 어미이다. '-ㄹ지어다'는 모음으로 끝나는 동사의 어간에 붙어, '마땅히 그러하게 하여라.'의 뜻으로, 상대보다 우월한 위치에서 어떤 행위를 하도록 위엄 있게 명령하는 뜻을 나타내는, 예스러운 문어체의 종결 어미이다.

'-ㄹ지언정'은 모음으로 끝나는 어간에 붙어, 한 가지를 꼭 부인하기 위하여는 차라리 다른 것을 시인할 용의가 있음을 나타내는 연결 어미이다. '-ㄹ진대'는 모음으로 끝나는 어간에 붙어, 어떤 사실이 의당 그러하리라는 것을 인정하면서, 그것을 다른 사실의 조건이나 근거로 삼는 뜻을 나타내는 연결 어미이다. '-ㄹ진저'는 모음으로 끝나는 동사의 어간에 붙어, 지적으로 우월한 입장에서 어떤 사실이 마땅히 그러하거나 그러해야 함을 나타내는, 문어체의 종결 어미이다. '-올시다'는 '이다', '아니다'의 어간에 붙어, '합쇼' 할 자리에서 '-ㅂ니다'의 뜻으로 쓰이는 평서형 종결 어미이다.

형식 형태소인 어미의 경우, 규칙성이 적용되지 않는 현상일 때에는 변이 형태를 인정하여 소리 나는 대로 적는 것을 원칙으로 삼았다. 그러므로 '-ㄹ꺼나, -ㄹ껄'처럼 적을 것으로 생각하기 쉬우나 '-ㄹ'뒤에서 된소리로 발음되는 것은 된소리로 적지 않기로 한다.

53) 바다낚시를 남해로 가면 돔과 도다리가 많이 **잡힐까?/잡힐가?**

'-을까?'는 '의문을 나타내는 어미'이기에 된소리로 적어야 한다. 한글 맞춤법 제53항 다음과 같은 어미는 예사소리로 적는다. 다만, 의문을 나타내는 다음 어미들은 된소리로 적는다. 그러므로 **'잡힐까?'** 로 써야 한다. 예를 들면, '-(으)ㄹ꼬?, -(스)ㅂ니까?, -(으)리까?, -(으)ㄹ쏘냐?' 등이 있다.

'-(으)ㄹ꼬?'는 해라할 자리에 쓰여, 현재 정해지지 않은 일에 대하여 '자기나 상대편의 의사'를 묻는 종결 어미이다. 주로 '누구, 무엇, 언제, 어디' 따위의 의문사가 있는 문장에 쓰이며 근엄하거나 감탄적인 어감을 띠기도 한다. '-(스)ㅂ니까?'는 합쇼(하십시오)할 자리에 쓰여, '의문'을 나타내는 종결 어미이다. '-(으)리까?'는 합쇼할 자리에 쓰여, 자기가 하려는 행동에 대하여 '상대편의 의향'을 묻는 뜻을 나타내는 종결 어미이다. '-(으)ㄹ쏘냐?'는 해라할 자리에 쓰여, '어찌 그럴 리가 있겠느냐'의 뜻으로 강한 부정을 나타내는 종결 어미이다.

54) 방직 공장의 **심부름군/심부름꾼으로** 출발하여 염색 부서에서 잔뼈가 굵은 그 방면의 일류 기술자였다.≪김원일, 불의 제전≫

'-꾼'은 일부 명사 뒤에 붙어, '어떤 일을 전문적으로 하는 사람. 또는 어떤 일을 잘하는 사람의 뜻을 더하는 접미사. 어떤 일을 습관적으로 하는 사람. 또는 어떤 일을 즐겨 하는 사람의 뜻을 더하는 접미사. 어떤 일 때문에 모인 사람의 뜻을 더하는 접미사.' 등의 뜻이다. 한글 맞춤법 제54항 다음과 같은 접미사는 된소리로 적는다. 그러므로 **'사기꾼'** 으로 적어야 한다. 예를 들면, '장난꾼, 지게꾼, 일꾼' 등이 있다.

보충 설명하면, 첫째, '-갈/-깔'은 '깔'로 통일하여 적는다. 예를 들면, '맛깔, 때깔' 등이 있다. 둘째, '-대기/-때기'는 '때기'로 적는다. 예를 들면, '거적때기, 나무때기, 등때기, 배때기, 송판때기' 등이 있다. 셋째, '-굼치/-꿈치'는 '꿈치'로 적는다. 예를 들면, '발꿈치, 발뒤꿈치' 등이 있다.

55) 그들은 모두 배가 고팠던 터라 자장면을 **곱빼기/곱배기로** 시켜 먹었다.

'곱빼기'는 명사이며, 음식에서, 두 그릇의 몫을 한 그릇에 담은 분량을 일컫는다. 한글 맞춤법 제54항 다음과 같은 접미사는 된소리로 적는다. 그러므로 **'곱빼기'** 로 써야 한다.

보충 설명하면, '-배기/-빼기'가 혼동될 수 있는 단어는 첫째, [배기]로 발음되는 경우는 '배기'로 적는다. 예를 들면, '귀퉁배기, 나이배기, 육자배기, 주정배기' 등이 있다. 둘째, 한 형태소 내부에 있어서 'ㄱ, ㅂ' 받침 뒤에서 [빼기]로 발음되는 경우는 '배기'로 적는다. 예를 들면, '뚝배기, 학배기[청유충(蜻幼蟲)]' 등이 있다. 셋째, 다른 형태소 뒤에서 [빼기]로 발음되는 것은 모두 '빼기'로 적는다. 예를 들면, '고들빼기, 대갈빼기, 곱빼기, 밥빼기' 등이 있다.

* 귀퉁배기=귀퉁머리(귀의 언저리).(치수가 웬만한 사람만 같았어도 **귀퉁배기를** 몇 번 쥐어박았을 것이었다.≪이무영, 농민≫)

* 뚝배기=찌개 따위를 끓이거나 설렁탕 따위를 담을 때 쓰는 오지그릇.(점심상을 가운데 놓고 아버지와 동길이가 마주 앉았다. 그 곁에 어머니는 **뚝배기를** 마룻바닥에 놓고 앉았다.≪하근찬, 흰 종이 수염≫)
* 오지그릇=붉은 진흙으로 만들어 볕에 말리거나 약간 구운 다음, 오짓물을 입혀 다시 구운 그릇이며, 오자(烏瓷), 오자기(烏瓷器), 오지, 도기(陶器)라고도 함.(동영도 시작과는 달리 **오지그릇에** 담긴 개장국을 특별히 먹기에 역한 고기 몇 점만 남기고 다 비웠다.≪이문열, 영웅시대≫)

** 오짓물=흙으로 만든 그릇에 발라 구우면 그릇에 윤이 나는 잿물.

* 학배기=잠자리의 애벌레를 이르는 말.
* 재빼기=잿마루(재의 맨 꼭대기).
* 밥빼기=동생이 생긴 뒤에 샘내느라고 밥을 많이 먹는 아이.(전에는 잘 안 먹던 아이가 동생이 생긴 뒤로 갑자기 **밥빼기가** 되었다.)

56) 그는 식성이 좋아서 앉은자리에서 밥 두 그릇을 **먹겠더라/먹겠드라**.

'더'는 '이다'의 어간, 용언의 어간, 또는 어미 '-으시-', '-었-', '-겠-' 뒤에 붙어, 해라할 자리에 쓰여, '화자가 과거에 직접 경험하여 새로이 알게 된 사실을 그대로 옮겨 와 전달'한다는 뜻을 나타내는 종결 어미이다. 어미 '-더-'와 어미 '-라'가 결합한 말이다. 한글 맞춤법 제56항 '-더라, -던'과 '-든지'는 다음과 같이 적는다. 그러므로 **'먹겠더라'** 로 써야 한다.

1. 지난 일을 나타내는 어미는 '-더라, -던'으로 적는다. 예를 들면, '깊던 물이 얕아졌다.', '그렇게 좋던가?' 등이 있다.

보충 설명하면, '-던'은 지난 일을 나타내는 '-더'에 관형사형 어미 '-ㄴ'이 붙어서 된 형태이다. 지난 일을 나타내는 어미는 '-더-'가 결합한 형태로 쓴다. '-더구나, -더구먼, -더냐, -더니' 등이 있다.

그리고 2. 물건이나 일의 내용을 가리지 아니하는 뜻을 나타내는 조사와 어미는 '(-)든지'로 적는다. 예를 들면, '배든지 사과든지 마음대로 먹어라.', '가든지 오든지 마음대로 해라.' 등이 있다.

보충 설명하면, '-든'은 내용을 가리지 않는 뜻을 표하는 연결어미 '-든지'가 줄어진 형태이다. 결국, 회상의 의미가 있는지 없는지를 따져 보면 그리 어렵지 않게 구별할 수 있다.

문장 부호

□ 마침표(.)

○ 용언의 명사형이나 명사로 끝나는 문장, 직접 인용한 문장의 끝에는 마침표를 쓰는 것을 원칙으로 하되, 쓰지 않는 것을 허용함.

(예) 목적을 이루기 위하여 몸과 마음을 다하여 애를 씀. (○)/씀 (○)

신입 사원 모집을 위한 기업 설명회 개최. (○)/개최 (○)

그는 "지금 바로 떠나자. (○)/떠나자 (○)"라고 말하며 서둘러 짐을 챙겼다.

○ 아라비아 숫자만으로 연월일을 표시할 때 마침표를 모두 씀. '일(日)'을 나타내는 마침표를 반드시 써야 함.

(예) 2014년 10월 27일 - 2014. 10. 27. (○)/2014. 10. 27 (×)

○ 특정한 의미가 있는 날을 표시할 때 월과 일을 나타내는 아라비아 숫자 사이에는 마침표를 쓰거나 가운뎃점을 쓸 수 있음.

(예) 3.1 운동 (○)/3·1 운동 (○)

○ '마침표'가 기본 용어이고, '온점'으로 부를 수도 있음.

□ 물음표(?)

○ 모르거나 불확실한 내용임을 나타낼 때 물음표를 씀.

(예) 모르는 경우: 최치원(857~?)은 통일 신라 말기에 이름을 떨쳤던 학자이자 문장가이다.

불확실한 경우: 조선 시대의 시인 강백(1690?~1777?)의 자는 자청이고, 호는 우곡이다.

□ 쉼표(,)

○ 문장 중간에 끼어든 어구의 앞뒤에는 쉼표를 쓰거나 줄표를 쓸 수 있음.

(예) 나는, 솔직히 말하면, 그 말이 별로 탐탁지 않아.

나는 — 솔직히 말하면 — 그 말이 별로 탐탁지 않아.

○ 특별한 효과를 위해 끊어 읽는 곳을 나타내거나 짧게 더듬는 말을 표시할 때 쉼표를 씀.

(예) 이 전투는 바로 우리가, 우리만이, 승리로 이끌 수 있다.

선생님, 부, 부정행위라니요? 그런 건 새, 생각조차 하지 않았습니다.

○ 열거할 어구들을 생략할 때 사용하는 줄임표 앞에는 쉼표를 쓰지 않음.

(예) 광역시: 광주, 대구, 대전…… (○) / 광주, 대구, 대전, …… (×)

○ '쉼표'가 기본 용어이고, '반점'으로 부를 수도 있음.

□ 가운뎃점(·)

○ 짝을 이루는 어구들 사이, 또는 공통 성분을 줄여서 하나의 어구로 묶을 때는 가운뎃점을 쓰거나 쉼표를 쓸 수 있음.

(예) 하천 수질의 조사 · 분석 (○) / 하천 수질의 조사, 분석 (○)

상 · 중 · 하위권 (○) / 상, 중, 하위권 (○)

□ 중괄호({ })와 대괄호([ ])

○ 열거된 항목 중 어느 하나가 자유롭게 선택될 수 있음을 보일 때는 중괄호를 씀.

(예) 아이들이 모두 학교{에, 로, 까지} 갔어요.

○ 원문에 대한 이해를 돕기 위해 설명이나 논평 등을 덧붙일 때는 대괄호를 씀.

(예) 그런 일은 결코 있을 수 없다.[원문에는 '업다'임.]

□ 낫표(「 」, 『 』)와 화살괄호(〈 〉, ≪ ≫)

○ 소제목, 그림이나 노래와 같은 예술 작품의 제목, 상호, 법률, 규정 등을 나타낼 때는 홑낫표나 홑화살괄호를 쓰는 것이 원칙이며 작은따옴표를 대신 쓸 수 있음.

(예) 「한강」은 (○)/〈한강〉은 (○)/'한강'은 (○) 사진집 ≪아름다운 땅≫에 실린 작품이다.

○ 책의 제목이나 신문 이름 등을 나타낼 때는 겹낫표나 겹화살괄호를 쓰는 것이 원칙이며 큰따옴표를 대신 쓸 수 있음.

(예) 『훈민정음』은 (○)/≪훈민정음≫은 (○)/"훈민정음"은 (○) 1997년에 유네스코 세계 기록 유산으로 지정되었다.

□ 줄표(—)

○ 제목 다음에 표시하는 부제의 앞뒤에는 줄표를 쓰되, 뒤에 오는 줄표는 생략할 수 있음.

(예) '환경 보호 — 숲 가꾸기 —'라는 (○) / '환경 보호 — 숲 가꾸기'라는 (○) 제목으로 글짓기를 했다.

□ 붙임표(-)와 물결표(~)

○ 차례대로 이어지는 내용을 하나로 묶어 열거할 때 각 어구 사이, 또는 두 개 이상의 어구가 밀접한 관련이 있음을 나타내고자 할 때는 붙임표를 씀.

(예) 멀리뛰기는 도움닫기-도약-공중 자세-착지의 순서로 이루어진다.

원-달러 환율

○ 기간이나 거리 또는 범위를 나타낼 때는 물결표 또는 붙임표를 씀.

(예) 9월 15일~9월 25일 (○)/9월 15일-9월 25일 (○)

□ **줄임표(……)**

○ 할 말을 줄였을 때, 말이 없음을 나타낼 때, 문장이나 글의 일부를 생략할 때, 머뭇거림을 보일 때에는 줄임표를 씀.

(예) "어디 나하고 한번……." 하고 민수가 나섰다.

"우리는 모두…… 그러니까…… 예외 없이 눈물만…… 흘렸다."

○ 줄임표는 점을 가운데에 찍는 대신 아래쪽에 찍을 수도 있으며, 여섯 점을 찍는 대신 세 점을 찍을 수도 있음.

(예) "어디 나하고 한번…." 하고 민수가 나섰다.

"어디 나하고 한번......." 하고 민수가 나섰다.

"어디 나하고 한번...." 하고 민수가 나섰다.

2 표준어 규정

1) 아버지는 엄청 부자였으나 자식이 재산을 모두 **털어먹었다./떨어먹었다.**

'털어먹다'는 동사이며, 재산이나 돈을 함부로 써서 몽땅 없애다는 뜻이다. 예를 들면, '그는 등록금을 털어먹었다.'가 있다.

표준어 규정 제3항 다음 단어들은 거센소리를 가진 형태를 표준어로 삼는다. 그러므로 **'털어먹었다'**로 써야 한다. 예를 들면, '살쾡이, 칸막이' 등이 있다.

* 살쾡이=고양잇과의 포유류이고, 고양이와 비슷한데 몸의 길이는 55~90cm이며, 갈색 바탕에 검은 무늬가 있다. 꼬리는 길고 사지는 짧으며 발톱은 작고 날카롭다. 밤에 활동하고 꿩, 다람쥐, 물고기, 닭 따위를 잡아먹는다. 5월경 2~4마리의 새끼를 낳고 산림 지대의 계곡과 암석층 가까운 곳에 사는데 한국, 인도, 중국 등지에 분포한다. '살쾡이←삵+괴+-앙이'로 분석된다.

* 칸막이=둘러싸인 공간의 사이를 가로질러 막음. 또는 그렇게 막은 물건.(그가 주렴을 젖히고 **칸막이** 안에 들어앉자 종업원 청년이 녹차를 주전자에 담아 가지고 왔다.≪황석영, 무기의 그늘≫)

보충 설명하면, 거센소리[激音, 숨이 거세게 나오는 파열음(破裂音)이다. 국어의 'ㅊ, ㅋ, ㅌ, ㅍ' 따위]로 변한 어휘들을 인정한 것이다. '파열음(破裂音)'은 폐에서 나오는 공기를 일단 막았다가 그 막은 자리를 터뜨리면서 내는 소리이다. 'ㅂ', 'ㅃ', 'ㅍ', 'ㄷ', 'ㄸ', 'ㅌ', 'ㄱ', 'ㄲ', 'ㅋ' 따위가 있다. '닫음소리, 정지음, 터짐소리, 폐색음, 폐쇄음'이라고도 한다.

** 떨다=달려 있거나 붙어 있는 것을 쳐서 떼어 내다./돈이나 물건을 있는 대로 써서 없애다.(그는 현관에서 모자 위에 쌓인 눈을 **떨고** 있었다.)

** 재떨이/재털이=명사이며, 담뱃재를 떨어 놓는 그릇(한숨을 쉬면서 담뱃대로 두어 번 **재떨이/재털이/담뱃재떨이** 모서리를 치고 나서 드러누웠다.)

2) 20여 년 전 우리 부부는 돈이 없어 **사글세/월세/월세방/삭월세**로 방을 얻어 살림을 시작했으나 어느 부부보다도 행복했었다.

'사글세'는 명사이며, 달마다 주인에게 내는 세를 말한다. 표준어 규정 제5항 어원에서 멀어진 형태로 굳어져서 널리 쓰이는 것은, 그것을 표준어로 삼는다. '사글세'는 한자로 '삭월세

(朔月貰)'이다. 그러므로 '**사글세, 월세, 월세방**' 등으로 써야 한다. 예를 들면, '강낭콩/강남콩, 고삿/고샅, 울력성당/위력성당' 등이 있다.

* 고삿=초가지붕을 일 때 쓰는 새끼(짚으로 꼬아 줄처럼 만든 것.)
* 울력성당/완력성당=떼 지어 으르고 협박함.

보충 설명하면, '어원(語源/語原)'이 아직 뚜렷한데도 언중들의 어원 의식이 약해져 어원으로부터 멀어진 형태를 표준어로 삼고, 어원에 충실한 형태이더라도 현실적으로 쓰이지 않는 것은 표준어로 인정하지 않는다.

3) 아버지가 말할 때마다 어머니도 **말곁/말겻을** 달았다.

'말곁'은 명사이며, 남이 말하는 옆에서 덩달아 참견하는 말을 뜻한다. 표준어 규정 제5항 다만, 어원적으로 원형에 더 가까운 형태가 아직 쓰이고 있는 경우에는, 그것을 표준어로 삼는다. 그러므로 '**말곁**'으로 써야 한다. 예를 들면, '갈비/가리, 굴-젓/구-젓, 물-수란/물-수랄' 등이 있다.

* 물수란/담수란=달걀을 깨뜨려 그대로 끓는 물에 넣어 반쯤 익힌 음식.

보충 설명하면, 어원의식이 남아 있어 어원을 반영한 형태가 쓰이는 것들에 대하여 대응하는 비어원적인 형태보다 우선권을 인정하기로 한 것이다.

4) 충청북도 진천군은 올해로 **601돌/돐**이 되었다.

'돌'은 명사이며, '특정한 날이 해마다 돌아올 때, 그 횟수를 세는 단위이거나 생일이 돌아온 횟수를 세는 단위'를 일컫는다. 표준어 규정 제6항 다음 단어들은 의미를 구별함이 없이, 한 가지 형태만을 표준어로 삼는다. 그러므로 '**돌**'로 써야 한다.(우리 아이는 이제 겨우 두 **돌**이 넘었다./이찬이는 세 **돌**이 되어서 유아원에 입학하였다.)

예를 들면, '둘-째/두-째('제2, 두 개째'의 뜻), 셋-째/세-째('제3, 세 개째'의 뜻), 넷-째/네-째('제4, 네 개째'의 뜻)' 등이 있다.

5) 우리들은 할아버지가 빨리 완쾌되시기를 천주님께 **빌었다./빌렸다**.

'빌다[乞]'는 동사이고, '빌어, 비니, 비오' 등으로 활용되며, '바라는 바를 이루게 하여 달라고 신이나 사람, 사물 따위에 간청하다.', '잘못을 용서하여 달라고 호소하다.' 등의 뜻이다.

표준어 규정 제6항 다음 단어들은 의미를 구별함이 없이, 한 가지 형태만을 표준어로 삼는다. 그러므로 '**빌었다**'로 써야 한다.(소녀는 하늘에 소원을 **빌었다**./대보름날 달님에게 소원을 **빌면** 그 소원이 이루어진다고 한다.)

** 빌리다(借)=빌리어(빌려), 빌리니로 활용하며, 남의 도움을 받거나 사람이나 물건 따위를 믿고 기대다.(남의 손을 **빌려** 일을 처리할 생각은 하지 말아야 한다./일손을 **빌려서야** 일을 마칠 수 있었다.)

6) 그랬는데 암놈 피가 흐른 자리에 **숫놈/수놈** 한 마리가 나자빠져서 죽어 있더란 말입니다.≪박경리, 토지≫

'수놈'은 명사이며, 짐승의 암컷을 일컫는다. 표준어 규정 제7항 수컷을 이르는 접두사는 '수-'로 통일한다. 그러므로 '**수놈**'으로 써야 한다. 예를 들면, '수-꿩/수-퀑/숫-꿩, 수-나사/숫나사' 등이 있다.

보충 설명하면, '암-수'의 '수-'는 역사적으로 명사 '숳'이었다. 현재 '수캐, 수탉' 등에서 받침 'ㅎ'의 자취를 찾을 수 있다. 오늘날 '숳'이 혼자 명사로 쓰이는 일이 없어지고 접두사로만 쓰이게 됨에 따라 받침 'ㅎ'의 실현이 복잡하게 되었다.

* 수꿩=꿩의 수컷으로 '웅치(雄雉), 장끼'라고도 함.

* 수나사=두 물체를 죄거나 붙이는 데 쓰는, 육각이나 사각의 머리를 가진 나사. 볼트라고도 함.

** 너트=쇠붙이로 만들어 볼트에 끼워서 기계 부품 따위를 고정하는 데에 쓰는 공구(工具). 암나사로 순화.

7) 기와는 **숫키아/수키와**와 **암기와/암키와**로 되어 있다.

'수키와'는 명사이며, 두 암키와 사이를 엎어 잇는 기와이며, 속이 빈 원기둥을 세로로 반을 쪼갠 모양이다. '암키와'는 명사이며, 지붕의 고랑이 되도록 젖혀 놓는 기와이고, 바닥에 깔 수 있게 크고 넓게 만든다.

표준어 규정 제7항 다만 1. 다음 단어에서는 접두사 다음에서 나는 거센소리를 인정한다. 그러므로 '**수키와, 암키와**'로 써야 한다. 예를 들면, '수-캉아지/숫-강아지, 수-컷/숫-것' 등이 있다.

보충 설명하면, 받침 'ㅎ'이 다음 음절 첫소리와 거센소리를 이룬 단어들로서 역사적으로 복합어(複合語, 하나의 실질 형태소에 접사가 붙거나 두 개 이상의 실질 형태소가 결합된 말이다. '덧신', '먹이'와 같은 파생어와 '집안'과 같은 합성어)가 되어 화석화한 것이라 보고 '숳'을 인정하되 표기에서는 받침 'ㅎ'을 독립시키지 않기로 하였다.

* 흘레=교미-하다(交尾—)와 같은 뜻이며, 생식을 하기 위하여 동물의 암컷과 수컷이 성적(性的)인 관계를 맺는 것.(땅 위에서는 사람에서부터 지렁이와 달팽이에 이르기까지 온갖 동물이 **교미하기** 위해 짝을 짓는 것이었다.≪윤후명, 별보다 멀리≫)

8) 우리 집에는 **숫염소/수염소**와 개, 고양이, 닭 등을 키운다.

'숫염소'는 명사이며, 염소의 수컷을 말한다. 표준어 규정 제7항 다만 2. 다음 단어의 접두사는 '숫-'으로 한다. 그러므로 '**숫쥐**'로 써야 한다. 예를 들면, '숫쥐/수쥐, 숫-양/수-양' 등이 있다.

보충 설명하면, 발음상 사이시옷과 비슷한 소리가 있다고 하여 '숫-'의 형태를 취한 것이다. 모음 '야, 여, 요, 유, 이'로 시작되는 어휘가 붙어서 'ㄴ' 음이 첨가되는 것은 '숫-'으로 하였다.

9) 머슴치고는 훤하게 생긴 편이고 멋도 부릴 줄 알아서 시골 색시들에게는 대단히 인기가 있는 **바람둥이/바람동이/바람쟁이였습니다.**≪장용학, 원형의 전설≫

'바람둥이'는 명사이며, 곧잘 바람을 피우는 사람을 일컫는다. 표준어 규정 제8항 양성 모음이 음성 모음으로 바뀌어 굳어진 다음 단어는 음성 모음 형태를 표준어로 삼는다. 그러므로 '**바람둥이/바람쟁이**' 등으로 써야 한다. 예를 들면, '귀둥이, 막둥이, 쌍둥이' 등이 있다.

* 귀둥이/귀동=특별히 귀염을 받는 아이.(반백 년을 혈혈단신으로 견뎌 온 처지에 얻은 혈육이니 세상에 둘도 없는 **귀둥이일** 수밖에.≪이문구, 해벽≫)
* 막둥이=막내를 귀엽게 이르는 말.(그중에서 나는 끝으로 둘째였고, 아들로서는 내가 **막둥이였다.**≪정비석, 비석과 금강산의 대화≫)

보충 설명하면, '모음조화'는 한국어의 특성에 해당된다. '모음조화'는 '두 음절 이상의 단어에서, 뒤의 모음이 앞 모음의 영향으로 그와 가깝거나 같은 소리로 되는 언어 현상'이다. 'ㅏ, ㅗ' 따위의 양성 모음은 양성 모음끼리, 'ㅓ, ㅜ, ㅡ, ㅣ' 따위의 음성 모음은 음성 모음끼리 어울리는 현상이다.

10) 이 딸이 집에 와 있으면 그만큼 살림에 **부주/부조가** 되고 의지가 되련마는 뺏긴 것이 아깝고 샘도 나는 것이었다.≪염상섭, 취우≫

'부조(扶助)'는 명사이고, 남을 거들어서 도와주는 일을 뜻한다. 표준어 규정 제8항 다만, 어원 의식이 강하게 작용하는 다음 단어에서는 양성 모음 형태를 그대로 표준어로 삼는다. 그러므로 '**부조**'로 써야 한다. 예를 들면, '사돈(查頓)/사둔(밭~, 안~), 삼촌(三寸)/삼춘' 등이 있다.

* 사돈=혼인한 두 집안의 부모들 사이 또는 그 집안의 같은 항렬이 되는 사람들 사이에 서로 상대편을 이르는 말.(저희 아이를 예뻐해 주신다니 **사돈께** 감사할 뿐입니다.)

** 밭사돈/바깥사돈=딸의 시아버지나 며느리의 친정아버지를 양쪽 사돈집에서 서로 이르거나 부르는 말.(아무런 연통도 없이 아녀자들만 있는 사돈집에 **바깥사돈이** 불쑥 찾아온 것도 해괴하고 볼썽사나운데….≪박완서, 미망≫)

보충 설명하면, '사돈, 부조' 등은 양성 모음을 표준으로 인정한 것과는 대립된다. 이것은 현실 발음에서 '사둔, 부주' 등이 우세를 보이고 있으나 언중들이 그 어원을 분명히 인식하고 있기 때문이다.

11) 그건 우리가 둘 다 서로 그 방면에 **풋나기/풋내기라는** 데서 오는 초조감하곤 달랐다.

'풋내기'는 명사이며, 경험이 없어서 일에 서투른 사람을 일컫는다. '풋내기'는 'ㅣ' 역행 동화 현상에 의한 발음을 인정한 것이다. 표준어 규정 제9항 'ㅣ' 역행 동화 현상에 의한 발음은 원칙적으로 표준 발음으로 인정하지 아니한다. 다만, 다음 단어들은 그러한 동화가 적용된 형태를 표준어로 삼는다. 그러므로 '**풋내기**'로 써야 한다. 예를 들면, '내기/-나기(신출-, 서울-)'가 있다.

* 신출내기=어떤 일에 처음 나서서 일이 서투른 사람.(**신출내기라고** 깔보지 마세요./견습 기자에 출동 명령이 내려서 배꼽 자국도 아물지 않은 **신출내기가** 인력거를 타고 생후 처음으로 사건 속에 뛰어들어 갔다.≪김소운, 일본의 두 얼굴≫)

보충 설명하면, 'ㅣ' 역행 동화 현상은 앞 음절의 후설모음 'ㅏ, ㅓ, ㅗ, ㅜ'가 각각 전설모음 'ㅐ, ㅔ, ㅚ, ㅟ'로 바뀌어 발음된다는 사실을 확인할 수 있는데, 이는 뒤 음절 'ㅣ' 모음의 전설성에 이끌려 동화된 결과이다. 이 때 변동의 대상이 되는 것은 '혀의 최고점의 전후 위치'이고 다른 성질 즉, '혀의 높낮이나 입술 모양' 등은 원래대로 유지된다.

12) 그는 다니던 학교를 **동댕이치고/동당이치고** 장사를 시작했다.

'동댕이치다'는 동사이며, 들어서 힘껏 내던지다나, 하던 일을 딱 잘라 그만두다라는 뜻이다. '동댕이치다<동당이티다<동의>←동당이+티-'로 분석된다. '동댕이치다'는 'ㅣ' 역행 동화 현상에 의한 발음을 표준 발음으로 인정하지 않는 것이다. 표준어 규정 제9항 'ㅣ' 역행동화 현상에 의한 발음은 원칙적으로 표준 발음으로 인정하지 아니한다. 다만, 다음 단어들은 그러한 동화가 적용된 형태를 표준어로 삼는다. 그러므로 '**동댕이치고**'로 써야 한다. 예를 들면, 예를 들면, '냄비/남비'가 있다.

* 냄비=음식을 끓이거나 삶는 데 쓰는 용구의 하나. 보통 솥보다는 운두가 낮고 뚜껑과 손잡이가 있다.(**냄비에서** 물이 끓고 있다./그는 쌀을 여러 번 씻은 뒤 **냄비에** 안쳤다.) 일본어로는 나베(nabe)라고 한다.

13) 목수는 집을 짓고 **미장이/미쟁이**는 벽을 바르고 청소부는 청소를 한다.

≪이병주, 행복어 사전≫

'미장이'는 명사이며, 건축 공사에서 벽이나 천장, 바닥 따위에 흙, 회, 시멘트 따위를 바르는 일을 직업으로 하는 사람으로 '도벽사·미장공·이공(泥工)·이장(泥匠)·토공(土工)·토수(土手)'라고도 한다.

표준어 규정 제9항 붙임 2. 기술자에게는 '-장이', 그 외에는 '-쟁이'가 붙는 형태를 표준어로 삼았다. 그러므로 '**미장이**'로 써야 한다.

* 소금쟁이/소금장이=소금쟁잇과의 곤충이며, 몸의 길이는 수컷은 1.1~1.4cm, 암컷은 1.3~1.6cm이고, 검은색이다. 딱지날개는 암색, 시맥(翅脈)은 검은색이고 앞등판에 갈색 세로띠가 있다. 긴 발끝에 털이 있어 물 위를 달린다. 못, 개천 또는 소금기가 많은 물에 무리 지어 사는데 한국, 일본, 동부 시베리아, 중국, 대만 등지에 분포한다.(논에 **소금쟁이**들이 있다는 것을 알았다./소금기가 많은 물에 사는 것을 **소금쟁이**라고 한다.)

14) 오빠와 한자리에 있으면 **으레/의레/의례/으례** 그렇듯 정애의 아름다운 얼굴엔 우수가 서려 있었다.

'으레[依例]'는 부사이며, 틀림없이 언제나의 뜻이다. 표준어 규정 제10항 다음 단어는 모음이 단순화한 형태를 표준어로 삼는다. 그러므로 '**으레**'로 써야 한다. 예를 들면, '미루나무/미류나무, 허우대/허위대' 등이 있다.

* 미루나무/미류나무=버드나뭇과의 낙엽 활엽 교목이고, 줄기는 높이 30미터 정도로 곧게 자라며, 잎은 광택이 난다. 양버들과는 잎의 길이가 나비보다 길고 가지가 옆으로 퍼지는 것이 다르며, 이태리포플러와는 구별하기 어렵다. 3~4월에 꽃이 피고 열매는 5월에 익으며 종자에 털이 많다. 강변, 촌락 부근에 풍치목으로 많이 심으며 목재는 젓가락, 성냥개비 따위의 재료로 쓴다. 북아메리카가 원산지이다.

* 허우대/허위대=겉으로 드러난 체격. 주로 크거나 보기 좋은 체격을 이른다.(**허우대가** 멀쩡한 놈이 마냥 놀고 있다니?)

15) 본부 사무실 안에는 일과 시간이 훨씬 지나고 있는데도 **여늬/여느** 날과 달리 방마다 불빛이 환히 밝혀져 있었다.

'여느'는 관형사이며, 그 밖의 예사로운 또는 다른 보통의라는 뜻이다. '여느'는 모음이 단순화한 형태를 표준어로 인정한 것이다. 표준어 규정 제10항 다음 단어는 모음이 단순화한 형태를 표준어로 삼는다. 그러므로 '**여느**'로 써야 한다. 예를 들면, '케케묵다/켸켸묵다, 허우적-허우적/허위적-허위적' 등이 있다.

* 케케묵다=물건 따위가 아주 오래되어 낡다.(자기의 아들딸들은 교회니 절간이니 교당이니 하는 **케케묵은** 집에 모여들어 가느다란 모가지를 빼 들고 장단도 안 맞는 노래를 부르다가는….≪김성한, 5분간≫)

* 허우적허우적=손발 따위를 이리저리 자꾸 마구 내두르는 모양.(불길이 길길이 솟아오르며 이 속에서 적병들이 악머구리같이 고함을 치면서 물속에서 살려고 **허우적허우적** 까맣게 꿈틀거리는 모습이 보인다.≪박종화, 임진왜란≫)

보충 설명하면, 이중모음('ㅑ, ㅕ, ㅛ, ㅠ, ㅒ, ㅖ, ㅘ, ㅙ, ㅝ, ㅞ, ㅢ' 따위)을 단모음('ㅏ, ㅐ, ㅓ, ㅔ, ㅗ, ㅚ, ㅜ, ㅟ, ㅡ, ㅣ' 따위)으로 발음하고, 'ㅚ, ㅟ, ㅘ, ㅝ' 등의 원순모음('ㅗ, ㅜ, ㅚ, ㅟ' 따위)을 평순모음('ㅣ, ㅡ, ㅓ, ㅏ, ㅐ, ㅔ' 따위)으로 발음하는 것은 일부 방언의 특징이다. 모음은 입술 모양에 따라 원순모음과 평순모음으로 나뉜다. 원순모음은 발음할 때에 입술을 둥글게 오므려 내는 모음이다. '둥근홀소리'라고도 한다. 평순모음은 입술을 둥글게 오므리지 않고 발음하는 모음이다. '안둥근홀소리'라고도 한다.

16) 그는 내심 아들이 하나 있었으면 하고 **바랜다/바란다.**' 등이 있다.

'바라다[望]'는 동사이며, 생각이나 바람대로 어떤 일이나 상태가 이루어지거나 그렇게 되었으면 하고 생각하다는 뜻이다.

표준어 규정 제11항 다음 단어에서는 모음의 발음 변화를 인정하여, 발음이 바뀌어 굳어진 형태를 표준어로 삼는다. 그러므로 **'바란다'**로 써야 한다. 예를 들면, '상추/상치, 시러베아들/실업의-아들, 튀기-트기' 등이 있다.

* 시러베아들/실업의아들=(한번 공짜에 맛을 들인 사람들은 **시러베아들이** 아닌 이상 그 후부터는 너도나도 요금을 물지 않고 거저 타려 할 것이므로…. ≪윤흥길, 비늘≫) '시러베아들←실(實)+없-+-의+아들'로 분석된다.
* 튀기=혼혈인을 낮잡아 이르는 말.

** 바래다[色]=볕이나 습기를 받아 색이 변하다./볕에 쬐거나 약물을 써서 빛깔을 희게 하다.(오래 입은 셔츠가 흐릿하게 색이 **바랬다**./누렇게 **바랜** 벽지를 뜯어내고 새로 도배를 했다.)

17) 어머니는 맏아들이 결혼하여 살림을 날 때 자질구레한 **허드레/허드래** 그릇까지 세세히 챙겨 주셨다

'허드레'는 명사이며, 그다지 중요하지 아니하고 허름하여 함부로 쓸 수 있는 물건을 뜻한다. 표준어 규정 제11항 발음이 바뀌어 굳어진 형태를 표준어로 삼은 것이다. 그러므로 **'허드레'**로 써야 한다. 예를 들면, '호루라기/호루루기, -구려/구료' 등이 있다.

* 구려/구료='이다'의 어간, 형용사 어간 또는 어미 '-으시-', '-었-', '-겠-' 뒤에 붙어, 하오할 자리에 쓰여, 화자가 새롭게 알게 된 사실에 주목함을 나타내는 종결 어미이다.(옷감이 색이 참 **좋구려**./나는 아무것도 모르고 **있었구려**./그 소식에 참 **서운하셨겠구려**.)
* 허드렛물/허두레물=별로 중요하지 아니한 일에 쓰는 물. '허드레'와 명사 '물' 결합하여 합성어를 만들기 때문에 'ㅅ'을 첨가하는 것이다.(빗물을 받아 **허드렛물로** 쓴다.)

18) 그의 쭈그러진 왼쪽 소매는 **윗도리/웃도리/윗옷/웃옷** 주머니에 아무렇게나 꽂혀 있었다.

'윗도리'는 명사이며, '윗옷'과 같은 뜻이다. 표준어 규정 제12항 '웃-' 및 '윗-'은 명사 '위'에 맞추어 '윗-'으로 통일한다. 그러므로 **'윗도리/윗옷'** 등으로 써야 한다. 예를 들면, '윗-넓이/웃-넓이, 윗-눈썹/웃-눈썹, 윗-니/웃-니' 등이 있다.

보충 설명하면, '웃'과 '윗'을 한쪽으로 통일하고자 한 결과이다. 이들은 명사 '위'에 사이시옷이 결합된 것으로 해석하여 '윗'을 기본으로 삼은 것이다.

19) 아파트 **윗층/위층**에 살고 있는 사람들은 아래층 사람들을 위하여 항상 조심하여야 한다.

'위층(-層)'은 명사이며, 이 층 또는 여러 층 가운데 위쪽의 층을 뜻한다. 표준어 규정 제12항 다만 1. 된소리나 거센소리 앞에서는 '위-'로 한다. 그러므로 '**위층**'으로 써야 한다. 예를 들면, '위-채/웃-채, 위-치마/웃-치마, 위-턱/웃-턱, 위-팔/웃-팔' 등이 있다.

*위채=여러 채로 된 집에서 위쪽에 있는 채.(외가에서 지어 준 **위채** 세 칸 아래채 두 칸의 초가집을 두고 마을 사람들은 새집 양반, 새집 처녀라는 호칭으로 대하였다.≪박경리, 토지≫)

* 위치마=갈퀴의 앞초리 쪽으로 대나무를 가로 대고 철사나 끈 따위로 묶은 코.
* 앞초리=갈퀴의 여러 발이 꼬부라진 쪽.

보충 설명하면, 한글 맞춤법 제30항에 보인 사이시옷의 음운론적인 기능은 뒷말의 첫소리를 된소리[硬音, 'ㄲ, ㄸ, ㅃ, ㅆ, ㅉ' 따위]로 하거나 뒷말의 첫소리 'ㄴ, ㅁ'이나 모음 앞에서 'ㄴ' 또는 'ㄴㄴ' 소리가 덧나도록 하는 것으로 이해할 수 있다. 결국, 된소리나 거센소리 앞에서는 사이시옷을 쓰지 않기로 한 한글 맞춤법의 규정이다.

20) 아주 추운 겨울에는 **웃옷/윗옷**을 걸쳐 입어야 춥지 않다.

'웃옷'은 명사이며, 맨 겉에 입는 옷을 뜻한다. 표준어 규정 제12항 다만 2. '아래, 위'의 대립이 없는 단어는 '웃-'으로 발음되는 형태를 표준어로 삼는다. 그러므로 '**웃옷**'으로 써야 한다. 예를 들면, '웃-국/윗-국, 웃-돈/윗-돈' 등이 있다.

* 웃국=간장이나 술 따위를 담가서 익힌 뒤에 맨 처음에 떠낸 진한 국.(보기만 해도 고리타분한 막걸리 **웃국이오**….≪심훈, 상록수≫)
* 웃돈=본래의 값에 덧붙이는 돈.(구하기 힘든 약이라 **웃돈을** 주고 특별히 주문해서 사 왔다.)

21) **웃어른** 모시고 술을 배워야 점잖은 술을 배운다.

'웃어른'은 명사이며, 나이나 지위, 신분, 항렬 따위가 자기보다 높아 직접 또는 간접으로 모시는 어른을 뜻한다. **웃어른** 모시고 술을 배워야 점잖은 술을 배운다.(술은 윗사람 앞에서 배워야 예절 바르게 마시는 좋은 술버릇을 붙이게 됨을 이르는 말.) 표준어 규정 제12항 다만 2. '아래, 위'의 대립이 없는 단어는 '웃-'으로 발음되는 형태를 표준어로 삼는다. 그러므로 '**웃어른**'으로 써야 한다. 예를 들면, '웃기/윗기, 웃-비/윗-비' 등이 있다.

* 웃기=떡, 포, 과일 따위를 괸 위에 모양을 내기 위하여 얹는 재료.(보시기 속의 보쌈김치는 마치 커다란 장미꽃 송이가 겹겹이 입을 다물고 있는 것처럼 보였고 갖가지 떡 위에 **웃기로** 얹은 주악은 딸아이가 수놓은 작은 염낭처럼 색스럽고 앙증맞았다.≪박완서, 미망≫)
* 웃비=아직 우기(雨氣)는 있으나 좍좍 내리다가 그친 비.(**웃비가** 걷힌 뒤라서 해가 한층 더 반짝인다.)

보충 설명하면, '웃-'으로 표기되는 단어를 최대한 줄이고 '윗-'으로 통일함으로써 '웃~윗'의 혼란은 한결 줄어든 셈이다. 결국, 대립이 있는 것은 '윗-'으로 쓰고, 대립이 없는 것은 '웃-'으로 쓰는 것이다.

* **가는 비의 종류(http://blog)**

안개비: 안개처럼 눈에 보이지 않게 내리는 비
는개비: 안개비보다 빗방울이 조금 굵은 비
이슬비: 는개비보다 더 굵게 내리는 비
보슬비: 보슬보슬 물방울이 끊어져서 내리는 비
부슬비: 보슬비보다 좀 더 물방울이 굵은 비
가루비: 가루처럼 내리는 비
가랑비: 보슬비와 이슬비가 같이 내리는 비
실비: 실처럼 가늘고 길게 선을 그으며 내리는 비
먼지잼: 먼지나 잠재울 정도의 약한 비

* **굵은 비의 종류**

발비: 빗발이 보이도록 굵게 내리는 비
장대비: 장대처럼 굵고 세차게 내리는 비
채찍비: 채찍을 치듯 세차게 내리는 비
달구비: 달구로 누르듯 세게 내리는 비(달구-쇳덩이,둥근 나무토막)
소나기: 갑자기 세차게 내리다가 금방 그치는 비
억수(악수): 물을 퍼붓듯 내리는 비
웃비: 우기(雨氣)는 있으나 좍좍 내리다가 그친 비

* **계절과 날씨 비의 종류**

일비: 봄비

잠비: 여름비
떡비: 가을비
술비: 겨울비
이른비: 비내릴 시기보다 이르게 내리는 비
늦은비: 비내릴 시기보다 늦게 내리는 비
마른비: 지면에 닿기도 전에 증발하는 비
건들장마: 초가을에 비가 내렸다, 갰다 반복하는 장마

＊그 외 비의 종류
여우비: 맑은 날 살짝 내리는 비
도둑비: 예기치 못하게 밤에 살짝 내린 비
누리비: 우박
꿀비: 농사짓기에 좋을 만큼 내리는 비
단비: 필요한 시기에 내리는 비
약비: 요긴할 때 내리는 비
개부심: 홍수 이후에 잠잠했다 다시 내려, 진흙 등을 씻겨내는 비

22) 그 시구 중 한 구절이 따로 떨어져 **성구/성귀가** 되었다.

'성구(成句)'는 명사이며, 옛사람이 지어 널리 쓰이는 시문(詩文)의 글귀를 말하다. 표준어 규정 제13항 한자 '구(句)'가 붙어서 이루어진 단어는 '귀'로 읽는 것을 인정하지 아니하고, '구'로 통일하였다. 그러므로 '**성구**'로 써야 한다. 예를 들면, '구법/귀법, 결구/결귀, 문구/문귀' 등이 있다.

＊구법(句法)＝시문(詩文) 따위의 구절을 만들거나 배열하는 방법.(나와 그대는 비록 소동파의 글을 읽지 않았다고 하더라도 왕왕 **구법이** 거의 같도다.)

＊결구(結句)＝문장, 편지 따위의 끝을 맺는 글귀.(그녀의 시는 아름다운 **결구로** 끝을 맺고 있다.)

23) 어느덧 달이 지려 하는데 마을 안에서는 몽룡이의 **귀글/구글** 읽는 소리가 들려온다.

'귀글'은 명사이며, 한시(漢詩) 따위에서 두 마디가 한 덩이씩 되게 지은 글을 말한다. 그

한 덩이를 '구(句)'라 하고 각 마디를 '짝'이라 하는데, 앞마디를 안짝, 뒷마디를 바깥짝이라고 한다.

표준어 규정 제13항 다만, '귀'로 발음되는 형태를 표준어로 삼은 것이다. 그러므로 '**귀글**'로 써야 한다. 예를 들면, '글귀'가 있다.

* 글귀(-句)=글의 구나 절.(길쭉한 널판을 만들어 신상을 그리고 주문과 축수의 **글귀를** 써서….≪최명희, 혼불≫)

24) 정수리에 내리붓고 있는 햇볕이 뜨거웠던지 그녀는 무명 수건으로 반백의 머리를 덮고 또 그 위에다 **똬리/또아리를** 동그마니 올려놓았다.≪이동하, 우울한 귀향≫

'똬리'는 명사이며, 짐을 머리에 일 때 머리에 받치는 고리 모양의 물건을 뜻한다. 표준어 규정 제14항 준말이 널리 쓰이고 본말이 잘 쓰이지 않는 경우에는, 준말만을 표준어로 삼는다. 그러므로 '**똬리**'로 써야 한다. 예를 들면, '귀찮다/귀치 않다, 김/기음, 무/무우, 뱀-장어/배암-장어, 빔/비음' 등이 있다.

보충 설명하면, 사전에서만 밝혀져 있을 뿐 현실 언어에서는 전혀 또는 거의 쓰이지 않게 된 본딧말을 표준어에서 제거하고 준말만을 표준어로 삼은 것이다.

* 귀찮다/귀치 않다=마음에 들지 아니하고 괴롭거나 성가시다.(나는 너무 피곤해서 어떤 생각도 하기가 **귀찮았다**.) '귀찮다←귀[<貴]+하-+-지+아니+하-'로 분석된다.
* 김/기음=논밭에 난 잡풀.(칠보네 산으로 들어섰다가, 산밭에서 **김을** 매고 있는 여자를 보았다.≪한승원, 해일≫) '김<기음<기ᅀᅳᆷ<월석>←기ᇫ-+-음'으로 분석된다.
* 무/무우=십자화과의 한해살이풀 또는 두해살이풀이다. 줄기는 높이가 60~100cm이며, 잎은 깃 모양으로 뿌리에서 뭉쳐나고 뿌리는 둥글고 길다. 뿌리는 잎과 함께 식용하며 비타민, 단백질의 함유량이 많아 약용하기도 한다. 중앙아시아가 원산지로 아시아, 유럽 등지의 온대에서 많은 품종이 재배된다.(배가 고픈 나머지 우리는 밭에 있는 **무를** 뽑아 먹었다.) '무<무우<무ᅀᅮ<두시-초>'로 분석된다.
* 빔/비음=명절이나 잔치 때에 새 옷을 차려입음. 또는 그 옷의 뜻을 나타내는 말.("아니, 그런데 애 혼인 **빔**, 차려 둔 것은 어떡했소?" 영감은 또 한참 곰곰 생각하다가 묻는다.≪염상섭, 싸우면서도 사랑은≫) '빔<비ᄋᆞᆷ〈〈빗움(飾)<영가>[←비ᅀᅳ-+-움]/빗옴<월곡>[←비ᅀᅳ-+-옴]'으로 분석된다.

25) **솔개/소리개도** 오래면 꿩을 잡는다.

‘솔개’는 명사이며, 수릿과의 새다. 편 날개의 길이는 수컷이 45~49cm, 암컷이 48~53cm, 꽁지의 길이는 27~34cm이며, 몸빛은 어두운 갈색이다. 다리는 잿빛을 띤 청색이고 가슴에 검은색의 세로무늬가 있다. 꽁지에는 가로무늬가 있고 끝은 누런 백색인데 꽁지깃은 제비처럼 교차되어 있다. 다른 매보다 온순하고, 시가지 · 촌락 · 해안 등지의 공중에서 날개를 편 채로 맴도는데 들쥐 · 개구리 · 어패류 따위를 잡아먹는다. 우리나라에서는 겨울에 흔한 나그네새로 유라시아, 오스트레일리아 등지에 분포한다.

솔개도 오래면 꿩을 잡는다.(어떤 분야에 대하여 지식과 경험이 전혀 없는 사람이라도 그 부문에 오랫동안 있으면 얼마간의 지식과 경험을 가지게 됨을 이르는 말.)

표준어 규정 제14항 준말만을 표준어로 삼았다. 그러므로 ‘**솔개**’라고 써야 한다. 예를 들면, ‘샘/새암, 생쥐/새앙쥐, 장사치/장사아치’ 등이 있다.

* 샘/새암=남의 처지나 물건을 탐내거나, 자기보다 나은 처지에 있는 사람이나 적수를 미워함. 또는 그런 마음.(진호 같은 앞길이 창창한 젊은 애에게 끼룩거리고 영숙이를 **샘을** 내고 하다니….≪염상섭, 화관≫) ‘샘<새옴<월곡>←새오-+-ㅁ’으로 분석된다.

26) 한참 **경없이/경황없이** 달리다가 앞에서 마주 오는 사람과 하마터면 충돌할 뻔했다.

≪윤흥길, 묵시의 바다≫

‘경황(驚惶)없이’는 부사이며, 몹시 괴롭거나 바쁘거나 하여 다른 일을 생각할 겨를이나 흥미가 전혀 없을 뜻한다. 표준어 규정 제15항 준말이 쓰이고 있더라도, 본말이 널리 쓰이고 있으면 본말을 표준어로 삼는다. 그러므로 ‘**경황없이**’로 써야 한다. 예를 들면, ‘귀이개/귀개, 경황-없다/경-없다, 궁상-떨다/궁-떨다, 낌새/낌, 내왕-꾼/냉-꾼’ 등이 있다.

* 궁상떨다/궁떨다=궁상이 드러나 보이도록 행동하다.(남 줬던 돈도 받고, 외상 깔아 놓았던 것도 걷어 가면 그럭저럭 되니까 나 생각해서 너무 **궁상떨** 건 없고…….≪한수산, 유민≫)
* 낌새/낌=어떤 일을 알아차릴 수 있는 눈치. 또는 일이 되어 가는 야릇한 분위기.(**낌새가** 이상하다/미심쩍은 **낌새가** 보이다.)
* 내왕꾼(來往-)/냉꾼=절에서 심부름하는 일반 사람.

보충 설명하면, 본말이 훨씬 널리 쓰이고 있고, 그에 대응되는 준말이 쓰인다고 해도 그 세력이 미진한 경우 본말만을 표준어로 삼았다.

27) 그녀는 음식을 잘못 먹고 온몸에 **부럼/부스럼이** 났다.

'부스럼'은 명사이며, 피부에 나는 종기를 통틀어 이르는 말이다. '부스럼<브스름<브스름<원각>←븟-+-으름'으로 분석된다.

표준어 규정 제15항 본말이 널리 쓰이고 있으면 본말을 표준어로 삼는다. 그러므로 '**부스럼**' 등으로 써야 한다. 예를 들면, '마구잡이/생잡이/막잡이, 모이/모, 암죽/암, 한통치다/통치다' 등이 있다.

* 마구잡이/막잡이=이것저것 생각하지 아니하고 닥치는 대로 마구 하는 짓.(**마구잡이로** 주머니에 쑤셔 넣다/땅을 **마구잡이로** 사들이다.)
* 암죽(-粥)/암=곡식이나 밤의 가루로 묽게 쑨 죽.(나는 한사코 **암죽도** 미음도 안 받아먹고 빈 젖만 악착같이 빨았다.≪박완서, 지렁이 울음소리≫)
* 한통치다/통치다=나누지 아니하고 한곳에 합치는 것.(알이 굵고 잔 감자를 **한통쳐서** 셈했다.)

** 부럼=음력 정월 대보름날 새벽에 깨물어 먹는 딱딱한 열매류인 땅콩, 호두, 잣, 밤, 은행 따위를 통틀어 이르는 말. 이런 것을 깨물면 한 해 동안 부스럼이 생기지 않는다고 한다.(**부럼을** 까다/**부럼을** 깨물다.)

28) 제 잘난 맛을 맛보고 과시하려던 허세와 **거짓부리/거짓불/거짓부렁/거짓부렁이는** 운무처럼 어디론가 사라져 있는 것이었다.≪이정환, 샛강≫

'거짓부리'는 명사이며, 거짓부렁이를 이르는 말이다. 표준어 규정 제16항 준말과 본말이 다 같이 널리 쓰이면서 준말의 효용이 뚜렷이 인정되는 것은, 두 가지를 다 표준어로 삼는다. 그러므로 '**거짓부리/거짓불/거짓부렁/거짓부렁이**' 등으로 써야 한다. 예를 들면, '노을/놀, 막대기/막대, 망태기/망태, 서두르다/서둘다' 등이 있다.

* 노을/놀=해가 뜨거나 질 무렵에, 하늘이 햇빛에 물들어 벌겋게 보이는 현상.(**노을은** 해가 떨어진 후에도 얼마큼 사라지지 않고 있다가 차차 보랏빛으로 변색해 갔다.≪한무숙, 만남≫)
* 망태기/망태=물건을 담아 들거나 어깨에 메고 다닐 수 있도록 만든 그릇.(찬 바람이 휭 도는 빈방에는 씨앗이며 산나물 **망태기가** 주렁주렁 걸려 있었다. ≪문순태, 타오르는 강≫)
* 서두르다/서둘다=일을 빨리 해치우려고 급하게 바삐 움직이다.(그렇게 **서두르면서도** 국 한 방울 엎지르지 않고 잘 걷고 있었다.≪유현종, 들불≫/너무 **서둘다가** 중요한 서류

를 집에 놓고 왔다.)

29) 물독은 비어 있고 바닥에 **찌꺼기/찌끼가** 가라앉아 있었다.≪한무숙, 어둠에 갇힌 불꽃들≫

'찌꺼기'는 명사이며, 액체가 다 빠진 뒤에 바닥에 남은 물건을 말한다. 표준어 규정 제16항 준말과 본말이 다 같이 널리 쓰이면서 준말의 효용이 뚜렷이 인정되는 것은, 두 가지를 다 표준어로 삼는다. 그러므로 '**찌꺼기/찌기**' 등으로 써야 한다. 예를 들면, '시누이/시누/시뉘, 외우다/외다, 이기죽거리다/이죽거리다' 등이 있다.

* 시누이/시누/시뉘=남편의 누나나 동생. **시누이는** 고추보다 맵다.(시누이가 올케에게 심하게 대하는 경우를 비유적으로 이르는 말.)
* 외우다/외다=말이나 글 따위를 잊지 않고 기억하여 두다.(그는 친한 친구들 전화번호는 다 **외우고** 다닌다./그저 염주를 헤아리며 염불을 **외는** 것으로 마음을 달랬다.≪하근찬, 야호≫)
* 이기죽거리다/이죽거리다/이죽대다/익죽거리다/익죽대다=자꾸 밉살스럽게 지껄이며 짓궂게 빈정거리다.(초순이 입을 삐죽거리며 **이기죽거렸다.**≪이문구, 장한몽≫/영감은 마땅찮게 강 씨의 리어카와 그 행색을 훑어보면서 **이죽거렸다.**≪황석영, 돼지꿈≫/입심도 좋거니와 **이죽대기도** 잘하고 거짓말도 제법 능청스럽게 잘하는 친구다.≪이무영, 농민≫)

보충 설명하면, 본말과 준말을 모두 표준어로 삼은 단어들이다. 두 형태가 모두 널리 쓰이는 것들이어서 어느 하나만을 표준어로 인정할 수 없다는 근거이다.

30) 그는 옆 동네 사람들을 조심해야 할 것이라는 친구의 **귀뜸/귀띔/귀틤/귓듬/귓뜸에** 고개를 저었다.

'귀띔'은 명사이며, 상대편이 눈치로 알아차릴 수 있도록 미리 슬그머니 일깨워 주는 것을 뜻한다. 표준어 규정 제17항 비슷한 발음의 몇 형태가 쓰일 경우, 그 의미에 아무런 차이가 없고, 그 중 하나가 더 널리 쓰이면, 그 한 형태만을 표준어로 삼는다. 그러므로 '**귀띔**'으로 써야 한다. 예를 들면, '귀고리/귀엣고리, 귀지/귀에지, 냠냠거리다/얌냠거리다, 보습/보십, -습니다/-읍니다, 잠투정/잠투세' 등이 있다.

* 귀고리/귀엣고리/귀걸이=귓불에 다는 장식품.(그녀는 두 귓불이 늘어질 정도로 큼직한 **귀고리를** 달고 나타났다.)
* 냠냠거리다/얌냠거리다=어린아이 등이 음식을 맛있게 먹는 소리를 자꾸 내다(아이가

냠냠거리면서 밥을 먹었다.)

* 보습/보십=쟁기, 극젱이, 가래 따위 농기구의 술바닥에 끼우는, 넓적한 삽 모양의 쇳조각.(장정이 다 된 듬직한 몸으로 쟁기 꼭지를 쥐고 **보습을** 흙 속에 깊숙이 박았다.≪안수길, 북간도≫) '보습<보십<훈몽>'으로 분석된다.

잠투정/잠투세=어린아이가 잠을 자려고 할 때나 잠이 깨었을 때 떼를 쓰며 우는 짓.(선잠을 깨어 **잠투정으로** 찜부럭을 부리는가 하였다.≪현진건, 적도≫)

31) 우리 집에는 장미, 국화, 영산홍, **봉숭아/봉선화/봉숭아** 등이 자라고 있다.

'봉선화'는 명사이며, 봉선화과의 한해살이풀이다. 줄기는 높이가 60cm 정도 되는 고성종(高性種)과 25~40cm로 낮은 왜성종(矮性種)이 있는데, 곧게 서며 살이 찌고 밑에는 마디가 있으며 막뿌리가 나오기도 한다. 잎은 어긋나고 피침 모양으로 잔톱니가 있다. 7~10월에 잎겨드랑이에서 나온 2~3개의 가는 꽃자루 끝에 붉은색, 흰색, 분홍색, 누런색 따위의 꽃이 아래로 늘어져서 핀다. 열매는 삭과(蒴果)로 잔털이 있으며, 익으면 탄성에 의하여 다섯 조각으로 갈라져 누런 갈색의 씨가 튀어 나와 먼 곳까지 퍼져 나간다. 꽃잎을 따서 백반, 소금 따위와 함께 찧어 손톱에 붉게 물을 들이기도 한다. 인도, 동남 아시아가 원산지로 전 세계에서 관상용으로 재배한다.

표준어 규정 제17항 비슷한 발음의 몇 형태가 쓰일 경우, 그 의미에 아무런 차이가 없고, 그 중 하나가 더 널리 쓰이면, 그 한 형태만을 표준어로 삼는다. 그러므로 '**봉선화/봉숭아**' 등으로 써야 한다. 예를 들면, '망가뜨리다/망그뜨리다, 멸치/며루치/메리치, 넉/너/네' 등이 있다.

* 망가뜨리다/망그뜨리다/망가트리다=부수거나 찌그러지게 하여 못 쓰게 만들다.(아이가 시계를 만지작만지작하더니 결국 **망가뜨리고** 말았다.)
* 넉/너/네='냥', '되', '섬', '자' 따위의 단위를 나타내는 말 앞에 쓰여, 그 수량이 넷임을 나타내는 말.(묵은 돈이라곤 단 백 원도 여축이 없는 살림에, 이천 원이라면 부자가 버는 것의 **넉** 달치나 되는 것이었다.≪염상섭, 자취≫/콩 **너** 말/**너** 푼.)

32) 청년은 수줍은 듯이 일어서더니 노인 곁으로 와서, 주름진 **뺨/따귀/뺨따귀/뺌따귀/뺨따구니에** 입을 맞췄다.

'뺨따귀'는 '뺨'의 비속어이며, 명사이고, 얼굴의 양쪽 관자놀이에서 턱 위까지의 살이 많은 부분을 말한다. '빰<뺨<뺨<구방>'으로 분석된다.

표준어 규정 제17항 비슷한 발음의 몇 형태가 쓰일 경우, 그 의미에 아무런 차이가 없고, 그 중 하나가 더 널리 쓰이면, 그 한 형태만을 표준어로 삼는다. 그러므로 '**빰/따귀/빰따귀**' 등으로 써야 한다. 예를 들면, '-던가/-든가, -려고/-ㄹ려고, 상판대기/쌍판대기, 오금팽이/오금탱이, -올시다/올습니다' 등이 있다.

* -던가/-든가='이다'의 어간, 용언의 어간 또는 어미 '-으시', '-었-', '-겠-' 뒤에 붙어, 하게 할 자리에 쓰여, 과거의 사실에 대한 물음을 나타내는 종결 어미.(철수가 많이 **아프던가?**)

** -든가=받침 없는 체언이나 부사어, 또는 종결 어미 '-다, -ㄴ다, -는다, -라' 따위의 뒤에 붙어, '든지'로 쓰임.(시장에 가서 과일을 사 왔으니, **키위든가 딸기든가** 먹고 싶은 대로 갖다 먹어라.)

* -려고/-ㄹ려고=받침 없는 동사 어간, 'ㄹ' 받침인 동사 어간 또는 어미 '-으시-' 뒤에 붙어, 어떤 행동을 할 의도나 욕망을 가지고 있음을 나타내는 연결 어미.(내일은 일찍 **일어나려고** 한다.)

* 상판대기/쌍판대기='얼굴'을 속되게 이르는 말.(저 더러운 **상판대기의** 걸인 풍각쟁이를 쫓아내고야 말리라고 결심을 단단히 했다.≪황석영, 가객≫)

* 오금팽이/오금탱이=오금(무릎의 구부러지는 오목한 안쪽 부분.)이나, 오금처럼 오목하게 팬 곳을 낮잡아 이르는 말.(여름내 일해서 **오금팽이가** 느른한데 좀 놀아야지 안 되겠어.≪한수산, 유민≫)

* -올시다/-올습니다=어떠한 사실을 평범하게 서술하는 종결 어미.(그것은 제 것이 **아니올시다.**/지나가는 **나그네올시다.**)

33) 나는 내 힘으로 **마누라/아내/여편네/안해를** 먹여 살리고 아이들을 키우고 싶소.

'아내'는 명사이며, 혼인하여 남자의 짝이 된 여자를 말한다. 내권·처(妻)·처실이라고도 한다. '마누라〈마노라(上典)<계축>'로 분석된다.

표준어 규정 제17항 비슷한 발음의 몇 형태가 쓰일 경우, 그 의미에 아무런 차이가 없고, 그 중 하나가 더 널리 쓰이면, 그 한 형태만을 표준어로 삼는다. 그러므로 '**아내/마누라/여편네**' 등으로 써야 한다. 예를 들면, '아궁이/아궁지, 어중간/어지중간, 시름시름/시늠시늠' 등이 있다.

* 아궁이/아궁지=방이나 솥 따위에 불을 때기 위하여 만든 구멍.(새벽에는 물 긷고, 아침에는 **아궁이에** 불 때서 밥하고, 낮이면 어린 시동생 아이 보고….≪최명희, 혼불≫) '아궁

이←아귀<역해>'로 분석된다.

* 어중간(於中間)/어지중간=거의 중간쯤 되는 곳. 또는 그런 상태.(그의 집과 나의 집은 서로 반대 방향이었으므로 시내 **어중간한** 곳에서 만나기로 했다.)
* 시름시름/시늠시늠=매우 조용히 움직이거나 변하는 모양.(무슨 낙망이나 한 듯이 **시름시름** 말을 한다.≪나도향, 환희≫)

34) 자기가 방에다 불 좀 때기로서니 그다지는 남볼썽도 **흉업게/흉헙게/흉없게** 생각은 되지 않던 것이….≪박태원, 비량≫

'흉(凶)업다'는 형용사이며, 말이나 행동 따위가 불쾌할 정도로 흉하다. 표준어 규정 제17항 비슷한 발음의 몇 형태가 쓰일 경우, 그 의미에 아무런 차이가 없고, 그 중 하나가 더 널리 쓰이면, 그 한 형태만을 표준어로 삼는다. 그러므로 '**흉업게**'로 써야 한다. 예를 들면, '잠투정/잠투세, 짓무르다/짓물다, 짚북데기/짚북세기/짚북더기, 천장(天障)/천정' 등이 있다.

* 짓무르다/짓물다=살갗이 헐어서 문드러지다.(발은 그가 사십 리 길을 걸었을 때 이미 구두 속에서 형편없이 **짓무르기** 시작했다.≪홍성원, 육이오≫) '짓무르다<즛므르다<구간>←즛-+므르-'로 분석된다.
* 짚북데기/짚북세기/짚북더기=짚이 아무렇게나 엉킨 북데기.(돼지 새끼 몇 마리가 **짚북데기** 속에서 오물오물한다.)
* 천장(天障)/천정=반자의 겉면.(**천장에** 매달린 전등을 켜다/그는 팔베개를 하고 누워 멍하니 **천장만** 쳐다보고 있었다.)

35) 어르신들은 **쇠고기/소고기** 중에 등심이 가장 맛있다고 하신다.

'쇠'는 접두사이고, 소의 부위이거나 소의 특성이 있음을 나타냄.(**쇠귀신/쇠머리/쇠뿔.**) '쇠<쇠←쇼+-의'로 분석된다.

표준어 규정 제18항 다음 단어는 원칙으로 하고 허용도 한다. 그러므로 '**쇠고기/소고기**' 등으로 써야 한다. 예를 들면, '네/예, 쐬다/쏘이다, 죄다/조이다, 쬐다/쪼이다' 등이 있다.

* 쐬다/쏘이다=얼굴이나 몸에 바람이나 연기, 햇빛 따위를 직접 받다.(볕을 **쐬지** 못한 얼굴은 많이 상해 있어서 광대뼈가 드러나고 눈 밑이 거무스름했다.≪한수산, 부초≫)
* 죄다/조이다=느슨하거나 헐거운 것이 단단하거나 팽팽하게 되다. 또는 그렇게 되게 하다.(굵은 벨트로 배꼽이 튀어나올 때까지 허리를 **죄고** 천천히 이 거리를 배회하게 되

리라.≪오정희, 유년의 뜰≫)

* 쬐다/쪼이다=볕이나 불기운 따위를 몸에 받다.(모닥불에 젖은 옷을 **쬐어** 말리다/난롯불에 언 손을 **쬐고** 있는데 누군가 커피를 끓여 왔다.) '쬐다<뙤다<월석>'로 분석된다.

보충 설명하면, 비슷한 발음을 가진 두 형태에 대하여 그 발음 차이가 국어의 일반 음운 현상으로 설명되면서 두 형태가 널리 쓰이는 것들이기에 모두 표준어로 인정하였다.

** 꼬이다/꾀다/꼬시다=그럴듯한 말이나 행동으로 남을 속이거나 부추겨서 자기 생각대로 끌다.(그는 돈 많은 과부를 **꼬이어/꾀/꼬셔** 결혼하였다.)

36) 얼마 동안 발을 씻지 않았는지 **구린내/쿠린내/고린내/코린내가** 지독했고 양말은 엿물에서 건져 낸 듯했다.≪김원일, 불의 제전≫

'구린내/쿠린내'는 명사이며, 똥이나 방귀 냄새와 같이 고약한 냄새를 뜻한다. '구린내<언두>←구리-+-ㄴ+내'로 분석된다. 표준어 규정 제19항 어감의 차이를 나타내는 단어 또는 발음이 비슷한 단어들이 다 같이 널리 쓰이는 경우에는, 그 모두를 표준어로 삼는다. 그러므로 '**구린내/쿠린내**' 등으로 써야 한다. 예를 들면, '고까/꼬까, 고린-내/코린-내, 교기(驕氣)/갸기, 꺼림-하다/께름-하다, 나부랭이/너부렁이' 등이 있다.

* 고까/꼬까/때때=어린아이의 말로, 알록달록하게 곱게 만든 아이의 옷이나 신발 따위를 이르는 말.(**꼬까** 입고 할머니 댁에 가자.)
* 고린내/코린-내=썩은 풀이나 썩은 달걀 따위에서 나는 냄새와 같이 고약한 냄새.(여러 달 목욕을 하지 않은 듯, 몸에 때가 덕지덕지 끼고 **고린내가** 심하게 났다.)
* 교기/갸기=남을 업신여기고 잘난 체하며 뽐내는 태도.(일본이 아직도 방자스러운 **교기를** 버리지 못하여 한일 회담이 여전히 옥신각신하고 있는 오늘날….≪정비석, 비석과 금강산의 대화≫)
* 꺼림-하다/께름-하다=마음에 걸려 언짢은 느낌이 있다.(나는 내 이익만을 위해서 그를 보내는 것이 **꺼림하였다**. 그렇다고 그를 둘 수도 없는 사정이다.≪최서해, 갈등≫)
* 나부랭이/너부렁이=어떤 부류의 사람이나 물건을 낮잡아 이르는 말.(양반 **나부랭이**/소년이 책 **나부랭이를** 챙겨 가지고 나온다.≪서정인, 강≫)

37) 그렇게도 그립고 그렇게도 보고 싶던 남편을 지척에 두고 못 만나는 슬프고 **애닯은/애달픈** 마음이야 여북하랴마는….≪현진건, 무영탑≫

'애달프다'는 형용사이며, 마음이 안타깝거나 쓰라리고 애처롭고 쓸쓸함을 나타내는 말이다.

‘애달프다←애ᄃᆞᆲ다<금삼>←애+ᄃᆞᆯ-+-ᄫᆞ-’로 분석된다.

표준어 규정 제20항 사어(死語)가 되어 쓰이지 않게 된 단어는 고어로 처리하고, 현재 널리 사용되는 단어를 표준어로 삼는다. 그러므로 ‘**애달픈**’으로 써야 한다. 예를 들면, ‘난봉/봉, 낭떠러지/낭, 자두/오얏, 설거지-하다/설겆다, 애달프다/애닯다’ 등이 있다.

*난봉/봉=허랑방탕한 짓.(아들은 얼마 남지 않은 가산을 거덜을 내 **난봉을** 피우면서 다섯 살 맏이의 아내를 구박했다.≪박완서, 도시의 흉년≫)

*낭떠러지/낭=깎아지른 듯한 언덕.(그는 몸이 천 길 **낭떠러지** 아래로 떨어져 내리는 것처럼 아득해졌다.≪한승원, 해일≫)

*설거지-하다/설겆다=먹고 난 뒤의 그릇을 씻어 정리하다.(먹고 난 그릇을 **설거지하다.**)

보충 설명하면, ‘사어’는 ‘과거(過去)에는 쓰였으나 현재(現在)에는 쓰이지 아니하게 된 언어’를 말한다. ‘고어’는 ‘오늘날은 쓰지 아니하는 옛날의 말’을 일컫는다. 발음상의 변화가 아니라 어휘적으로 형태를 달리하는 단어들을 사정한 것이다.

38) 어쩌면 골방에 **구들장/방돌이** 깔린 이래 처음으로 웃음이 찐득하게 괴어 넘치고 있는 것인지도 몰랐다.≪문순태, 타오르는 강≫

‘구들장’은 명사이며, 방고래 위에 깔아 방바닥을 만드는 얇고 넓은 돌이라고 한다. 표준어 규정 제21항 고유어 계열의 단어가 널리 쓰이고 그에 대응되는 한자어 계열의 단어가 용도를 잃게 된 것은, 고유어 계열의 단어만을 표준어로 삼는다. 그러므로 ‘**구들장**’으로 써야 한다. 예를 들면, ‘가루-약/말-약(末藥), 길품-삯/보행-삯(步行-), 꼭지-미역/총각-미역(總角—), 늙-다리/노닥다리(老—), 두껍-닫이/두껍-창(—窓)’ 등이 있다.

* 길품-삯/보행삯=남이 갈 길을 대신 가주고 받는 삯.
* 꼭지-미역/총각미역=한 줌 안에 들어올 만큼을 모아서 잡아맨 미역.(**꼭지미역** 두 모숨을 사다.)
* 모숨=수량을 나타내는 말 뒤에 쓰여, 길고 가느다란 물건의, 한 줌 안에 들어올 만한 분량을 세는 단위.(담배 한 **모숨**/푸성귀 두 **모숨.**)
* 늙-다리/노닥다리=늙은이를 낮잡아 이르는 말.(이런 옛 노래는 우리 같은 **늙다리나** 좋아할 거다.)
* 두껍닫이/두껍창=미닫이를 열 때, 문짝 이 옆벽에 들어가 보이지 아니하도록 만든 것.

39) 평소에 순이 삼촌 앞에서는 고향 말을 써야지 하고 생각하던 터라 무의식중에 툭 튀어 나온 서울말이 무척 **민망스러웠다/면구스러웠다/면괴스러웠다/민주스러웠다**.

≪현기영, 순이 삼촌≫

'민망(憫惘)스럽다'는 형용사이며, 낯을 들고 대하기에 부끄러운 데가 있다는 뜻이다. 표준어 규정 제22항 고유어 계열의 단어가 생명력을 잃고 그에 대응되는 한자어 계열의 단어가 널리 쓰이면, 한자어 계열의 단어를 표준어로 삼는다. 그러므로 '**민망스럽웠다/면구스러웠다/면괴스러웠다**' 등으로 써야 한다. 예를 들면, '개다리-소반(小盤)/개다리-밥상, 겸-상(兼床)/맞-상, 고봉-밥(高捧-)/높은-밥, 단-벌(單-)/홑-벌, 방-고래(房—)/구들-고래' 등이 있다.

* 개다리-소반/개다리-밥상=상다리 모양이 개의 다리처럼 휜 막치 소반.(**개다리소반에** 받쳐 온 건 샛노란 조밥 반 그릇에 시퍼런 열무김치 한 탕기뿐이었다.≪박완서, 미망≫
* 겸-상/맞-상=둘 또는 그 이상의 사람이 함께 음식을 먹을 수 있도록 차린 상.(그는 부인과 **겸상으로** 마주 보고 앉아서 식사했다.)
* 고봉-밥=그릇 위로 수북하게 높이 담은 밥.
* 단-벌=오직 한 벌의 옷.
* 방-고래=방의 구들장 밑으로 나 있는, 불길과 연기가 통하여 나가는 길.

40) 오늘은 난이네서 **알타리무/총각무** 다듬던데. 엄마, 우리도 총각깍두기는 그 아줌마더러 해 달래.≪박완서, 흑과부≫

'총각무(總角-)'는 명사이며, '무청째로 김치를 담그는, 뿌리가 잔 무.'를 일컫는다. 표준어 규정 제22항 고유어 계열의 단어가 생명력을 잃고 그에 대응되는 한자어 계열의 단어가 널리 쓰이면, 한자어 계열의 단어를 표준어로 삼는다. 그러므로 '**총각무**'로 써야 한다. 예를 들면, '포수/총댕이, 칫솟/잇솔, 윤달/군달, 양파/둥근파' 등이 있다.

* 포수(砲手)/총댕이=총으로 짐승을 잡는 사냥꾼.(**포수를** 보고도 노루는 도망을 가지 않았다.≪박경리, 토지≫)
* 칫솔/잇솔=이를 닦는 데 쓰는 솔.(이빨을 닦던 중이라 **칫솔을** 입에 문 채 나는 베란다로 나가서 차를 굽어봤다.≪김승옥, 서울의 달빛≫)
* 양파(洋-)/둥근파=백합과의 두해살이풀이고, 꽃줄기의 높이는 50~100cm이며, 잎은 가늘고 길며 원통 모양이다. 9월에 흰색 또는 연한 자주색의 꽃이 산형(繖形) 화서로 피고 땅속의 비늘줄기는 매운맛과 특이한 향기가 있어서 널리 식용한다. 페르시아가 원산지

이다.(피를 맑게 해주는 것으로 **양파**가 좋다.)

41) 옛날에는 조그만 도랑에 **물방개/선두리**가 놀고 있어서 친구들과 함께 잡고 놀았다.

'물방개'는 명사이며, 물방갯과의 곤충. 몸의 길이는 3.5~4.0cm이며, 검은 갈색에 녹색 광택이 나고 딱지날개의 가에는 노란 띠가 둘려 있다.

표준어 규정 제23항 방언이던 단어가 표준어보다 더 널리 쓰이게 된 것은, 그것을 표준어로 삼는다. 이 경우, 원래의 표준어는 그대로 표준어로 남겨 두는 것을 원칙으로 한다. 그러므로 '**물방개/선두리**' 등으로 써야 한다. 예를 들면, '멍게/우렁쉥이, 애-순/어린-순' 등이 있다.

* 멍게/우렁쉥이=멍겟과의 원삭동물이다. 몸은 15~20cm이고 겉에 젖꼭지 같은 돌기가 있다. 더듬이는 나뭇가지 모양이고 수가 많으며 껍질은 두껍다. 한국, 일본 등지에 분포하며, '우렁쉥이(Halocynthia roretzi)'라고도 한다.
* 애-순/어린-순=나무나 풀의 새로 돋아나는 어린싹.(봄에는 버드나무에 **애순이** 돋는다.)

보충 설명하면, '방언(方言)'은 '한 언어에서, 사용 지역 또는 사회 계층에 따라 분화된 말'의 체계로 '사투리'라고도 한다. 방언 중에서도 언어생활을 하는 사람들이 널리 쓰게 된 것을 표준어로 규정하였다.

42) 친구는 낫으로 풀을 베다가 손가락이 곪아서 **생손/생인손/생안손**을 앓는다.

'생인손'은 명사이며, 손가락 끝에 종기가 나서 곪는 병을 말한다. 대지(代指) · 사두창 · 생손 · 생손앓이 등으로 불리기도 한다. '생인손<생안손←생(生)+앓-+-ㄴ+손'으로 분석된다.

표준어 규정 제24항 방언이던 단어가 널리 쓰이게 됨에 따라 표준어이던 단어가 안 쓰이게 된 것은 방언이던 단어를 표준어로 삼는다. 그러므로 '**생인손**'으로 써야 한다. 예를 들면, '까-뭉개다/까-무느다, 역-겹다/역-스럽다, 코-주부/코-보' 등이 있다.

* 까뭉개다/까무느다=높은 데를 파서 깎아 내리다./인격이나 문제 따위를 무시해 버리다.(언덕을 **까뭉개어** 길을 내다./설 부장이 자신의 처지를 슬쩍 밑으로 깔면서 약간 처량한 투를 보이자, 장 씨는 댓바람에 그걸 **까뭉개고** 나섰다.≪최일남, 장 씨의 수염≫)
* 역겹다/역스럽다=역정이 나거나 속에 거슬리게 싫다.(송장처럼 누워 있곤 하는 그가 무서운지도 모르고, 방 안에서 나는 살 썩은 듯한 냄새와 오물의 구린내가 **역겨운지도** 몰랐다.≪한승원, 해일≫)

* 코주부/코보=코가 큰 사람을 놀림조.(중늙은이의 맞은편에 앉아 있는 그 나이 또래의 **코주부가** 막걸리 잔을 들며 말을 받았다.≪김원일, 노을≫)

43) 어쩌면 의사로서 생전 그 문제하고 씨름해도 결론이 안 날지도 모르는 **까탈스런운/까다로운/까닭스런** 문제를 그는 눈 깜빡할 새 풀어서 해답을 얻어 가진 셈이었고….

≪박완서, 오만과 몽상≫

'까다롭다'는 형용사이며, 조건 따위가 복잡하거나 엄격하여 다루기에 순탄하지 않다는 뜻이다.

표준어 규정 제25항 의미가 똑같은 형태가 몇 가지 있을 경우, 그 중 어느 하나가 압도적으로 널리 쓰이면, 그 단어만을 표준어로 삼는다. 그러므로 '**까다로운**'으로 써야 한다. 예를 들면, '겸사-겸사/겸지-겸지/겸두-겸두, 고구마/참-감자, 골목-쟁이/골목-자기, 광주리/광우리' 등이 있다.

* 겸사-겸사/겸지겸지=한 번에 여러 가지 일을 하려고, 이 일도 하고 저 일도 할 겸 해서.(다음 주에 그쪽에 갈 일이 있으니까 **겸사겸사** 한번 들를게.)
* 골목쟁이/골목자기=골목에서 좀 더 깊숙이 들어간 좁은 곳.(경애는 잠자코 걷다가 어느 조잡한 **골목쟁이로** 돌더니 커다란 문을 쩍 벌려 놓은 요릿집으로 뒤도 아니 돌아다보고 쏙 들어가 버린다.≪염상섭, 삼대≫)
* 광주리/광우리=대, 싸리, 버들 따위를 재료로 하여 바닥은 둥글고 촘촘하게, 전은 성기게 엮어 만든 그릇.(동네 아낙들이 **광주리를** 겨드랑이에 끼고 고추를 따러 갔다./여인은 빨래한 **광주리를** 머리에 이고 있었다.≪최인호, 지구인≫)

44) 군대에서 라면 **멀국/말국/국물** 한 모금을 먹었을 때의 기분은 정말 좋았다.

'국물'은 명사이며, 국, 찌개 따위의 음식에서 건더기를 제외한 물을 일컫는다. 표준어 규정 제25항 의미가 똑같은 형태가 몇 가지 있을 경우, 그 중 어느 하나가 압도적으로 널리 쓰이면, 그 단어만을 표준어로 삼는다. 그러므로 '**국물**'로 써야 한다. 예를 들면, '괴통/호구, 군-표/군용-어음, 길잡이/길라잡이/길앞잡이' 등이 있다.

* 괴통/호구=괭이, 삽, 쇠스랑, 창 따위의 쇠 부분에 자루를 박도록 만든 통.
* 길잡이/길라잡이/길앞잡이=길을 인도해 주는 사람이나 사물.(오작녀가 앞질러 앞장을 섰다. 그러고는 훈의 걸음걸이를 재어, 꼭 두어 걸음 앞을 서 **길잡이** 노릇을 하는 것이었

다.≪황순원, 카인의 후예≫ 나아갈 방향이나 목적을 실현하도록 이끌어 주는 지침을 비유적으로 이르는 말.(텔레비전 토론회는 유권자의 판단에 좋은 **길잡이가** 된다./선생님의 열정적인 학구열은 제 인생의 **길잡이가** 되었습니다.) '길잡이<길자비<어록-초>←긿+잡-+-이'로 분석된다.

45) 강철이가 조금 전 색시와 **농짓거리/농지거리/기롱지거리를** 할 때와는 딴판인 차고 가라앉은 목소리로 그렇게 말하자 색시가 깜짝 놀란 얼굴로 물었다.

'농(弄)지거리'는 명사이며, 점잖지 아니하게 함부로 하는 장난이나 농담을 낮잡아 이르는 말이다. 표준어 규정 제25항 의미가 똑같은 형태가 몇 가지 있을 경우, 그 중 어느 하나가 압도적으로 널리 쓰이면, 그 단어만을 표준어로 삼는다. 그러므로 '**농지거리/기롱지거리**' 등으로 써야 한다. 예를 들면, '나룻배/나루, 납도리/민도리, 다오/다구' 등이 있다.

* 나룻배/나루=큰 배가 닿기 어려운 작은 나루에서 사람이나 짐 따위를 큰 배까지 옮겨 싣는 작은 배.(왜 선장이 저희 말로 뭐라 외치자 볏섬을 옮겨 실은 **나룻배** 두 척은 본선(本船)을 향해 떠나간다.≪유현종, 들불≫) '나룻배<ᄂᆞᄅᆞᆺᄇᆡ<ᄂᆞᄅᆞᄇᆡ<역해>←ᄂᆞᄅᆞ+ᄇᆡ'로 분석된다.
* 납도리/민도리=모가 나게 만든 도리.
* 다오/다구=하오할 자리에 쓰여, 화자가 이미 알고 있는 것을 객관화하여 청자에게 일러 줌을 나타내는 종결 어미이다. 친근하게 가르쳐 주거나 자랑하는 따위의 뜻이 비칠 때가 있다.(이 고장은 인심이 아주 **후하다오**./할머니께서 돌아가신 후 할아버지께서는 내내 **편찮으시다오**.) '-다고 하오'가 줄어든 말.(너무 힘들어서 내일은 **쉬겠다오**.)
* 기롱(譏弄)지거리=농지거리와 같은 뜻이지만, 기롱(欺弄)지거리는 남을 속이거나 비웃으며 놀리는 짓을 낮잡아 이르는 말이다.

46) 재떨이에는 니코틴을 잔뜩 머금은 **담배꽁초/담배꽁추/담배꽁치/담배꼬투리가** 수북이 쌓여 있었다.

'담배꽁초'는 명사이며, 피우다가 남은 작은 담배 도막을 일컫는다. 표준어 규정 제25항 의미가 똑같은 형태가 몇 가지 있을 경우, 그 중 어느 하나가 압도적으로 널리 쓰이면, 그 단어만을 표준어로 삼는다. 그러므로 '**담배꽁초**'로 써야 한다. 예를 들면, '매만지다/우미다, 먼발치/먼발치기, 바람꼭지/바람도다리, 반두/독대' 등이 있다.

* 매만지다/우미다=잘 가다듬어 손질하다.(머리를 **매만지다**/늘어진 넥타이를 **매만져** 바로잡았다.)
* 먼발치/먼발치기=조금 멀리 떨어진 곳.(여기까지 왔다가 얼굴마저 못 보고 가는 경우가 태반이었고, 기껏 **먼발치로** 눈이나 한 번 맞대고 가는 것이 고작이었다.≪송기숙, 암태도≫)
* 반두/독대=양쪽 끝에 가늘고 긴 막대로 손잡이를 만든 그물. 주로 얕은 개울에서 물고기를 몰아 잡는다.(**반두로** 물고기를 잡다/그는 물고기를 잡으러 **반두를** 들고 냇가로 나갔다.) '반두<반도<역해>'로 분석된다.

47) 가장 소중한 물건이란 이렇게 시시한 일일까? 만일 다른 사람이 본다면 하찮은 **부스러기/바스라기/부스럭지에** 지나지 않을 것이다.≪최인훈, 회색인≫

만일 다른 사람이 본다면 하찮은 **부스러기/부스럭지에** 지나지 않을 것이다.

'부스러기'는 명사이며, 하찮은 사람이나 물건을 비유적으로 이르는 말이다. '부스러기/바스라기<ᄇᆞᄉᆞ라기<구방>[←ᄇᆞᄉᆞ-+-락+-이]/ᄇᆞᄉᆞ락<금삼>[←ᄇᆞᄉᆞ-+-락]'으로 분석된다.

표준어 규정 제25항 의미가 똑같은 형태가 몇 가지 있을 경우, 그 중 어느 하나가 압도적으로 널리 쓰이면, 그 단어만을 표준어로 삼는다. 그러므로 '**부스러기/바스라기**'로 써야 한다. 예를 들면, '반나절/나절가웃, 부지깽이/부지팽이' 등이 있다.

* 반나절/나절가웃=한나절의 반.(구진포에서 나주까지는 **반나절** 길도 못 되었다.≪문순태, 타오르는 강≫)
* 부지깽이/부지팽이=아궁이 따위에 불을 땔 때에, 불을 헤치거나 끌어내거나 거두어 넣거나 하는 데 쓰는 가느스름한 막대기.(그녀는 치맛귀를 잡아 눈물을 훔치고는 **부지깽이로** 삭정이가 탄 작은 불덩이들을 솥 아래로 긁어모았다.≪조정래, 태백산맥≫)

48) 우리나라 젊은이들은 **손목시계/팔목시계/팔뚝시계**를 차지 않고 스마트폰으로 시간을 알아본다.

'손목시계(一時計)'는 명사이며, 손목에 차는 시계를 말한다. 표준어 규정 제25항 의미가 똑같은 형태가 몇 가지 있을 경우, 그 중 어느 하나가 압도적으로 널리 쓰이면, 그 단어만을 표준어로 삼는다. 그러므로 '**손목시계**'로 써야 한다. 예를 들면, '며느리발톱/뒷발톱, 밀짚모자/보릿짚모자, 샛별/새벽별' 등이 있다.

* 며느리발톱/뒷발톱=새끼발톱 뒤에 덧달린 작은 발톱./말이나 소 따위 짐승의 뒷발에 달린 발톱.
* 밀짚모자(帽子)/밀짚모(帽)/보릿짚모자=밀짚이나 보릿짚으로 만들어 여름에 쓰는 모자. 위가 높고 둥글며 양태가 크다.(뙤약볕 아래에서 **밀짚모자를** 쓴 농부가 밭일을 하고 있다.)
* 샛별/새벽별=금성(金星)을 일상적으로 이르는 말./장래에 큰 발전을 이룩할 만한 사람을 비유적으로 이르는 말.(이 아이들은 한국 음악계를 밝게 비출 **샛별들이다**.) '샛별<새별<용가>←새+별'로 분석된다.

49) 우리 집 사랑채는 사람들이 밤을 새워 가며 **짓고땡/도리짓고땡/지어땡/짓고땡이를** 하느라고 여념이 없다.

'짓고땡'은 명사이며, 화투 노름의 하나이다. 다섯 장의 패 가운데 석 장으로 열 또는 스물을 만들고, 남은 두 장으로 땡 잡기를 하거나 끗수를 맞추어 많은 쪽이 이긴다.

표준어 규정 제25항 의미가 똑같은 형태가 몇 가지 있을 경우, 그 중 어느 하나가 압도적으로 널리 쓰이면, 그 단어만을 표준어로 삼는다. 그러므로 '**짓고땡/도리짓고땡**' 등으로 써야 한다. 예를 들면, '쌍동밤/쪽밤, 쏜살같이/쏜살로, 앉은뱅이저울/앉은저울' 등이 있다.

* 쌍동밤(雙童-)/쪽밤=한 껍데기 속에 두 쪽이 들어 있는 밤.(**쌍동밤은** 나누어 먹어야 한다.)
* 쏜살같이/살같이/쏜살로=쏜 화살과 같이 매우 빠르게.(순이는 기쁨에 설레는 가슴을 안고 **쏜살같이** 고개를 달음질쳐 내려왔다.≪정비석, 성황당≫)
* 앉은뱅이저울/앉은저울=바닥에 놓은 채 받침판 위에 물건을 올려놓고 위쪽에 있는 저울대에서 저울추로 무게를 다는 저울.(한약국 주인은 약을 담은 봉지를 **앉은뱅이저울** 위에 올려놓고 눈금을 살피고 있다.)

50) 친구끼리도 다른 친구에게 **안다미씌우는/안다미시키는** 경우가 종종 있다.

'안다미씌우다'는 동사이며, 제가 담당할 책임을 남에게 넘긴다는 뜻이다. 표준어 규정 제25항 의미가 똑같은 형태가 몇 가지 있을 경우, 그 중 어느 하나가 압도적으로 널리 쓰이면, 그 단어만을 표준어로 삼는다. 그러므로 '**안다미씌우는**'으로 써야 한다.

예를 들면, '아주/영판, 안쓰럽다/안-슬프다, 안절부절-못하다/안절부절-하다, 주책없다/주책이다' 등이 있다.

* 아주/만만(萬萬)/영판=형용사 또는 상태의 뜻을 나타내는 일부 동사나 명사, 부사 앞에

쓰여, 보통 정도보다 훨씬 더 넘어선 상태로.(그는 노래를 **아주** 잘 부른다./그 집에서도 **아주** 골치를 앓고 있답디다.≪한설야, 탑≫)

* 안쓰럽다/안슬프다=손아랫사람이나 약자에게 도움을 받거나 폐를 끼쳤을 때 마음에 미안하고 딱하다.(어린 나이에 내 병 수발을 드는 아들의 모습이 무척 **안쓰럽다.**)
* 안절부절-못하다/안절부절하다=마음이 초조하고 불안하여 어찌할 바를 모르다.(합격자 발표를 기다리며 **안절부절못하다**/마치 그것이 뭔가 단단히 잘못된 일이기나 한 듯이 익삼 씨는 얼른 대답을 가로채면서 **안절부절못하는** 태도였다.≪윤흥길, 완장≫)
* 주책없다/주책이다=일정한 줏대가 없이 이랬다저랬다 하여 몹시 실없다.(누가 그런 **주책없는** 소리를 하더냐?/술에 취하면 그는 **주책없게** 횡설수설하는 버릇이 있다.)

51) **가물/가뭄** 끝은 있어도 장마 끝은 없다.

가뭄은 아무리 심하여도 얼마간의 거둘 것이 있지만 큰 장마가 진 뒤에는 아무것도 거둘 것이 없다는 뜻으로, 가뭄에 의한 재난보다 장마로 인한 재난이 더 무서움을 비유적으로 이르는 말.

'가뭄'은 오랫동안 계속하여 비가 내리지 않아 메마른 날씨를 일컫는다. 가물 · 염발(炎魃) · 천한(天旱) · 한기(旱氣)라고도 한다. '가물<ᄀᆞ믈<ᄀᆞᄆᆞᆯ<용가>'로 분석된다.

가물 끝은 있어도 장마 끝은 없다.(가뭄은 아무리 심하여도 얼마간의 거둘 것이 있지만 큰 장마가 진 뒤에는 아무것도 거둘 것이 없다는 뜻으로, 가뭄에 의한 재난보다 장마로 인한 재난이 더 무서움을 비유적으로 이르는 말.)

표준어 규정 제26항 한 가지 의미를 나타내는 형태 몇 가지가 널리 쓰이며 표준어 규정에 맞으면, 그 모두를 표준어로 삼는다. 그러므로 '**가뭄/가물**' 등으로 써야 한다. 예를 들면, '가엾은/가여운, 감감-무소식/감감-소식, 개수-통/설거지-통, 개숫-물/설거지-물, 갱-엿/검은-엿' 등이 있다.

* 가엾은/가여운=마음이 아플 만큼 안되고 처연하다.(그는 세상에 의지할 곳 없는 **가엾은** 존재이다./흙에서 헤어나지를 못하면서도 흙에 대한 미련을 버리지 못하는 아버지가 **가엽기까지** 했었다.≪이무영, 제일 과 제일 장≫)
* 감감무소식/감감소식=(심부름을 보낸 아이가 한 시간이 지났는데도 **감감무소식이다.**)
* 가는-허리/잔-허리=잘록 들어간, 허리의 뒷부분.
* 가락-엿/가래-엿=둥근 모양으로 길고 가늘게 뽑은 엿.

52) 재산을 모조리 정리하고 진주를 떠날 때 외할아버지는 눈물을 흘렸다. 그 후 그는 소를 잡지 않았고 **푸줏간/고깃간/고깃관/푸줏관/다림방도** 그만두었다.

≪박경리, 토지≫

'고깃간'은 명사이며, 예전에, 쇠고기나 돼지고기 따위의 고기를 끊어 팔던 가게를 말한다. 예를 들면, '친구는 **푸줏간**을 차리고 많은 돈을 모았다. 식당 옆에 **푸줏간**이 있으니 사람들은 좋아한다.' 등이 있다.

표준어 규정 제26항 한 가지 의미를 나타내는 형태 몇 가지가 널리 쓰이며 표준어 규정에 맞으면, 그 모두를 표준어로 삼는다. 그러므로 '**고깃간/푸줏간**' 등으로 써야 한다. 예를들면, '개수통/설거지통, 개숫물/설거지물, 갱엿/검은엿' 등이 있다.

* 개수-통/설거지-통=음식 그릇을 씻을 때 쓰는, 물을 담는 통.(식사가 끝나자 아내는 빈 그릇들을 챙겨 **개수통에** 넣고 식탁을 훔쳐 냈다.)
* 개숫-물/설거지-물=음식 그릇을 씻을 때 쓰는 물.(아내는 전화를 받고 **개숫물에** 불은 손을 말리지도 못한 채 달려 나갔다.)
* 갱-엿/검은-엿=푹 고아 여러 번 켜지 않고 그대로 굳혀 만든, 검붉은 빛깔의 엿.(딱딱한 **갱엿** 한 조각을 입에 넣고 녹여 먹었다.)

53) **배냇저고리/배내옷/깃저고리는** 형편에 따라 다르지만, 여유 있는 집에서는 딸과 아들이 입는 것을 구분하였다.

'배냇저고리'는 명사이며, 깃과 섶을 달지 않은, 갓난아이의 옷을 말한다. 표준어 규정 제26항 한 가지 의미를 나타내는 형태 몇 가지가 널리 쓰이며 표준어 규정에 맞으면, 그 모두를 표준어로 삼는다. 그러므로 '**배냇저고리/배내옷/깃저고리**' 등으로 써야 한다. 예를 들면, '귀퉁머리/귀퉁배기, 극성떨다/극성부리다, 기승떨다/기승부리다' 등이 있다.

* 귀퉁머리/귀퉁배기=귀퉁이를 낮잡아 이르는 말.(치수가 웬만한 사람만 같았어도 **귀퉁배기를** 몇 번 쥐어박았을 것이었다.≪이무영, 농민≫)
* 귀퉁이=귀의 언저리.(들깨는 아내의 **귀퉁이를** 한 번 올려붙일 듯이 부엌으로 들어갔다가….≪김정한, 사하촌≫)
* 극성(極盛)떨다/극성부리다=몹시 드세거나 지나치게 적극적으로 행동하다.(공부하겠다고 그렇게 **극성떨더니** 기어코 대학에 들어갔다.)
* 기승(氣勝)떨다/기승부리다=성미가 억척스럽고 굳세어 좀처럼 굽히려고 하지 않다./기

운이나 힘 따위가 성해서 좀처럼 누그러들지 않다.(이튿날은 영등바람이 몰고 온 꽃샘추위가 유별나게 **기승부리는** 날씨였건만 회민들은 아침부터 화톳불을 피우고 종일 자리를 뜨지 않았다.≪현기영, 변방에 우짖는 새≫)

54) 머루와 다래 **덩굴/넝쿨/덩쿨이** 엉킨 경사진 언덕 아래, 언제 올라왔는지 산지기 늙은 이 모녀가 머루를 따며 지껄이고 있었다.≪계용묵, 유앵기≫

'덩굴'은 명사이며, 길게 뻗어 나가면서 다른 물건을 감기도 하고 땅바닥에 퍼지기도 하는 식물의 줄기를 일컫는다. '덩굴<덩울<칠대>'로 분석된다.

표준어 규정 제26항 한 가지 의미를 나타내는 형태 몇 가지가 널리 쓰이며 표준어 규정에 맞으면, 그 모두를 표준어로 삼는다. 그러므로 **'덩굴/넝쿨'** 등으로 써야 한다. 예를 들면, '녘/쪽, 눈대중/눈어림/눈짐작, 나귀/당나귀, 내리글씨/세로글씨' 등이 있다.

* 눈대중/눈어림/눈짐작=눈으로 보아 어림잡아 헤아림.(**눈대중으로** 고기 한 근 정도를 베어 냈다.)
* 나귀/당나귀=(아버지는 작은놈을 둘러업고, 짐과 큰아이를 **나귀에** 싣고서….≪김남천, 대하≫/마부가 부스스 일어나 **나귀** 고삐를 잡았다.≪김동리, 을화≫) '나귀<나괴/나귀<라귀<석상>'로 분석된다.
* 내리글씨/세로글씨=글줄을 위에서 아래로 써 내려가는 글씨.

55) 경수의 가족들은 몸살로 며칠간 **되게/된통/되우** 앓았었다.

'되게'는 부사이며, 아주 몹시의 뜻이다. 표준어 규정 제26항 한 가지 의미를 나타내는 형태 몇 가지가 널리 쓰이며 표준어 규정에 맞으면, 그 모두를 표준어로 삼는다. 그러므로 **'되게/된통/되우'** 등으로 써야 한다. 예를 들면, '돼지감자/뚱딴지, 독장치다/독판치다, 댓돌/툇돌' 등이 있다.

* 돼지감자/뚱딴지/뚝감자=국화과의 여러해살이풀. 줄기는 높이가 1.5~3미터이고 잔털이 있으며, 땅속줄기는 감자 모양이다. 잎은 마주나는데 윗부분에서 어긋나고 달걀 모양으로 가장자리에 톱니가 있다. 8~9월에 노란 꽃이 핀다. 덩이줄기는 이눌린(inulin) 성분이 들어 있어 알코올의 원료로 쓰며 연하고 단맛이 있어 먹기도 하고 사료로도 쓴다.(우리 집 울타리 옆에는 **돼지감자가** 심겨 있다.
* 독장치다/독판치다/외장치다/장치다=어떠한 판을 혼자서 휩쓸다.(이번 세계 양궁 선수

권 대회도 우리 선수들이 **독장칠** 것이 확실하다.)

* 댓돌/툇돌/섬돌=집채의 낙숫물이 떨어지는 곳 안쪽으로 돌려가며 놓은 돌.(**댓돌** 아래서 머리를 조아리다.)

56) 죽은 듯 누워 있다가도 때가 되면 일어나서 객줏집이나 미곡전들을 **들락거리며/들락대며/들랑거리며/들랑대며** 동냥질을 하였다.≪문순태, 타오르는 강≫

'들락거리다'는 동사이며, 자꾸 들어왔다 나갔다 하다는 것을 일컫는다. 표준어 규정 제26항 한 가지 의미를 나타내는 형태 몇 가지가 널리 쓰이며 표준어 규정에 맞으면, 그 모두를 표준어로 삼는다. 그러므로 '**들락거리며/들락대며/들랑거리며/들랑대며**' 등으로 써야 한다. 예를 들면, '뒷-갈망/뒷-감당, 뒷-말/뒷-소리, 들락-날락/들랑-날랑, 딴-전/딴-청' 등이 있다.

* 뒷갈망/뒷감당/뒷담당=일의 뒤끝을 맡아서 처리함.(엉겁결에 부반장을 들먹이고 나오긴 했으나 그 **뒷감당은** 아무래도 자신이 없는 모양이었다.≪윤흥길, 완장≫)
* 뒷-말/뒷-소리=일이 끝난 뒤에 뒷공론으로 하는 말.(**뒷말이** 나지 않게 조심하세요./이젠 모든 게 옛날 얘기로 훗날 **뒷말이나** 하게끔 돼 버리고 말 게 틀림없으리라 싶다.≪이문구, 해벽≫
* 딴-전/딴-청=어떤 일을 하는 데 그 일과는 전혀 관계없는 일이나 행동.(**딴전을** 보다/지난 설에는 다녀가지도 않았고, 두 차례나 보낸 편지에 답장마저 없는 걸 보면, 길남이 **딴전을** 벌이고 있는지 모를 일이다.≪김춘복, 쌈짓골≫)

57) 그는 여자에게 자리를 양보하고 **멀찌감치/멀찌가니/멀찍이** 물러앉았다.

'멀찌감치'는 부사이며, 사이가 꽤 떨어지게라는 뜻이다. 표준어 규정 제26항 한 가지 의미를 나타내는 형태 몇 가지가 널리 쓰이며 표준어 규정에 맞으면, 그 모두를 표준어로 삼는다. 그러므로 '**멀찌감치/멀찌가니/멀찍이**' 등으로 써야 한다. 예를 들면, '땔-감/땔-거리, -뜨리다/-트리다, 뜬-것/뜬-귀신, 만장-판/만장-중(滿場中), 만큼/만치' 등이 있다.

* -뜨리다/-트리다=몇몇 동사의 '-아/어' 연결형 또는 어간 뒤에 붙어, '강조'의 뜻을 더하는 접미사.(깨뜨리다/밀어뜨리다/부딪뜨리다/밀뜨리다/쏟뜨리다/찢뜨리다.)
* 뜬-것/뜬-귀신/등신=떠돌아다니는 못된 귀신.(죽은 상여 뒤에 상주 하나는 달아야 할 것이고, 귀신도 **뜬귀신** 안 만들려면 제상에 냉수 한 그릇 떠 올 놈은 떨궈야 하지 않겠나?≪송기숙, 녹두 장군≫)

* 만장-판/만장-중(滿場中)=많은 사람이 모인 곳. 또는 그 많은 사람.(우리는 조금도 잘못 한 일이 없어. **만장판에** 가서 장꾼들한테 물어보라고. 누가 잘못했나…….≪이기영, 고향≫)
* 만큼/만치=주로 어미 '-은, -는, -던' 뒤에 쓰여, 뒤에 나오는 내용의 원인이나 근거가 됨.(바람이 몹시 휘몰아치고 있었으므로 얼굴을 들 수 없을 **만큼** 대기는 차가웠다.≪김용성, 리빠똥 장군≫)

58) 어머님께서는 **면치레/외면치레/낯닦음/사당치레/이면치레/체면치레를** 잘해야 사람 노릇을 한다고 하신다. 현대 생활을 하면서 면치레하기가 쉽지 않다.

'면치레'는 명사이며, 체면이 서도록 일부러 어떤 행동을 함 또는 그 행동을 일컫는다. 표준어 규정 제26항 한 가지 의미를 나타내는 형태 몇 가지가 널리 쓰이며 표준어 규정에 맞으면, 그 모두를 표준어로 삼는다. 그러므로 '**면치레/외면치레/낯닦음/사당치레/이면치레/체면치레**' 등으로 써야 한다. 예를 들면, '말-동무/말-벗, 먹-새/먹음-새, 모-내기/모-심기' 등이 있다.

* 말-동무/말-벗=더불어 이야기할 만한 친구.(구장 어른과 진구네 식구들만이 나중까지 남아 실의에 잠긴 우리 일가의 **말동무가** 되어 주었다.≪윤흥길, 장마≫)
* 먹-새/먹음-새/먹성=음식을 먹는 태도.(살지고 양지바른 땅에 힘 좋고 **먹새** 적은 머슴 새끼나 몇 놈 붙여서….≪박경리, 토지≫)
* 모-내기/모-심기=모를 못자리에서 논으로 옮겨 심는 일.(알맞게 자주 내린 비로 올해는 별 물 걱정도 없이 **모내기가** 끝난 셈이다.≪김춘복, 쌈짓골≫)

59) 여관에 들어올 때 가짜배기 상아 **물부리/빨부리/빨뿌리/물뿌리에** 궐련을 끼워 물고…앉아 있던 여자의 남편 얼굴이 떠오른다.≪박경리, 토지≫

'물부리'는 명사이며, 담배를 끼워서 빠는 물건을 일컫는다. 표준어 규정 제26항 한 가지 의미를 나타내는 형태 몇 가지가 널리 쓰이며 표준어 규정에 맞으면, 그 모두를 표준어로 삼는다. 그러므로 '**물부리/빨부리**' 등으로 써야 한다. 예를 들면, '물-봉숭아/물-봉선화, 물-심부름/물-시중, 물추리-나무/물추리-막대, 물-타작/진-타작, 민둥-산/벌거숭이-산, 밑-층/아래-층, 바깥-벽/밭-벽, 바른/오른[右], 버들-강아지/버들-개지, 변덕-스럽다/변덕-맞다' 등이 있다.

* 물-봉숭아/물-봉선화=봉선화과의 한해살이풀이다. 줄기는 높이가 60㎝ 정도이고 붉고

물기가 많으며, 잎은 어긋나고 넓은 피침 모양이며 뾰족한 톱니가 있다. 8~9월에 붉은 자주색 꽃이 줄기의 끝에서 꽃대가 나와 방상(房狀) 화서로 핀다. 산이나 들의 습지에 나는데 한국, 일본, 만주 등지에 분포한다.

* 물-심부름/물-시중=세숫물이나 숭늉 따위를 떠다 줌, 또는 그런 잔심부름.(그는 차가운 물을 한 사발 들이켜고 깊은 잠을 자고 싶은 마음이 간절했다. 그러나 그녀에게 **물심부름을** 시키고 싶지 않았다.≪조정래, 태백산맥≫)
* 물추리-나무/물추리-막대/끌이막대=쟁기의 성에(쟁기의 윗머리에서 앞으로 길게 뻗은 나무. 허리에 한마루 구멍이 있고 앞 끝에 물추리막대가 가로 꽂혀 있다.) 앞 끝에 가로로 박은 막대기.
* 물-타작/진-타작=베어 말릴 사이 없이 물벼 그대로 이삭을 떨어서 낟알을 거둠. 또는 그 타작 방법.(우선 사람이 먹고살아야지 **물타작**, 마른타작 가리게 됐느냐고?
* 버들-강아지/버들-개지/개지=버드나무의 꽃.(돌 개천 주위에는 **버들강아지가** 목화송이처럼 하얗게 피어 있다.≪홍성원, 육이오≫)
* 변덕-스럽다/변덕-맞다=이랬다저랬다 하는, 변하기 쉬운 태도나 성질이 있다.(유달리 추웠던 겨울이 가고 봄이 왔으나 기상은 여전히 **변덕스러웠다**.≪한무숙, 만남≫)

60) 우리 아이들은 **벌레/버러지/벌거지/벌러지만** 보면 기겁을 한다.

'벌레'는 명사이며, 곤충을 비롯하여 기생충과 같은 하등 동물을 통틀어 이르는 말이다. 표준어 규정 제26항 한 가지 의미를 나타내는 형태 몇 가지가 널리 쓰이며 표준어 규정에 맞으면, 그 모두를 표준어로 삼는다. 그러므로 '**벌레/버러지**' 등으로 써야 한다. 예를 들면, '보조개/볼우물, 보통내기/여간내기/예사내기, 부침개질/부침질/지짐질, 뾰두라지/뾰루지' 등이 있다.

* 보조개/볼우물=말하거나 웃을 때에 두 볼에 움푹 들어가는 자국.(그가 웃으면 하얀 이빨이 예쁘게 솟아나고 양쪽 뺨에 **보조개가** 피었다.≪이병주, 지리산≫) '보조개<보죠개<훈몽>'로 분석된다.
* 보통내기/여간내기/예사내기=만만하게 여길 만큼 평범한 사람.(그런데 여기 지주는 **보통내기가** 아니라 쉽게 수그러지지 않을 것 같아요.≪송기숙, 암태도≫)
* 부침개질/부침질/지짐질=부침개를 부치는 일.(행주질이나, **부침개질이나**, 또 바느질감 다루는 것 같은, 세세한 일거리로 의견이 맞지 않아 가지곤….≪김남천, 대하≫)
* 뾰두루지/뾰루지=뾰족하게 부어오른 작은 부스럼.(이마에 난 **뾰루지** 때문에 무척 신경

이 쓰인다.)

61) **상두꾼/상여꾼/상도꾼/향도꾼들은** 사장 앞 개울 둑길을 가면서 상엿소리를 다시 중모리 가락으로 바꾸었다.≪한승원, 해일≫

'상두꾼'은 명사이며, 상여를 메는 사람을 말한다. 표준어 규정 제26항 한 가지 의미를 나타내는 형태 몇 가지가 널리 쓰이며 표준어 규정에 맞으면, 그 모두를 표준어로 삼는다. 그러므로 '**상두꾼/상여꾼**' 등으로 써야 한다. 예를 들면, '상씨름/소걸이, 생/새앙/생강, 생철/양철, 서럽다/섧다' 등이 있다.

* 상씨름/소걸이=씨름판에서 결승을 다투는 씨름.(**상씨름이** 벌어지는 곳에는 사람이 몰려들어 발 디딜 틈도 없었다.)
* 생/새앙/생강=생강과의 여러해살이풀이고, 높이는 30~50cm이며, 잎은 두 줄로 어긋나고 피침 모양이다. 우리나라에서는 꽃이 피지 않으나 열대 지방에서는 8월경에 길이 20cm 정도의 꽃줄기 끝에서 잎집에 싸인 꽃이 수상(穗狀) 화서로 핀다. 뿌리는 맵고 향기가 좋아서 향신료와 건위제로 쓰인다. 열대 아시아가 원산지로 세계 각지에서 재배한다.(모두 별당 아씨 방에 모여 마늘 까고 **생** 껍질 긁어 내고 밤, 배, 무 채 치느라 법석이고….≪한무숙, 생인손≫)
* 생철/양철=안팎에 주석을 입힌 얇은 철판. 통조림이나 석유통 따위를 만드는 데에 쓰인다.(지붕 밑에서 자는 사람은 **생철** 한 겹 밟는 소리가 벼락 치는 듯했을 것이다.≪염상섭, 짖지 않는 개≫)
* 서럽다/섧다=원통하고 슬프다.(타향살이하는 내 처지가 **서럽기** 그지없다./강진에 유배된 그는 죄인과의 접촉을 두려워하는 고장 사람들로부터 외면당하고 있는 외롭고 **서러운** 신세였다.≪한무숙, 만남≫)

62) 차가운 아스팔트 위에는 **성기던/성글던** 눈발이 희끗희끗 날리고 있었다.

≪이동하, 우울한 귀향≫

'성기다'는 형용사이며, 물건의 사이가 뜨다는 뜻이다. 표준어 규정 제26항 한 가지 의미를 나타내는 형태 몇 가지가 널리 쓰이며 표준어 규정에 맞으면, 그 모두를 표준어로 삼는다. 그러므로 '**성기던/성글던**' 등으로 써야 한다. 예를 들면, '송이/송이버섯, 수수깡/수숫대, 술안주/안주, 시늉말/흉내말' 등이 있다.

* 송이/송이버섯=송이과의 버섯이며, 갓은 지름이 8~20cm이고 겉은 엷은 다갈색, 살은

흰색이다. 독특한 향기와 맛을 지닌 대표적인 식용 버섯이다. 주로 솔잎이 쌓인 습지에 나며 한국, 일본, 중국 남부에 분포한다.(장마철이라 미처 사람 눈에 띄지 않은 **송이버섯이** 비죽비죽 솟아 있는 솔잎 깔린 땅 위에….≪전상국, 바람난 마을≫)

* 수수깡/수숫대=수수의 줄기.(집이라기보다는 **수수깡을** 둘러놓고 흙을 바른 초막이 있었다.≪장용학, 위사가 보이는 풍경≫)
* 술안주/안주=술을 마실 때에 곁들여 먹는 음식.(아내는 **술안주로** 얼큰한 매운탕을 내놓았다.)
* 시늉말/흉내말=사람이나 사물의 소리, 모양, 동작 따위를 흉내 내는 말. 의성어와 의태어 따위가 있다.

63) 그는 눈물 바람으로 매달리며 끈끈한 소리로 용서를 빌던 김준환이 부자를 생각하고 **씁쓰레/씁쓰름하게** 입맛을 다셨다.≪윤흥길, 완장≫

'씁쓰레하다'는 형용사이며, 달갑지 아니하여 싫거나 언짢은 기분이 조금 나는 듯하다. 표준어 규정 제26항 한 가지 의미를 나타내는 형태 몇 가지가 널리 쓰이며 표준어 규정에 맞으면, 그 모두를 표준어로 삼는다. 그러므로 '**씁쓰레/씁쓰름하게**' 등으로 써야 한다. 예를 들면, '어림-잡다/어림-치다, 어이-없다/어처구니-없다' 등이 있다.

*어림-잡다/어림-치다=대강 짐작으로 헤아려 보다.(별수 없이 일단 상지대를 벗어났다. 그러나 선바윗골이 어딘지 방향조차 **어림잡을** 수 없긴 마찬가지였다.≪박완서, 도시의 흉년≫)
*어이-없다/어처구니-없다=일이 너무 뜻밖이어서 기가 막히는 듯하다.(발 하나 들여놓을 곳도 없을 지경인데 그저 들어오라고만 하니 **어이없는** 노릇이었다.≪마해송, 아름다운 새벽≫) '어이없다<어히없다<첩신-초>←어히+없-'로 분석된다.

64) 조선의 꾀꼬리, 조선의 프리마 돈나, 문화의 고도에서 초춘을 장식하는 일대 행사가 아닐 수 없다는 등, 동경 음악 학교 졸업이라는 약력 소개의 글자도 대문짝만 하였고 **아무튼/어떻든/어쨌든/하여튼/여하튼** 요란한 포스터였다.≪박경리, 토지≫

'아무튼'은 부사이며, 의견이나 일의 성질, 형편, 상태 따위가 어떻게 되어 있음. 표준어 규정 제26항 한 가지 의미를 나타내는 형태 몇 가지가 널리 쓰이며 표준어 규정에 맞으면, 그 모두를 표준어로 삼는다. 그러므로 '**아무튼/어떻든/어쨌든/하여튼/여하튼**' 등으로 써야 한다. 예를 들면, '앉음-새/앉음-앉음, 알은-척/알은-체, 애-갈이/애벌-갈이, 애꾸눈-이/외눈-박이, 양념-감/양념-거리, 어금버금-하다/어금지금-하다, 어기여차/어여차' 등이 있다.

*앉음-새/앉음-앉음/앉음앉이=자리에 앉아 있는 모양새.(형도 드러나게 달라져 갔다. 제수씨를 어려워하여, 마주 앉아도 **앉음새** 하나 흐트리지 않았다.≪이호철, 소시민≫)

*알은-척/알은-체=어떤 일에 관심을 가지는 듯한 태도를 보임.(그녀는 일일이 따졌지만 벽창호 같은 벙어리는 **알은척도** 않고 자기 고집만을 내세웠다.≪정한숙, 쌍화점≫)

*애-갈이/애벌-갈이=논이나 밭을 첫 번째 가는 일.(그것으로 이미 **애벌갈이는** 끝난 거나 다름없다고 종술은 지레 김칫국부터 마셨다.≪윤흥길, 완장≫)

*애꾸눈-이/외눈-박이/애꾸=한쪽 눈이 먼 사람.(볼호령 소리가 나서 돌아다보니 과연 **애꾸눈이** 한 놈이 길옆 숲 앞에 칼을 잡고 나섰다.≪홍명희, 임꺽정≫)

*양념-감/양념-거리=양념으로 쓰는 재료.

*어기여차/어여차/어기영차=여럿이 힘을 합할 때 일제히 내는 소리.

65) 우리는 뒷산의 가파른 **언덕바지/언덕배리로** 올라갔다.

'언덕바지'는 명사이며, 언덕의 꼭대기 또는 언덕의 몹시 비탈진 곳을 일컫는다. 표준어 규정 제26항 한 가지 의미를 나타내는 형태 몇 가지가 널리 쓰이며 표준어 규정에 맞으면, 그 모두를 표준어로 삼는다. 그러므로 '**언덕바지/언덕배기**' 등으로 써야 한다. 예를 들면, '얼렁뚱땅/엄벙뗑, 여왕벌/장수벌, 여쭈다/여쭙다, 여태/입때' 등이 있다.

* 얼렁뚱땅/엄벙뗑=(점심을 **얼렁뚱땅** 걸렀더니 속이 쓰린데….≪박완서, 엄마의 말뚝≫)

* 여왕벌/장수벌=알을 낳는 능력이 있는 암벌. 몸이 크며 벌 사회의 우두머리이다. 꿀벌에서는 한 떼에 한 마리만 있다.

* 여쭈다/여쭙다=웃어른에게 인사를 드리다.(사돈어른께 인사를 **여쭈다.**) '여쭙다←여쭙다<엳줍다<석상>←엳-+-줍-'으로 분석된다.

* 여태/입때=지금까지. 또는 아직까지. 어떤 행동이나 일이 이미 이루어졌어야 함에도 그렇게 되지 않았음을 불만스럽게 여기거나 또는 바람직하지 않은 행동이나 일이 현재까지 계속되어 옴을 나타낼 때 쓰는 말이다.(월이 많이 흘러간 지금에 와서도 그때의 일이 통 잊히지가 않는구먼. 하지만 나는 이날 **입때까지** 그때의 내 결정을 한 번도 후회해 본 일이 없었네.≪이청준, 키 작은 자유인≫) '입때←이+빼'로 분석된다.

66) 없는 땅, 처자식 먹여 살리는 데 턱없이 부족한 땅 때문에 **여태껏/이제껏/입때껏/여직껏** 얼마나 많은 사람들이 피를 흘리고 눈물을 흘려 왔던가.≪윤흥길, 완장≫

'여태껏'은 부사이며, '여태'를 강조하여 이르는 말이다. 표준어 규정 제26항 한 가지 의미를 나타내는 형태 몇 가지가 널리 쓰이며 표준어 규정에 맞으면, 그 모두를 표준어로 삼는다. 그러므로 '**여태껏/이제껏/입때껏**' 등으로 써야 한다. 예를 들면, '역성들다/역성하다, 연달다/잇달다, 엿가락/엿가래, 오사리잡놈/오색잡놈' 등이 있다.

* 역성들다/역성하다=누가 옳고 그른지는 상관하지 아니하고 무조건 한쪽 편만 들다.(제 자식을 **역성들다**/외할머니가 유일한 내 편이 되어 궁지에 몰린 외손자를 감싸고 **역성드는** 바람에 할머니는 그때 단단히 비위가 상했던 것이다.≪윤흥길, 장마≫)
* 연달다/잇달다/잇따르다/뒤닫다=움직이는 물체가 다른 물체의 뒤를 이어 따르다.(유세장에 유권자들이 **잇달아** 몰려들었다.)
* 엿가락/엿가래=가래엿의 낱개.(눈을 감은 채 그 소리를 듣고 있었다. 소리를 듣고 있자니 공연히 내 입속에서까지 찐득찐득 **엿가락이** 들러붙어 오는 것 같았다.≪이청준, 살아 있는 늪≫)
* 오사리잡놈/오색잡놈/오가잡탕/오구잡탕/오사리잡탕놈=온갖 못된 짓을 거침없이 하는 잡놈.(내가 설령 천하에 다시없는 불한당이요, **오사리잡놈이며**, 불효막심한 자식이라 할지라도….≪최명희, 혼불≫)

67) 시커먼 먹구름이 몰려오더니 멀리서 **우레/우뢰/천동/천둥이** 울리기 시작한다.

'천둥(天動)'은 명사이며, 뇌성과 번개를 동반하는 대기 중의 방전 현상을 일컫는다. 예를 들면, '**천둥이** 치다. 비가 엄청나게 오면서 천둥이 치기 시작했다.' 등이 있다.

표준어 규정 제26항 한 가지 의미를 나타내는 형태 몇 가지가 널리 쓰이며 표준어 규정에 맞으면, 그 모두를 표준어로 삼는다. 그러므로 '**우레/천둥**' 등으로 써야 한다. 예를 들면, '을러대다/을러메다, 의심스럽다/의심쩍다, 일일이/하나하나, 자리옷/잠옷' 등이 있다.

*을러대다/을러메다=위협적인 언동으로 을러서 남을 억누르다.(그 여자가 너무 앙칼지고 영악해서 공갈을 치거나 **을러대도** 아무 소용이 없었다.)

*의심스럽다/의심쩍다=확실히 알 수 없어서 믿지 못할 만한 데가 있다.(**의심스러운** 눈빛으로 바라보다.)

*일일이/하나하나=하나씩 하나씩.(공책 한 장 한 장을 **일일이** 넘기다.)

*자리옷/잠옷=(옷을 벗고 목욕을 하고 그리고 **자리옷을** 갈아입고 그러고는 불을 끄고 침대 속으로 뛰어들어 가서….≪이광수, 유정≫)

68) 그해 가을인지 겨울인지, 천자문을 다 떼었다고 송편이랑 만들어 **책거리/책씻이를** 하던 일이 어렴풋이나마 지금도 기억된다.≪유진오, 구름 위의 만상≫

'책씻이'는 명사이며, 글방 따위에서 학생이 책 한 권을 다 읽어 떼거나 다 베껴 쓰고 난 뒤에 선생과 동료들에게 한턱내는 일을 일컫는다. 표준어 규정 제26항 한 가지 의미를 나타내는 형태 몇 가지가 널리 쓰이며 표준어 규정에 맞으면, 그 모두를 표준어로 삼는다. 그러므로 '**책씻이/책거리**' 등으로 써야 한다. 예를 들면, '자물쇠/자물통, 장가가다/장가들다, 재롱떨다/재롱부리다, 차차/차츰' 등이 있다.

*자물쇠/자물통=여닫게 되어 있는 물건을 잠그는 장치.(어떤 집 대문에는 굳게 닫힌 문고리에 아직도 커다란 **자물쇠가** 단단하게 물려 있었다.≪홍성원, 육이오≫) '자물쇠<ᄌᆞ믈쇠<ᄌᆞᄆᆞᆳ쇠<법화>←ᄌᆞᄆᆞ-+-ㄹ+-ㅅ+쇠'로 분석된다.

* 장가가다/장가들다=남자가 결혼하여 남의 남편이 되다.(엄마, 나중에 어른이 되면 옆집 아이에게 **장가갈** 거예요.)
* 재롱떨다/재롱부리다=어린아이나 애완동물이 귀여운 짓을 하다.
* 차차/차츰=어떤 사물의 상태가 시간의 흐름에 따라 일정한 방향으로 조금씩 진행하는 모양.(그와 이야기하는 동안에 기분이 **차차** 좋아졌다./어두컴컴한 등잔 아래 이른 봄의 밤은 **차차** 깊어 간다.≪김동인, 운현궁의 봄≫)

69) 그는 완장을 어깨 쪽으로 바싹 **추어올린/추어준/추켜세운** 다음 가슴을 활짝 펴고는 심호흡을 했다.

'추어올리다'는 동사이며, 위로 끌어 올린다는 뜻이다. 표준어 규정 제26항 한 가지 의미를 나타내는 형태 몇 가지가 널리 쓰이며 표준어 규정에 맞으면, 그 모두를 표준어로 삼는다. 그러므로 '**추어올린/추어준**' 등으로 써야 한다. 예를 들면, '천연덕스럽다/천연스럽다, 철따구니/철딱서니/철딱지, 척/체' 등으로 적어야 한다.

* 천연덕스럽다/천연스럽다=생긴 그대로 조금도 거짓이나 꾸밈이 없고 자연스러운 느낌이 있다.(**천연덕스럽게** 거짓말을 하다/우리는 그들의 행동을 전혀 보지 못한 것처럼 **천연덕스럽게** 자리에 앉아 있었다.)

* 철따구니/철딱서니/철딱지='철'을 속되게 이르는 말.(집 안팎이 어수선하고 어른들은 침중하지만 열댓 살 이쪽저쪽인 두 것들은 아직 **철딱서니** 없는 티를 못 벗었는지라….≪최명희, 혼불≫)
* 척/체=그럴듯하게 꾸미는 거짓 태도나 모양.(나를 보고서도 그는 못 본 **척** 딴전만 피웠다./촌년이 간릉은 혼자 떤다더니 이게 아주 어수룩한 **척을** 혼자 하면서 사람을 미치게 만드네.≪한수산, 유민≫)

** 추켜세우다=위로 치올리어 세우다.(눈썹을 **추켜세우다**/재섭이 얼른 몸을 **추켜세우고는** 딱하다는 듯이 혀를 찼다.≪이영치, 흐린 날 황야에서≫)

** 치켜세우다=옷깃이나 눈썹 따위를 위쪽으로 올리다.(바람이 차가워지자 사람들은 모두 옷깃을 **치켜세우고** 있었다.)

70) 오늘 일은 물론 그런 의논을 하자는 것은 아니요, 다만 종엽이가 월급 탄 김에 **한턱내고/한턱하고** 놀자는 것이지만….≪염상섭, 무화과≫

'한턱내다'는 동사이며, 한바탕 남에게 음식을 대접한다는 뜻이다. 표준어 규정 제26항 한 가지 의미를 나타내는 형태 몇 가지가 널리 쓰이며 표준어 규정에 맞으면, 그 모두를 표준어로 삼는다. 그러므로 '**한턱내고/한턱하고**' 등으로 써야 한다. 예를 들면, '축가다/축나다, 편지투/편지틀, 혼자되다/홀로되다, 흠가다/흠나다/흠지다' 등으로 적어야 한다.

* 축가다/축나다=몸이나 얼굴 따위에서 살이 빠지다.(그는 며칠 사이에 얼굴이 많이 **축났다**./장마다 새댁한테 외상값 받을 생각하느라 잠 못 자서 몸 **축나** 버리는 걸 꼭 보셔야겠습니까.≪한수산, 유민≫)
* 편지투/편지틀=편지에서 쓰는 글투.(편지란 쓰기 전에 먼저 **편지투를** 생각해야 하는 거요.≪박완서, 미망≫)
* 혼자되다/홀로되다=부부 가운데 한쪽이 죽어 홀로 남다.(어머니는 젊어서 **혼자되어** 평생 자식들만 바라보며 사셨다./젊어서 **혼자된** 하나밖에 없는 누이가 집일을 돌보아 주어 그런대로 좀 마음을 놓았었는데….≪한무숙, 어둠에 갇힌 불꽃들≫)
* 흠가다/흠나다/흠지다/흠되다=흠이 생기다.(그 정도의 잘못은 **흠될** 일이 아니다.)

Ⅵ. 글쓰기는 어떻게 하는가?

Ⅵ. 글쓰기는 어떻게 하는가?

1 글이란 무엇인가?

1) 글은 생활(生活)이다.

(1) 말과 글은 생각을 나타내는 도구(道具)이다.

(2) 글은 말과 같이 우리 생활에서 뗄 수 없는 생활필수품(生活必需品)이다.

2) 글은 인격(人格)이다.

(1) 글은 사람의 사상(思想)과 감정(感情)을 문자(文字)로 형상화하는 표현 활동(表現活動)이다.

(2) 글은 인간(人間)의 됨됨이와 수준(水準)을 판가름하는 잣대가 된다.

3) 글은 진실(眞實)이다.

(1) 상대방(相對方)을 감동(感動)시키려면 글의 내용(內容)이 진실해야 한다.

(2) 상대방을 효과적(效果的)으로 설득(說得)시키려면 논리적(論理的)이어야 한다.

2 글과 친해지기 위한 방법(方法)

1) 글쓰기를 두려워하지 않는다.

(1) 쉽게 생각하라.

(2) 무엇을 쓸까 고민(苦悶)하지 마라. 세상에 널려있는 것이 모두 소재(素材)가 된다.

2) 형식(形式)에 얽매이지 않는다.

장르가 중요하지 않다(장르는 문예 양식의 갈래이다. 특히 문학에서는 '시, 소설, 희곡, 수필, 평론' 따위).

3) 나의 이야기를 쓴다.

(1) 내가 경험(經驗)한 이야기를 써라.
(2) 나의 체험(體驗)은 소중(所重)한 것이다.

4) 생각을 백지(白紙) 위에 노출(露出)시켜라.

(1) '구슬이 서 말이라도 꿰어야 보배다.'
(2) 아무리 좋은 경험과 생각을 가지고 있더라도 표현하지 않으면 소용없다.

3 좋은 문장(文章)을 만드는 방법(方法)

1) 글은 '독창성(獨創性)'이 있어야 한다.

문장은 특정한 개인이 쓰는 것이므로 개인의 경험과 지식, 상상력이 표현된다. 소재(素材), 주제(主題), 구성(構成), 문체(文體)의 독창성(獨創性)을 말한다.

2) 글은 '정직(正直)'하게 써야 한다.

자신이 직접 경험한 글인가? 아니면 인용(引用)한 글인가? 하는 문제이다.

3) 글은 '명료성(明瞭性)'이 있어야 한다.

'무엇을 쓰고 있는가?'를 알 수 있도록 분명한 뜻이 들어있어야 한다(설명문 · 논설문 등).

4) 글은 '정확(正確)'해야 한다.

적절한 어휘로 어법에 맞게 써야 한다(표준어 규정 · 한글 맞춤법 · 띄어쓰기 등).

5) 글은 '일관성(一貫性)'이 있어야 한다.

글 속의 부분과 부분이 긴밀하게 연계를 이루어야 한다.

글의 시점, 형식적 요건(어조 · 문체 · 내용) 등이 글의 처음에서 끝까지 일정하게 전개되어야 한다. 문장과 문장, 단락(段落)과 단락의 일관성이 있어야 한다.

4 문장(文章)의 기술 방법(記述方法)

글의 기술 방법(記述方法)은 글을 쓰는 동기(動機)나 의도(意圖)에 따라 다르게 나타나며, 종류에는 1) 설명(說明), 2) 논증(論證), 3) 묘사(描寫), 4) 서사(敍事)가 있다. 이 네 가지 기술방식이 실제에 있어 단독으로 나타나는 경우는 거의 없으며, 어느 글에서나 위의 네 가지 기술방식(記述方式) 중 어느 하나가 주가 되기 마련이다. 나머지 방식이 쓰인다 해도 그것은 어디까지나 주된 방식을 보조하는 역할을 할 뿐이다.

1) 설명(說明)

대상(對象)을 쉽게 풀어서 그것이 무엇인가를 알리는 진술 방식(陳述方式)이다. 즉 '~는 ~다.'라는 기술 방식으로 독자가 전혀 모르거나, 확실히 모르는 대상의 내용을 이해시키기 위한 목적이다. 이때 그 대상이 바로 주제가 된다. 가장 일반적인 기술 방법(記述方法)이다.

예문)

① 세종대왕(이도)은 인간이다.(지정)

② 하얀 참나무 숲 사이로 꼬불꼬불한 오솔길을 따라 오르면, 누군가가 경영하는 목장 하나가 눈에 들어옵니다.(설명인 묘사의 문장)

③ 보광사 소작인들은 해마다 소작료와 소작료 매석에 대해서 너 되씩이나 되는 조합비와 비료대금과 그것에 따른 이자를 바쳐야만 되었다. 그리고 비료대금을 갚는 기한이 해마다 호세와 같았다.(설명인 서사의 문장)

④ 또한 처용의 처와 날개의 아내는 같은 유형이다.(비교와 대조의 문장)

2) 논증(論證)

명백(明白)하지 않은 사실(事實)이나 문제(問題)에 대하여 그 진위 여부(眞僞與否)를 증명(證明)하고, 나아가 독자로 하여금 필자가 증명한 바를 옳다고 믿게 하고, 그 증명한 바에 따라 행동하게 하도록 하는 기술 방식이다. "모든 관념은 선동이다."라고 한 홈즈의 말처럼 논증은 곧 설득(說得)이다. 그러므로 논증은 설명의 단계에 해당하는 증명과 사고하고 행동하기를 요구하는 설득의 단계를 갖는다. 설명의 목적이 어떤 대상을 설명하여 분명하게 알게 함에 있다면, 논증은 쓰는 이의 견해에 대하여 의혹을 갖거나 반대의견을 가진 이들을 설득시키는 일이다. 따라서 논증하는 사람은 자신의 견해를 확고히 하고 반대 의견에 대한 논쟁의 태세를 갖추고 있어야 한다.

예문)

① 만약 네가 교통신호를 어기면, 벌금을 물 것이다.
너는 벌금을 물지 않았다.
그러므로 너는 교통신호를 어기지 않았다.

② 만약 네가 교통신호를 어기면, 벌금을 물 것이다.
너는 교통신호를 어기지 않았다.
그러므로 너는 벌금을 물지 않을 것이다.

③ 이 차를 놓치면 지각을 할 것이다.
너는 이미 지각을 했다.
그러므로 너는 그 차를 놓쳤겠다.

3) 묘사(描寫)

구체적(具體的)인 대상을 언어(言語)로 그려 보이는 기술 방식이다. 즉, 설명(說明)이 대상에 관한 정보와 지식을 전달하는데 비해, 묘사(描寫)는 대상에서 받은 인상을 전달하는 것으로 그 인상을 독자(讀者)의 감각(感覺)과 상상력(想像力)에 호소(號召)하는 것이다. 요컨대, 대상에서 받은 인상을 구체적인 대상 자체의 표현을 통하여 개성적으로 그려내는 것이 묘사다. 묘사에는 설명적인 것과 암시적인 것이 있다. 앞서 이야기 한 것과 마찬가지로 설명적인 것은 설명에 속하고, 암시적인 묘사와도 긴밀한 관계가 있으며, 종종 설명이나 논증과도 교섭한다.

예문)

① 음산한 검은 구름이 하늘에 뭉게뭉게 모여드는 것이 금시라도 비 한 줄기 할 듯하면서도 여전히 짓궂은 햇발은 겹겹 산속에 묻힌 외진 마을은 통째로 자실 듯이 달구고 있었다.(김유정의 '소나기')

② 어느덧 열여드레 날이 천마재 위에 비죽이 솟았다. 산속은 괴괴하다. 나무 사이로 세차게 흐르는 달빛이 더욱 적막을 돋우었다. 숲 위에서 반짝이는 별들만이 순이와 현보를 지키고 있었다.(정비석의 '성황당')

4) 서사(敍事)

서사는 사건(事件)의 경과를 이야기하는 기술 방법으로 소설(小說)의 가장 대표적인 양식(樣式, 書式)이다. 묘사가 어떤 한 순간의 고정된 대상의 모습을 보여주는데 비하여, 서사는 움직이는 모습을 보여주는 것이다. 요컨대 서사는 인물(人物)과 사건(事件)을 가진 이야기의 제시다.

예문)

① 일제강점기란 1910년 경술국치로 대한제국이 망하고 일본이 우리나라를 지배하게 된 이래, 1945년 8월 15일 태평양전쟁으로 패전하기까지 36년 동안 일본이 우리나라를 통치하던 시대이다.
상황이 복잡하거나 일반적으로 이해될 수 없을 경우에는 설명하려는 과정 '시기'를 정의한다.

② 일제강점기는 정책 변화에 따라 편의상 3기로 구분할 수 있다. 제1기 무단정치시대, 제2기 문화정치시대, 제3기 병참기지시대가 그것이다.
서사 내용이 길거나 복잡할 때는 전체를 몇 개의 기능 단계나 양상으로 나눈다.

③ '~하는 동안에, ~한 뒤(후)에, ~하기 전에' 등
시간 관계를 명확히 하기 위하여 시간 표시 부사어구를 자주 사용한다.

5 문장(文章)의 구성 방식(構成方式)

문장(文章)은 처음의 한 낱말로 시작하여 마지막 낱말로 끝을 맺는다. 이러한 낱말의 배열

과 문장을 전개해 나가는데 일정한 형식과 질서를 구성이라 하는데, 이는 글쓴이의 사상 곧 주제를 효과적으로 전달하기 위하여 1) 소재 찾기, 2) 주제 정하기, 3) 구상하기, 4) 구성 방식, 5) 집필하기, 6) 퇴고하기 7) 평가하기 등의 과정을 거친다.

1) 소재(素材) 찾기

글쓰기를 하기 위하여 무엇에 대하여 쓸 것인가?, 글을 쓰고자 하는가? 소재는 '어떤 것을 만드는 데 바탕이 되는 재료.', '예술 작품에서 지은이가 말하고자 하는 바를 나타내기 위해 선택하는 재료.' 등의 뜻이다.

글의 재료가 될 수 있는 이 세상의 모든 것을 소재라 하며, 소재 찾기에 있어서는 다음과 같은 것들이 필요하다.

① 글쓴이의 모범적인 글을 많이 읽어야 한다.
② 글의 내용을 다채롭게 하려면 이야깃거리가 풍부하고 다양한 소재를 선택해야 한다.
③ 자신과의 대화를 통하여 소재가 나타난다.
④ 글을 쓰려는 사람이 사물에 대하여 깊이 관찰을 해야 한다.

2) 주제(主題) 정하기

주제는 '대화나 연구 따위에서 중심이 되는 문제', '예술 작품에서 지은이가 나타내고자 하는 기본적인 사상', '주된 제목' 등의 뜻이다.

글의 중심 내용으로 글쓴이가 말하고자 하는 의도를 주제라고 하며, 주제 설정에 있어서는 다음과 같은 요건을 필요로 한다.

① 주제는 작은 범위로 한정하여 참주제를 정한다.
② 자신에게 관심이 있으며 잘 알고 있는 쉬운 주제를 정한다.
③ 독자에게도 관심과 흥미를 줄 수 있는 재미있는 주제를 정한다.

3) 구상(構想)하기

글의 줄거리를 만드는 것으로 글쓰기에 들어가기 전 '무엇을 어떻게 쓸 것인가'에 대해 생각하는 과정이다. 그러므로 글을 쓰는데 있어 구상이 필요한 이유는 무엇일까? 주제만 가지고 글이 되지 않는 것은 당연한 이야기이다. 주제를 강조하고 더 효과적으로 전달하기 위해서는 내용을 담아야 한다. 또 어떤 내용을 어떻게 배치해야 할 것인가를 빈틈없이 생각해야 한다. 이 과정이 구상이다.

주제만 가지고 글을 쓴다는 것은 여행자가 준비 없이 먼 길을 떠나는 것과 같다. 여행자는 어디로 무슨 목적을 가지고 떠날 것인가, 목적지까지 가는데 어떤 과정을 거쳐 갈 것인지 목적지에 당도해서는 목적을 이루기 위해 어떻게 할 것인지를 꼼꼼하게 점검을 해야 목적지에 당도해서 허둥대지 않고 효과적으로 임무를 수행할 수 있는 것이다.

작품을 시작하기 전 구상은 작전회의와 같은 것이다. 사전 구상이 철저하게 되면 원고 작업에 들어가서도 막히지 않고 작가가 의도한 주제를 효과적으로 만들 수 있는 것은 두말 할 필요도 없는 것이다. 구상에 있어서는 다음과 같은 요건을 필요로 한다.

① 내가 쓰고자 하는 주제와 맞는 모든 요소들이 일관성을 갖도록 한다.

② 지금까지의 직 · 간접 경험을 총동원한다.

③ 글의 전체적인 요소들을 비중에 따라 배치한다.

4) 구성 방식(構成方式)

① 논리적 구성: 서론, 본론, 결론의 3단 구성과 4단 구성, 5단 구성이 있다.

② 기타 구성: 포괄식(두괄, 미괄, 쌍괄), 열거식, 점층식 구성 등이 있다.

5) 집필(執筆)하기

집필의 순서는 (1) 서두, (2) 본문, (3) 결말이 있다.

(1) 서두(序頭)

서두는 글의 첫머리로, 글의 첫인상을 좌우하는 중요한 부분이다. 따라서 글의 첫머리에 흥미를 느껴야 독자는 끝까지 글을 읽게 된다. 또한 서두가 잘 되어야만 본문이나 결말을 잘 쓸 수 있다.

〈바람직한 서두〉

㉠ 사실을 직접 서술한다.

사실의 어떠함을 직접 서술하는 경우이다.

㉡ 과제에 대한 간략한 소개를 한다.

이것은 글의 내용, 목적, 방법 등에 대한 소개를 뜻한다.

㉢ 솔직함이 독자를 감동시킨다.

독자에게 자신의 과거나 기타 솔직한 이야기를 솔직하게 고백함으로써, 감동과 아울러 친근감을 줄 수 있다. 그러나 솔직한 자기 고백이 지나쳐 자기 비하가 되어 버리면 역효과가 나기 쉬우므로 조심해야 한다.

㉣ 적절한 의문형의 제시나 열거로 주의를 불러일으킨다.

의문형으로는 글의 서두를 시작하여 과제에 대한 관심을 불러일으키는 방법으로, 의문형 서두는 독자와의 공감 영역에서 문제를 제기하고 머리를 맞대어 열거하는 정도의 효과를 얻을 수 있다. 의문형으로 시작하는 방법은 독자에게 생각할 여유를 주며 친절하고 자상한 느낌을 주기는 하지만, 이 방법을 너무 즐겨 쓰다보면 문장의 호흡이 느려지고 장황해지기 쉽다.

㉤ 짧고, 참신한 관련 어구나 사항을 인용한다.

타당성이 있는 어구나 사항을 짧게 인용하여 신뢰감을 얻는 기술 방식이다.

㉥ 주의 환기로서 과제에 접근한다. 서두를 과제와 관계가 있는 일반적인 화제로부터 시작하여 관심을 끈 다음 과제를 제시하여 서두를 삼는 것이다.

(2) 본문(本文)

이 부분에서는 주제를 살리기 위해 내용이 다양해지며, 여러 사례들이 구체적으로 나타난다. 글의 전개 방법으로는 의미가 있는 중요한 사건이나 이론들을 반복함으로써 글을 이끌어 가는 방법이다.

(3) 결말(結末)

글을 마무리하는 방법으로는 대체로 요약·전망, 일반적 진술이 있다. 글의 끝부분, 결말은 서두에 못지않게 독자에게 강한 인상을 남겨주게 되므로 앞의 내용에 알맞도록 자연스럽게 마무리하여야 한다.

설명, 논증의 글에서는 본론의 내용을 요약, 정리하면서 빠진 것을 보충하고, 앞으로의 전망에 대한 기대를 덧붙이는 식의 결말이 적합하므로 주로 쓰이는 방법이다.

6) 퇴고(推敲)하기

(1) 퇴고의 일반 원칙: 초고를 다듬고 고치는 정리 작업으로 3가지 원칙을 지닌다.

㉠ 부가의 원칙: 부족하거나 빠뜨린 부분을 첨가, 보충한다.

㉡ 삭제의 원칙: 불필요한 부분, 지나친 표현을 삭제, 생략한다.

㉢ 재구성의 원칙: 문장의 구성을 변경하여 주제의 전개를 새롭게 한다.

(2) 퇴고 과정

〈전체 검토〉

㉠ 주제는 처음의 의도, 동기와 다르지 않는가?

㉡ 주제 외에 다른 부분이 더 강조되지 않았는가?

〈부분 검토〉

㉠ 논점, 단락 등 문장의 중심부가 유기적인 통일성을 이루며, 강조성이 살려져 있고, 중요도에 따른 비율은 적절한가?

㉡ 부분과 부분의 접속관계는 논리적으로 모순이 없으며 명료한가?

㉢ 낱말 검토: 낱말은 정확성 · 명료성 · 참신성 · 구체성 등의 요구에 맞도록 선택되었는가?

㉣ 표기법 및 부호 검토: 표기법, 띄어쓰기는 바르며 부호는 적절하게 사용되었는가?

㉤ 자연스러움의 검토: 원고가 끝나면 소리 내어 읽어서 부자연스러운 곳은 없는가?

7) 평가(評價)하기

① 문장은 이해하기 쉬운가?(평이성)

② 독창성 있는 내용인가?(독창성)

③ 가치 있는 화제를 전개했는가?(가치 있는 주제)

④ 논리성 있게 전개되는가?(논리성)

⑤ 표현이 풍부하고 다양한가?(충분한 표현)

⑥ 정확하고 구체적이며 명료한 낱말을 선택하여 썼는가?(낱말 선택의 적절성)

⑦ 문법, 표기법, 띄어쓰기, 문장 부호 적기 등은 바로 하였는가?(정확성)

6 문장 수사법(文章修辭法)

1) 비유법(比喩法)

비유법은 사물의 두드러진 표현 효과를 꾀하기 위하여 다른 사물의 형상을 끌어다가 형태, 의미 등을 쉽고 분명하고 재미있게 나타내는 표현 기법이다.

(1) 직유법(直喩法)

"A는 B와 같다."라는 식으로 A사물을 나타내기 위하여 B사물의 비슷한 성격을 직접 끌어내어 견준다. '마치 ~과 같다, 꼭 ~같다, ~과 비슷하다, ~처럼, ~인양, ~듯' 따위의 형식으로서, A를 원관념, B를 보조관념이라고 한다.

• 내 누님같이 같이 생긴 꽃이여.
• 꽃처럼 귀여운 우리 아가야.
• 눈을 양털같이 내리시며, 서리를 재같이 흩으시니라.

(2) 은유법(隱喩法)

"A는 바로 B다." 식으로 표현 속에 비유를 숨기는 기법으로서 직유가 상이의 관계라면, 은유는 상즉의 관계라 하겠다. 논리상 직유는 유사개념이나 은유는 동일관념, 동가개념에 속한다.

• 역사의 능선
• 마음의 거울
• 임 향한 일편단심
• 귀 밑에 해 묵은 서리
• 오월은 계절의 여왕이다.
• 봄은 천지의 소녀, 소녀는 인생의 봄

한 편의 시는 대개 하나의 은유라 하여도 과언이 아니다. 시의 은유는 관습화되어 생명이 없는 죽은 은유나 단순한 장식적 은유가 아닌 기능적 은유여야 한다.

(3) 풍유법(諷諭法)

은연중에 다른 사물을 가리키면서 다만 비기는 낱말만 내세워, 숨은 뜻을 읽는 이가 알아내도록 시종일관 독립된 문장이나 이야기의 형태를 취하는 기법으로 직유가 융합, 발전된 형식이다. 우화, 교훈담의 일반적 지칭이 된다.

"백설이 잦아진 골에 구름이 머흐레라."에서 '백설'이 충신, '구름'이 간신, 악의 무리로 비유되는 것도 알레고리다.

버넌의 「천로역정」, 매테롤링크의 「파랑새이야기」, 「이솝이야기」 등은 한 덩어리의 풍유라 하겠다.

• 오비이락
• 마이동풍

• 동문서답
• 우이독경
• 금강산도 식후경
• 도마에 오른 고기
• 소 잃고 외양간 고친다.
• 등잔 밑이 어둡다.
• 빈 수레가 요란하다.
• 숭어가 뛰니까 망둥이도 뛴다.

(4) 의인법(擬人法)

사물의 동태나 추상적 관념을 사람의 동작처럼 나타내는 기법으로 활유법의 한 갈래다.

• 침묵의 하늘
• 웃음짓는 샘물
• 행복한 계절
• 미소하는 아침
• 무정한 세월
• 위엄있는 바위
• 돌담에 속삭이는 햇살
• 세계의 유년기

(5) 의성법(擬聲法)

표현하려는 사물의 소리, 동작, 상태, 의미를 음성으로 나타내고, 또는 그것을 연상하도록 표현하는 기법으로서, 의성어에 의한 표현법이다.

• 싸륵싸륵 눈이 온다.
• 물이 설설 끓는다.
• 땡땡 종이 울린다.
• 쨍그렁 소리 나는 비수
• 화살이 휙휙 스쳐간다.
• 콜록콜록 기침을 한다.
• 으르렁콸콸 물 흐르는 소리
• 댕그렁댕그렁 소리 난다.

(6) 의태법(擬態法)

사물의 모습을 그대로 나타내어 그 느낌이나 특징을 표시하는 기법이다.

• 뒤뚱뒤뚱 황새걸음
• 아장아장 걷는 아기
• 포송포송 부푼 구름
• 토실토실한 우량아
• 할끔할끔 눈치를 본다.
• 하늘하늘한 실허리
• 일기죽 얄기죽 야단났다.
• 꼬불탕꼬불탕 고갯길
• 욜량욜량하는 쟁반의 물
• 꺼슬꺼슬 구운 고구마
• 깡충깡충 뛰면서 어디를 가느냐?

'해해거린다, 철철 넘친다, 쿵 내리뛰었다' 등은 의성·의태의 혼용이다. 요컨대, '~소리', '~모습'에 적용시켜 의성 · 의태를 구별한 일이다.

〈『문식력과 글쓰기』 내용을 수정 · 보완하였다.〉

시 쓰기

시 쓰기

밥순갈 크기는 입 벌릴 만큼
상추 잎 크기는 손 안에 맞춰
쌈장에다 생선회도 곁들여 얹고
부추에다 하얀 파도 섞어 싼 쌈이
오므린 모양새는 꽃봉오리요,
주름잡힌 모양은 피지 않은 연꽃

손에 쥐어 있을 때는 주머니더니
입에 넣고 먹으려니 북 모양일세.
사근사근 맛있게도 씹히는 소리
침에 젖어 위 속에서 잘도 삭겠네.

유득공(조선 정조 때 실학자)

유득공(柳得恭)은 조선 정조 때의 실학자(1749~1807)이다. 자는 혜풍(惠風)·혜보(惠甫), 호는 영재(冷齋)·영암(冷庵)·고운당(古芸堂)이다. 사가(四家)의 한 사람으로, 벼슬은 규장각 검서·풍천 부사에 이르렀다. 박지원의 문하생으로 실사구시의 한 방법으로 산업 진흥을 주장하였다. 저서에 ≪영재시초(冷齋詩抄)≫, ≪발해고(渤海考)≫ 따위가 있다.

춘야연도리원서(春夜宴桃李園序)

夫天地者는 萬物之逆旅요, 光陰者는 百代之過客이라(무릇 천지라는 것은 만물이 쉬어가는 여관이요 세월은 영원한 나그네이로다.)

而浮生이 若夢하니 爲歡이 幾何오(덧없는 인생이 꿈만 같으니 즐겁고 기뻐함이 얼마나 되겠는가.)

古人秉燭夜遊가 良有以也로다(옛사람들이 촛불을 잡고 밤에 놀이를 한 것이 진실로 까닭이 있었구나.)

況陽春은 召我以煙景하고 大塊는 假我以文章이라(하물며 따뜻한 봄이 우리를 안개낀 경치로 대자연이 우리에게 문장을 빌려 주었도다.)

會桃李之芳園하야 序天倫之樂事하니(복숭아꽃과 오얏꽃이 향기로운 동산에 모여 형제간에 즐거운 일을 펼치니)

郡季俊秀는 皆爲惠連이어늘 吾人詠歌는 獨慙康樂이라(여러 아우는 재주가 뛰어나서 모두 혜련이 되고 내가 읊으는 노래소리가 홀로 강락에게 부끄럽도다.)

幽賞이 未已에 高談이 轉淸하야 開瓊筵以坐花하고 飛羽觴而醉月하니(그윽한 완상이 끝나지 않아서 고상한 담화가 더욱 맑도다 구슬자리에 펼쳐 꽃 위에 앉아 새 깃털의 술잔을 주고 받으며 달에 취하니,

不有佳作이면 何伸雅懷리오 如詩不成이면 罰依金谷이 酒數하리라.(아름다운 작품이 없다면 어찌 우아한 회포를 펼칠 수 있으리오. 시를 완성치 못한다면 금곡의 예에 따라 벌주를 마시리라.)

이백(중국 당나라 시인)

이백(李白)은 중국 당나라의 시인(701~762)이며, 자는 태백(太白), 호는 청련거사(靑蓮居士)이다. 젊어서 여러 나라에 만유(漫遊)하고, 뒤에 출사(出仕)하였으나 안녹산의 난으로 유배되는 등 불우한 만년을 보냈다. 칠언 절구에 특히 뛰어났으며, 이별과 자연을 제재로 한 작품을 많이 남겼다. 현종과 양귀비의 모란연(牧丹宴)에서 취중에 〈청평조(淸平調)〉 3수를 지은 이야기가 유명하다. 시성(詩聖) 두보(杜甫)에 대하여 시선(詩仙)으로 칭하여진다. 시문집에 ≪이태백시집≫ 30권이 있다.

바위

내가 사람이었을 때 보았던
마악 숲속으로 날아가 자취도 없던 그 새
지금도 내 가슴 속에 남아 있다

내가 사람이었을 때 보았던
어느 섬 기슭을 하염없던 그 바다
지금도 내 가슴 속에 철썩이는 물결로 남아 있다

옆에 서서 무심한 팔배나무 한 그루
수시로 제 꽃잎을 떨군다

그렇게 내가 정녕 바위였을 때
온몸을 일으켜 받아 내던 그 꽃잎
아직도 내 가슴 속에 남아 있다

(임승빈, 청주대 교수, 시전문계간지 〈딩아돌하〉 주간)

내 인생의 양념들

요리할 때 달콤한 설탕만이 쓰이는 것은 아니다.
쓴맛, 짠맛, 단맛, 신맛, 매운맛, 떫은맛...
부엌에 있는 갖은 양념들을 보다가 엉뚱하게도
내 인생에 쓰디 쓴 맛을 보게 해준 사람들이 생각날 때가 있다.
자연 숙성 간장을 보면/인간숙성/이 떠오르고
사과식초를 보고 있으면/사과해줬으면/하는 사람들이
떠오르기도 한다.
작년 여름, 나는 인생의 쓴맛을 맛볼 대로 맛보고
믿었던 친구들의 외면에 가슴 아파하고 있었다.
내가 힘들고 어려울 때 손을 내민 사람은
내가 가족같이 여겼던 친구들이 아니라,
정작 바쁘다는 핑계로 연락도 자주 못 하던
한 후배였다.
누군가 내 인생에 쓴맛을 잔뜩 뿌려도
다른 누군가는 달콤한 맛으로 위로해 준다는 것을
그때 배웠다.

먼 곳에 있어 운이 좋으면 일 년에 한 번 볼까 말까 한 그 후배에게
만날 때마다 항상 적어 주는 말이 있다.

잘 웃고
잘 울고
잘 먹고
잘 싸고
잘 사랑하고
잘 살다
또 보자

다음에 이 쪽지를 전해줄 때면
부엌의 양념들처럼 내 인생도 골고루 제 맛을 내고 있었으면 좋겠다.

권소정(뉴욕 파슨스디자인스쿨에서 일러스트 전공)

얘기꽃

봄은 봄대로 가을은 가을대로
피는 꽃이 곱고 좋지만

봄 가을 없이
사계절 피고 지는
얘기꽃이 더 좋다

아이는 아이끼리
어른은 어른끼리
오순도순 둘러앉아
피우는 얘기꽃

집집마다
마을마다
피는 얘기꽃

(김기원, 충북문화재연구원 사무국장)

거울

세상이 그리우면 나를 본다
모두가 바뀌어
왼손 하면
오른손을
오른손 하면
왼손을 드는
바보를 바라본다

세상이 그리우면 조용히
나 아닌
나를 본다

(박원희, 충북작가회의 회원)

친구

꺾어진 90이라고 하면 어둑해지다가도
밤낚시 야광찌마냥 살아나기도 하는 나이
아직도 신들메 고쳐 신 듯 툭하면
몇 정거장은 걸어가는 친구와
벌써 아귀처럼 길눈 어두워져
붙들어주지 않으면 턱 하나 넘지 못하는

둘은 아직 총각이다
서로의 길에 대해 투닥거리고
돈도 못 버는 주제에 퍼주기만 한다고 싸우다가도
삼겹살 몇 점에 짠해지는
내가 잡아주지 않으면
한 놈은 그대로 지구 밖으로 걸어가버릴 것 같고
한 놈은 까무룩, 흐릿한 골목처럼 사라져버릴 것 같은

이종수(홍덕문화의 집 관장)

경이(驚異)

어머니 좀 들어주서요
저 황혼의 이야기를
숲 사이에 어둠이 엿보아 들고
개천 물소리는 더 한층 가늘어졌나이다
나무 나무들도 다 기도를 드릴 때입니다

어머니 좀 들어주서요
손잡고 귀 기울여 주서요
저 담 아래 밤나무에
아람 떨어지는 소리가 들립니다
'뚝'하고 땅으로 떨어집니다
우주가 새 아들 낳았다고 기별합니다
등불을 켜 가지고 오서요
새 손님 맞으러 공손히 걸어가십시다

조명희(시인, 소설가)

조명희(趙明熙, 1894~1936)는 본관은 양주(陽州)이고, 호는 포석(抱石)·목성(木星), 필명은 적로(笛蘆)이다. 시인이자 소설가, 희곡작가인 조명희는 1894년(고종 31) 8월 10일 충청북도 진천군 진천읍 벽암리 수암부락[숫말]에서 조병행과 연일 정씨와의 4남 2녀 중 막내로 태어났다.

조명희는 한국 문단에서 활동한 기간은 8년 정도이지만, 다양한 활동으로 민족주의적 극작가, 사실적인 시인, 현실 비판의식이 높은 프로 소설가라는 선구적 업적을 남겼다. 일본에서 귀국한 조명희는 민족주의 신극운동을 개척하여, 희극 「김영일의 사」와 「파사(婆娑)」를 연이어 발표하였다. 1924년에는 '적로'라는 필명으로 시집 『봄 잔디밭 위에』를 펴냈는데, 이는 우리나라 최초의 미발표 창작 시집이었다.

카프에 가담한 1925년 이후에는 소설 「땅속으로」·「R군에게」·「농촌사람들」·「낙동강」·「아들의 마음」 등을 연달아 발표해, 프롤레타리아 소설의 형성과 발전에 이바지하였다. 대표작 「낙동강」은 이전까지 자연발생적인 수준에 머물던 신경향파 문학을 목적의식적인 프로 문학으로 발전시킨 작품으로 평가된다.

소련으로 망명한 뒤에는 식민지 민족의 한과 사회주의 리얼리즘을 노래한 시 「짓밟힌 고려」·「10월의 노래」·「볼쉐비크의 봄」 등을 발표하였고, 항일투사들의 활동을 그린 소설 「만주 빨치산」 등을 쓰는 등 KGB에 연행될 때까지 2편의 장편소설과 7편의 산문시, 수필, 평론 등을 썼다. 그밖에 소설집으로 『그 전날 밤』, 평론으로 「나는 이렇게 생각한다」, 「직업·노동·문예작품」 등이 있다.

어허, 나무가 꽃이 되었다

어허, 나무가 꽃이 되었다
참 가슴 저리다
꽃이야 피었다 사라지면 그만이지만
나무는 제 온몸 다 바쳐 꽃이 되는 것을
침묵으로 기다려 올곧은 가슴으로
저리도 고운 꽃이 되는 것을
내 삶의 고갯길 오르자 알게 되었다
뜨겁게 한평생 새처럼 살지 않은 것들이야
흔들리며 훠어이 기다려보지 않은 것들이야
화들짝 피었다 사라지는 가벼운 바람인 것을
산마다 노을 지는 하늘의 구름 되어 뜨겁게
불꽃으로 숨죽여 피어나는 나무
잎 지고 눈 내려 가지마다 새하얗게
눈부신 꽃 피어나는 것을
저렇게 강이 흐르는 것을
제 온몸으로 피는 나무는 알고 있다

(김희식, 충북문화재단 문화사업 팀장)

레깅스

그녀가 투수 마운드에서 배꼽을 드러내고 공을 던질 때
나는 반인반마(伴人半馬)를 보았다
잘 발달한 엉덩이와 근육질의 허벅지
매끈한 종아리로 이어지는 얼룩무늬 다리

중생대 화산 폭발로 형성된 높고 깊은 협곡 사이로
시조새가 그녀를 향해 돌진하자
두 다리를 포기하고 직립보행을 시작한 가엾은 얼룩말 한 마리

그녀의 손(원래는 발이었지만)에서 둥근 물체가 포물선을 그리며 날아가자
나는 마징가의 여친 비너스의 가슴에서 날아가는 미사일을 생각했다
미사일은 힘없이 땅에 떨어졌지만 한동안 파도처럼 술렁였고
그 누구도 그녀의 미사일을 막지 못했다

어쩜 그녀는 타인의 상상력을 먹고 사는 신화 속의 동물인지 모른다
하얀 포말을 헤치며 자맥질하는 해녀가 생각나거나
하얀 빙판을 질주하는 스피드스케이팅 선수를 떠올리거나
질긴 가죽 속에 숨겨진 뽀얀 속살을 떠올리다가
그러다 클랄라, 클라라
땅,
우중간 담장을 넘어가는 미사일에 흠칫 놀라는 체하거나

(김영범, 청주민예총 사무국장)

국어선생은 달팽이

당나귀 도마뱀 염소, 자 모두 따라해!
선생이 칠판에 적으며 큰소리로 읽는다
배추머리 소년이 손을 든채 묻는다
염소를 선생이라 부르면 왜 안 되는 거예요?
선생은 소년의 손바닥을 때리며 닦아세운다
창밖 잔디밭에서 새끼염소가 소리친다
국어선생은 당나귀
국어선생은 도마뱀
염소는 뒷문을 통해 몰래 교실로 들어간다
선생이 정신없이 칠판에 쓰며 중얼거리는 사이
염소는 아이들을 끌고 운동장으로 도망친다
아이들이 일렬로 염소꼬리를 잡고 행진하는 동안
국어선생은 칠면조
국어선생은 사마귀
선생이 창문을 활짝 열어젖히며 소리친다
당장 교실로 들어오지 못해? 이 망할 놈들!
아이들은 깔깔대며 더욱 큰소리로 외쳐댄다
국어선생은 주전자
국어선생은 철봉대
염소는 손목시계를 풀어 하늘 높이 던져버린다
왜 시계를 던지는 거야? 배추머리가 묻는다
저기 봐, 시간이 날아가는 게 보이지?
아이들은 일제히 시계를 벗어 공중으로 집어던진다
갑자기 아이들에게
오전 10시는 오후 4시가 된다
아이들은 기뻐하며 집으로 돌아가기 시작한다
선생이 씩씩거리며 운동장으로 뛰쳐나온다
그 사이, 운동장은 하늘이 되고

시계는 새가 된다
바람은 의자가 되고
나무들은 자동차가 된다
국어선생은 달팽이!
국어선생은 달팽이!
하늘엔 수십 개 의자가 떠다니고
구름 위로 채칵채칵 새들이 날아오른다
구름은 아이들 눈속으로도 흐르고
바람은 힘껏
국어책과 선생을 하늘꼭대기로 날려보낸다

(함기석, 동화작가)

수필 쓰기

수필 쓰기

들어가기

수필은 자기 고백의 글이라고 한다. 수필은 삶의 체험을 토대로 인생의 의미를 찾아내는 글이다. 그러나 체험만 늘어놓는다면 수필이 될 수 없다. 다른 장르와 달리 수필은 인생을 녹여내는 글이다. 사소한 삶의 모습에서 특별한 의미와 가치를 발견하는 것이 수필이다. 20여 년을 썼지만, 쓸수록 어려워지는 것이 수필이다.

수필은 화장하지 않은 민낯 같은 글이다. 갓 시집온 새색시의 얼굴같이 청초하고 맑은 글이 수필이라고 생각한다. 곧, 수필은 진정성이 있어야 한다는 것이다. 수필은 무형식의 글이며, 붓 가는 대로 쓰는 글이라고 알려졌지만 내 생각은 다르다. 일정한 형식이 정해져 있는 것은 아니지만, 수필처럼 까다로운 입맛을 요구하는 글도 없을 것 같다. 붓 가는 대로 쓴다는 것은 물 흐르듯이 잘 읽혀야 한다는 말과도 동일시된다고 생각한다.

수필을 쓸 때 주의해야 할 점 몇 가지를 적어본다.

1. 소재를 잘 찾아야 한다.

수필의 재료는 어디에서든 찾을 수 있다. 수필이 자신의 체험을 토대로 쓰는 글이다 보니 대부분 일상생활에서 소재를 얻는다. 그러다 보니 수필이 신변잡기라는 말도 많다. 하지만 일상생활에서 찾은 소재에서 감히 누구도 생각하지 못한 주제를 찾아내는 것이 수필가의 몫이다. 자기가 경험한 것을 이리저리 뒤집어보면서 특별한 의미를 찾아내야 한다. 참신한 발상이야말로 수필가한테 있어 최고의 고민이며 과제다.

2. 제목 붙이기와 주제 연결하기.

소재를 찾으면 정확한 주제를 뽑아내야 한다. 여기서 세심한 관찰력과 사고력, 생을 꿰뚫어보는 통찰력이 나오는 것이다. 흔히 "낯설게 하기"라는 말을 많이 쓰는데 똑같은 사물을 보고 어떤 이는 기발한 상상을 하지만, 다른 이는 그저 사물을 본대로의 느낌을 적는다. 이를테면, 병뚜껑을 보고 뚜껑을 사람의 입에 비유하는 것이 수필에서의 의미화이며 주제 연결하기다.

수필에서 주제를 찾는 것만큼 중요한 것이 제목 붙이기다. 제목은 독자들의 궁금증을 자아내게 하는 낯설게 하기 기법을 쓰는 것이 좋다. 상투적이고 저속한 제목은 쓰지 않는다.

3. 진정성과 보편성이 있어야 한다.

수필은 진정성이 있어야 한다. 수필은 허구가 용납되지 않는다. 절대 꾸미지 않아야 한다. 자신의 과거를 진솔하게 돌아보고 반성하며 화해하는 글이 수필이다. 그래서 수필을 치유의 문학이라고도 한다.

수필은 공감대를 형성해야 한다. 자기가 겪은 일을 이야기로 쓰되 혼자만 알고 있는 일이 아닌 모두가 공감할 수 있는 글이라야 한다. 아무리 잘 쓴 글이라도 독자가 공감할 수 없는 글은 좋은 수필이 아니다.

4. 쉽게 써야 한다.

수필은 쉽게 써야 한다. 수필은 어느 누가 읽어도 이해할 수 있고 물 흐르듯이 쉽게 읽혀야 한다. 잘 쓴 것처럼 보이려고 미사여구로 화장하거나 전문적인 용어를 쓰지 않아야 한다. 어떤 수필을 읽으면 시 한 편을 읽는 것처럼 아름다운 문장을 나열한 것을 볼 수 있다. 그러나 읽고 나면 무슨 이야기를 하는지 알 수 없고 가슴에 남는 것도 없다. 수필에서 말하는 아름다운 문장이란 바로 감정을 자제하고 절제된 언어를 쓰는 것을 말한다.

5. 의미화와 형상화.

수필이 자기 고백의 글이라고 하니 자기의 체험만 나열해 놓는 글이 많다. 그러나 체험만 늘어놓은 글은 일기나 수기일 뿐, 수필이 아니다. 수필은 체험과 사색이 있어야 한다. 의미화를 통해 사유하고 인생을 녹여내는 글이 수필이다. 수필은 어떻게 의미화하고 형상화하느냐에 따라 미문과 좋은 글로 나누어진다. 수필에 사유가 없는 글은 아무리 잘 쓴 글이라도 알맹이가 없는 미문일 수밖에 없다.

6. 통일성과 잘라내기.

수필 쓰기의 방법 중 잘라내기만큼 중요한 부분도 없을 것 같다. 어떤 글이든 군더더기가 없어야 한다. 특히, 체험을 바탕으로 쓰는 글이 수필이다 보니 하고 싶은 말이 많아진다. 이것저것 쓰고 싶은 말이 많으니 자연히 글이 늘어지게 된다. 가령, 어머니에 대한 주제를 가지고 잘 쓰다가 중간쯤에 가면 이모 이야기가 더 많아지고 더불어 외할머니의 이야기로 마무리하는 글이 있다. 한 가지 주제를 가지고 일관성 있게 써나가는 것이 가장 중요하다.

잘 쓰는 것도 중요하지만 과감하게 잘 잘라내는 것이 좋은 수필을 쓰는 지름길이다.

나가기

위에서 이야기한 것처럼 수필 쓰기는 결코 쉽지 않은 작업이다. 한 편의 수필을 완성하기 위해서는 수없이 고민하고 사유해야 한다. 반복적인 퇴고를 거쳐야 한다. 어떤 소재가 떠올랐을 때 문장을 써놓고 덮어 두었다가 다시 며칠 뒤에 꺼내 먼지를 털고 다시 덮어두고, 여러 날을 거쳐 완성되는 글이 수필이다. 그렇게 쓴 글은 적어도 읽는 이로 하여금 공감을 끌어낼 수 있다. 수필이 독자에게 감동을 주는 이유는 바로 진정성이다. 작가가 울면서 쓴 글은 독자도 울면서 읽는다고 한다. 잘 쓴 수필 한 편을 읽었을 때의 그 감동과 여운은 오래도록 기억에 남아 가슴을 적시게 할 것이다.

골목길

어느새 해가 많이 길어졌다. 퇴근 시간이면 깜깜하던 하늘이 7시가 다 되었는데도 환하다. 옆 단지 아파트의 장터에 가려고 집을 나섰다. 3월이지만 아직 쌀쌀한데 성미 급한 목련은 벌써 봉오리가 맺혔다. 매화나무에 맺힌 꽃봉오리도 옹골져 금방 터질 것처럼 탱탱하다. 늘 차를 타고 지나다니던 길이라 주변에 어떤 변화가 일어나는지 살피지 못했는데 바람은 아주 가까운 곳에서 이미 봄을 실어 나르고 있었다. 슈퍼를 지나 좁은 길로 들어서니 인기척에 놀란 골목이 어깨를 곧추세운다.

골목길을 따라 걷는데 재미있게 그려놓은 벽화가 눈에 들어온다, 언뜻 봐도 아이들이 자유롭게 붓질한 그림이다. 색색의 물감을 풀어 아이들의 세계에 걸맞은 꽃밭도 만들고 나무도 심어놓았다. 반대편 담벼락에는 한국을 빛낸 사람을 주제로 한 인물화도 걸려있다.

누군지 참, 좋은 생각을 해냈다. 아파트와 아파트가 서로 등지고 있어 자칫하면 지저분해 보일 수 있는 골목길을 '테마가 있는 길'로 만들어 놓은 것이다. 이 동네에서 10년째 살고 있지만, 내 집만 들락거려 주변에 이런 예쁜 길이 있다는 것도 모르고 살았다.

이야기가 있는 골목 끝에는 사람 사는 냄새가 물씬 풍기는 노점이 있었다. 어둠 살 번지는 난전에는 저녁 찬거리를 사려는 사람들로 시끌벅적했다. 물 좋은 생선이 있다고 외치는 아저씨와 냉이, 달래 등 푸성귀를 다듬고 있는 할머니. 맛깔스러운 밑반찬을 내놓은 중년 여자가 구수한 입담을 펼치고 있었다.

일주일에 한 번 장이 열리는 이곳에 오면 싱싱한 부식 거리를 사는 것도 좋지만 사람 구경하는 재미가 쏠쏠하다. 이곳저곳 기웃거리다 그냥 지나치는 이들의 시선을 붙잡으려고 애쓰는 할머니한테 냉이와 달래를 샀다.

거스름돈을 챙겨주시던 할머니가 어느새 냉이 한 움큼을 집어 봉지에 더 담는다. 식구가 적어 괜찮다고 해도 손사래를 치시는 할머니의 인정스러운 손이 넘쳐나오는 냉이 봉지를 묶는다. 그사이 조금 남아있던 해가 슬그머니 동네를 빠져나가고 어둠이 사방을 먹어치우기 시작한다.

노점을 벗어나 어둑어둑해지는 골목을 돌아서니 놀이터엔 아직도 공을 차고 노는 아이들의 목소리가 한창이다. 몇몇 꼬마들은 엄마가 옆에서 기다리고 있는데도 미끄럼틀에서 내려올 생각을 하지 않는다. 집에 가야 한다고 화를 내는 엄마 앞에서 더 놀다 가겠다고 떼를 쓰며 우는 아이를 보니 어린 시절 골목길에서 같이 놀던 친구들의 얼굴이 떠오른다.

마땅한 장난감이 없던 그 시절에 골목길은 우리들의 놀이터였다. 그래서인지 골목길은

늘 왁자했다. 해가 지고 깜깜해질 때까지 아이들의 웃음소리는 그칠 줄 몰랐다. 밤이 이슥해지도록 골목에서 놀다 보면 아이들을 부르던 어머니들의 목소리가 골목길을 가득 채웠다.

동네에 싸움 잘하는 골목대장이 있었다. 키가 아주 작고 대추 알처럼 단단한 아이였는데 그 친구는 여자아이들이 고무줄 놀이할 때마다 나타나 고무줄을 끊어 달아났다. 그 친구를 피해 다른 골목에서 놀아도 용케 찾아와 고무줄을 휘감고 도망쳤다. 공기놀이나 목자치기 놀이를 할 때도 마찬가지였다.

모둠공기놀이를 하느라 모아놓은 공깃돌을 발길질로 쓸어버리거나, 깨금발을 떼고 목자치기 하는 친구를 떠밀어 넘어뜨리는 일도 있었다. 그런데 더 재미있었던 친구는 골목대장 명수를 따라다니던 철이다. 철이는 고무줄 끊을 용기도 없으면서 괜스레 명수를 따라다니다가 힘센 여자아이한테 잡혀 혼이 났다.

동네 친구 중에 남자보다 더 힘이 세고 덩치 큰 여자아이가 있었다. 학년은 같지만, 우리보다 두 살이 많은 그 친구한테 잡히면 남학생도 흠씬 얻어맞았다. 명수가 잘못 했는데 두들겨 맞는 일은 언제나 철이 담당이었다. 그래도 철이는 늘 명수 꽁무니를 따라다니며 두 번째 대장 노릇을 했다.

만날 여자아이들을 괴롭히고 바지는 줄줄 내려가 엉덩이가 보일 것처럼 아슬아슬하게 하고 다니던 명수가 중학생이 되더니 완전히 다른 사람으로 변했다. 학교에 가다가 골목길에서 마주치면 얼굴이 빨개지며 고개도 들지 못했다. 그 용감하고 날래던 골목대장 명수는 어디로 가고 점잖고 단정한 남학생이 서 있었다. 생각해보니 명수는 그때가 사춘기였던 것 같다.

골목은 시간과 공간이 공존하던 곳이다. 뉘 집 딸이 얌전하고 뉘 집 남자가 바람이 났다는 둥, 골목은 동네 사람들의 집안 사정을 속속들이 꿰고 있었다. 햇살이 기지개를 켜고 나오는 시간이면 골목에 모여앉아 이웃집 이야기를 깨알같이 전하던 아낙들의 모습도 옛일이 되었다. 자다가 오줌싸서 자기 키보다 더 큰 키를 머리에 쓰고 소금을 얻으러 가던 사내아이의 얼굴도 추억 속으로 묻혔다.

입학 철이면 담장 위에 얹어 놓은 라디오에 귀를 기울이고 합격자 발표를 듣던 곳. 몇 가구 안 되는 동네에 소문은 골목에서 피어났던 것처럼 젊은 연인들의 연정이 시작되던 곳도 골목길이다.

언제인가부터 골목길에 사람의 발길이 뜸해졌다. 사람들의 입에 정겹게 오르내리던 '골목'은 어둡고 음산함의 대명사로 바뀌었다. 골목이 주는 친근함과 푸근함도 잊힌지 오래다. 삶에 애환과 낭만이 있던 골목길은 이제 추억 속에서나 찾아볼 수 있다.

골목길도 이젠 늙었다. 가로등 불빛 아래서 남몰래 사랑을 키우던 청춘들도 하나둘 골목을 떠났다. 왁자하던 아이들의 웃음소리도 가뭇없다.

오랜만에 골목길에 서니 유년시절의 필름을 판독하듯 세세하게 들려주는 골목의 이야기에 가슴이 짠해진다. 벌써 40여 년이 훌쩍 지났지만, 아이들의 깔깔거리는 웃음소리가 들리는 듯하다. 공기놀이를 잘하던 숙이와 짓궂은 남자애들을 혼내주던 덕희는 어떻게 변했을까.

밤늦도록 뛰놀며 골목길의 기척을 읽던 친구들과 아이들을 부르며 목소리를 높이던 어머니들의 야윈 얼굴도 어른거린다. 긴 겨울밤에 '메밀묵, 찹쌀떡'하고 소리쳐 부르던 정겨운 목소리가 있던 그 시절의 골목길이 아주 그립다.

박종희(충북작가회의 사무국장)

유신과 진천

청주에서 승용차로 20여 분 달리다보면 진천 관문에 김유신 장군의 영정을 모신 길상사를 찾는 이정표가 단숨에 잡힌다. 노오란 은행나무 잎들이 길상사 진입로 양쪽으로 새색시처럼 수줍움을 타면서 이곳을 찾는 많은 사람들을 반겨 준다.

한참 오르노라면 진천에서 태어나시어 화랑정신을 승화하여 삼국을 통일하는데 혁혁한 공을 세운 생거진천의 등불인 김유신 장군의 영정을 모신 사당이 한 눈에 들어옴에 나의 가슴을 뭉클케 한다. 장군은 신라 진평왕 때(595년) 만노군(지금의 진천군)의 태수(군수)이신 김서현과 만명부인 사이에 진천읍 상계리 계양(지금의 지랭이) 부락에서 태어나셨다. 장군은 어렸을 때 장수굴(이월)과 장군봉(백곡), 화랑벌(광혜원) 등 진천 지방의 전역을 누비면서 활과 무술, 심신을 연마하면서 화랑정신을 발휘했던 명장이시다.

소년 시절, 정든 고향을 떠나 신라의 수도 경주로 가서 용화 화랑을 이끌면서 심신 수련을 더욱 연마하여 18세 때 화랑의 최고 영예인 국선 화랑으로 뽑히신 진천 출신의 명장이다. 얼마 전, MBC에서 방영하는 '선덕여왕' 드라마가 최고의 인기를 누리고 있다. 드라마에서 진평왕의 딸 덕만 공주와 유신랑 사이에 애틋한 사랑과 미실이 퍼붓는 각종 음모, 중상모략들을 슬기롭게 극복해감이 숨을 죽이며 시청하지 않을 수 없다. 유신랑은 충정어린 마음으로 덕만 공주를 선덕여왕으로 추대한 일등공신이다.

김유신 장군은 647년 귀족 회의의 최고 의장인 상대등 비담이 여왕이 나라를 통치하는 것에 불만을 품고 난을 일으키자 이를 진압하여 큰 공을 세웠다. 선덕여왕의 뒤를 이은 진덕여왕마저 왕위를 이을 아들이 없이 죽자 김유신은 알천과 상의하여 654년 김춘추를 왕으로 추대하였다. 상대등에 오른 김유신은 660년(무열왕 7) 당나라 소정방과 연합하여 백제의 사비성을 함락시켜 백제를 멸망시키기도 했다. 삼국을 통일하기 위해 667년 당나라와 연합하여 고구려 정벌에 나섰으나 실패하였다.

이듬해 김유신은 연합군 총사령관이 되어 고구려 정벌에 나섰으나 병으로 싸움터에는 나아가지 못했다. 대신, 왕이 고구려 원정을 나가고 김유신은 국내의 통치를 맡기도 한 왕과 신의와 의리가 남달랐다. 백제, 고구려의 유민과 힘을 합친 김유신은 마침내 당나라 군사를 몰아내고 한강 이북의 고구려 땅을 되찾은 명장이다. 그 후, 김유신은 태대각간에 올랐다.

지금도 장군의 영정을 모신 길상사 위의 도담산성 정상에 오르면 삼국시대에 쌓아 방패역할을 했던 성곽이 무너져 내려 커다란 돌덩이마다 이끼와 잡초들이 무성하면서 비련했던 전쟁터의 모습이 상기되면서 세월의 무상함을 느꼈다.

나는 초·중학교 소풍 때 장군을 모신 길상사로 자주 가서 장군의 영정 앞에서 참배를 하고, 장군에 대한 가르침도 많이 받았다. 길상사가 자리 잡은 도담산성 정상에 오르면 진천은 사면팔방이 멀리 둥그런 분지를 이루고 있는 모습이 한 눈에 들어왔다. 이곳 진천은 삼국시대인 백제, 고구려, 신라 땅으로 바뀌던 격전지였다. 당시 치열하게 싸웠던 대모산성도 멀리 보이면서 필자의 마음을 뭉클하게 했다.

학문과 무예를 겸비하셨던 장군을 모신 길상사 주변을 이따금씩 거니노라면 삼국통일의 명장인 장군의 기(氣)를 절로 받는 듯하다. 풀 한 포기, 나무 한 그루에도 장군의 숭고한 넋을 기리며 그의 용맹과 자랑스러움이 피어오르는 듯했다. 김유신 장군의 태실과 탄생지는 국가 사적지 414호로 지정되어 장군의 숭고한 얼이 더욱 심오하고 값지게 보인다. 당시 장군의 생가 터에 세계적인 국궁훈련원을 건립하여 국내는 물론 세계 국궁대회를 자랑스럽게 치루는 의미 있는 곳이다,

나의 외갓집은 장군이 태어나신 국가 사적지 414호와 인접한 대막거리 마을이다. 이 마을은 우리나라 의료계의 독보적 존재 허준 선생이 이 마을에서 진료를 했던 마을로서 당시의 건물이 마련되어 뜻있는 사람들은 자주 찾는 곳이다. 어렸던 학창시절, 방학만 되면 가장 먼저 삼십 여리나 되는 외갓집을 달려가 친구들과 놀다보면 해가 넘어가 어두컴컴해도 집에 돌아갈 줄 모를 정도의 재미있는 나날을 보냈던 추억이 엊그제만 같은데…….

이웃과 더불어 정겹고 옹골차게 살아가는 산과 들, 마을마다 굴러가는 돌멩이 하나하나에도 아름다운 전설이 넘치는 살기 좋고 인심이 후덕한 진천! 특히 이곳에는 김유신 장군께서 탄생하여 어렸을 때 무술을 연마했던 정겨운 고향인 진천! 지금도 장군의 위패를 모신 길상사를 찾을 때마다 바람 앞의 등잔불 같았던 위기에 처했던 삼국을 통일시키는데 지대한 공을 세우셨던 장군의 영정 앞에서 고개가 절로 숙여졌다.

(장병학, 충청북도교육의원)

청주에 가면 삼겹살 거리가 있다

하얀 지방과 붉은 살코기 부분이 선명하게 줄을 이루고 있는 것으로 기름은 하얗고 살코기 부위는 선명한 핑크빛을 띠는 것이 신선하며, 외식이나 회식자리에서 1순위로 꼽히는 메뉴는 무엇일까?

그렇다. 정답은 삼겹살이다. 거리거리 어디를 가나 쉽게 찾아 볼 수 있는 삼겹살집. 하지만 그냥 삼겹살은 너무 심심하고 식상하다. 좀 더 색다르고 특별한 삼겹살은 없을까?

있다. 바로 청주삼겹살이다. 청주삼겹상은 삼겹살을 연탄불 석쇠 위에 얹어 왕소금을 뿌려 구워먹는 소금구이나 간장소스, 독특한 파채, 파무침, 파절이 등과 함께 먹는 청주지역만의 독특한 삼겹살 문화가 있다.

역사적으로도 청주삼겹살만의 특별함이 있다. '세종실록지리지' 충청도편에 청주가 돼지고기를 공물로 바쳤다는 기록이 있고, 약 50여 년 전 인 60년대 초반에 '만수 집', '딸네 집' 등의 삼겹살집이 전국 최초로 청주에서 문을 열었다는 청주 토박이 분들의 이야기도 있다. 그렇다면 이는 삼겹살 본고장으로 알려진 서울보다 청주가 삽겹살은 10여 년이나 앞선 것이다. 이에 청주시에서는 삼겹살을 청주의 대표 음식과 관광 상품으로 육성하기 위해 서문시장에 삼겹살 거리를 조성했다.

과거 1970~1980년대만 해도 서문시장은 청주고속터미널의 핵심 상권으로 전성기를 누렸으나, 2002년 터미널이 이전하고 근방에 대형마트가 입점하면서 최근 10년 사이 상권이 크게 위축된 곳이다. 하지만 청주시에서 삼겹살 거리 조성에 나서면서 서문시장은 완전히 달라졌다.

청주시에서는 강원도 춘천의 '닭갈비 골목'을 벤치마킹하고, 서문시장 점포주들과 여러 차례 간담회 및 설명회를 가졌다. 또한 서문시장 입구에 삼겹살거리를 표시하는 간판을 설치하고, 음식점 특성에 맞는 아름다운 간판과 주방용품등을 지원했으며, 삼겹살거리의 깨끗한 이미지 조성을 위해 거리의 바닥도 정비했다. 또한 지역 오피니언 리더 등이 주축이 되어 결성된 민간 순수모임인 '청주삼겹살 포럼'은 청주 삼겹살이 청주의 대표음식으로 확고히 인식될 수 있도록 지역경제 활성화 방안을 모색하고 더 나아가 전국화, 세계화를 위한 아이디어를 제공하기 위해 바쁘게 활동하고 있다.

무엇보다 일부 세종실록지리지의 내용만으로 청주 삼겹살의 연원을 삼기에는 근거가 빈약하다는 의견에 청주시에서는 삼겹살 청주연원설을 확산시키기 위해 노력하고 있다.

청주삼겹살의 브랜드를 선점하기 위해 역사와 이야기를 담은 청주삼겹살거리 스토리텔링을 공모, 역사이야기 부분에 '청주를 살린 전통', 업소이야기 부분에는 '최씨 고집'을 각각 선정하여 청주삼겹살에 빈약한 역사를 벗고 탄탄한 이야기를 입혔다. 그리고 청주시와 코레일 충북본부는 지난 3월 12일 청주 시티투어 사업과 철도산업의 공동발전을 위한 업무협약을 체결하여 코레일 충북본부가 모집하는 청주시티투어에 참가하는 관광객들은 청주 서문시장 삼겹살 거리에서 원조 삼겹살의 맛을 볼 수 있게 되었다.

삼겹살은 다른 육류에 비해 특히 비타민 B군 및 양질의 단백질, 인 · 칼륨 · 철분 등의 각종 미네랄이 풍부하여 젊고 탄력 있는 피부를 유지시켜 주며, 어린이의 성장 발육에도 좋다. 돼지고기에 많이 들어 있는 철분은 체내 흡수율이 높아 철 결핍성 빈혈을 예방하며, 메티오닌 성분은 간장 보호와 피로 회복에도 좋다고 한다.

지금 청주에는 임진왜란 당시 '보은'이라는 한 소녀가 나라를 위해 왜장을 죽이고 제 한 목숨을 희생하면서도 끝까지 지키려 했던 아버지의 비법 '간장에 절인 돼지고기'가 있고, 삼겹살에 대한 남다른 철학을 가지고 꿋꿋하고 정직하게 장사하는 '최씨의 삼겹살집'이 있다.

오늘 저녁, 사랑하는 가족들과 함께 역사와 특별한 이야기가 있는 청주삼겹살로 외식을 해 보는 것은 어떨까?

(최창호, 청주시 서원구청장)

고슴도치 딜레마

고슴도치 딜레마란 독일의 철학자 쇼펜하우어(Arthur Schopenhauer)가 쓴 우화에서 추운 겨울, 추위를 견디지 못하고 몸을 기대어 서로 온기를 나누려던 두 마리의 고슴도치가 너무 가까워지자 서로의 침에 찔리고 그렇다고 서로 너무 떨어지면 추위에 떨 수밖에 없다는 말에서 유래한 심리학 용어다.

결국 자신들을 보호해 주던 뾰족한 가시가, 온기를 나누기위해 다가서면 서로에게 상처를 입히고 멀어지면 추워지기에 찔리지 않으면서 온기를 나눌 거리를 찾기 위해 적정한 지점을 찾아 나선다는 것이다. 쇼펜하우어는 사람사이도 지나치게 가까우면 자칫 상처를 주게 되고 너무 멀어지면 전혀 관계없는 타인처럼 남남이 되기 쉬움을 우화로서 설명한 것이다.

최근 들어 혼자 자란 아이들이 많다보니 친구사이에서 상처받을 것이 두려워 호의적으로 접근하는 동료들에게 뾰족한 가시를 세우며 가까이오지 못하게 하면서도 돌아서선 외로움에 힘들어하는 아이들이 있다. 이는 아이들만의 문제는 아니다. 사회적 동물인 인간은 혼자 살수 없어 더불어 살지만, 가까이 있는 사람에게서 상처 받는 경우가 더 많다. 가족이나 연인, 친구 때문에 고민하고, 이웃으로 인해 고통 받는 경우가 더 많아지는 것이다. 따라서 인간관계를 잘 유지하려면 너무 멀지도 너무 가깝지도 않은 관계를 유지하는 것이 좋다.

그렇지만 그 접점을 찾기란 말처럼 쉽지 않다. 사람마다 성향이 다르고 그날그날 기분이 다르기에 사람에 따라, 분위기에 따라 균형점을 찾기가 묘수풀이처럼 어려울 수밖에 없다. 따라서 우리는 어려운 균형점을 찾기보다 상대에게 가까이 갈 땐 서로가 가시를 눕혀 찔리지 않도록 해야 한다.

인간관계에서 서로에게 상처 주는 가시를 누그러뜨리는 가장 좋은 방법은 예의와 매너를 지키는 것이다. 가족 간에 연인 간에 또는 이웃사촌 간에 가까울수록 서로 존중하고 예의와 매너를 지키면 되는 것이다. 그럼 학급에서 상대방에 대한 존중심이 부족하고 예의 없는 아이들은 어떻게 해야 할까?

첫째, 선생님이 모범을 보일 필요가 있다.

선생님은 학생들의 표본이자 거울이다. 자신은 '바담풍'이라고 하면서 아이들이 '바람풍'이라 하지 않는다고 뭐라 할 순 없다. 학생 한 명, 한 명을 진정으로 존중하고 예의로서 대한다면 학생들도 따라 배우게 될 것이다. 화가 나고 짜증날 때도 있겠지만, 인내를 가지고 환한 얼굴과 부드러운 말씨로 아이들을 대한다면 아이들도 변할 것이다. 교사는 학생에게 지식교육뿐만 아니라, 인성지도에서도 전문가가 되어야 한다.

둘째, 매너 있는 대화법을 가르쳐라.

우리는 자신의 생각을 논리적으로 표현하도록 많은 훈련을 받고 있다. 하지만 진정으로 중요한 것은 논리적 표현보다 공감적 표현이다. 상대의 감정을 배려할 줄 알아야 하며, 자신의 감정을 효과적으로 전달할 줄 알아야 한다. 따라서 말을 할 땐 상대의 감정을 살피도록 가르치고, 상대에게 상처받았을 땐 "네가 그렇게 말하니 속상해! 그런 말은 이제 그만 했으면 좋겠어."라고 솔직하게 대응하도록 해야 한다. 자신의 감정을 속으로 억누르다보면 사소한 일이 큰 사고로 번질 수 있으며 예기치 못한 방향에서 커질 수 있기 때문이다. 말로 상대를 제압하는 법을 가르치기보다 매너 있는 대화법으로 마음을 얻는 법을 가르친다면 갈등은 줄어들 것이다.

셋째, 문제가 심각한 학생은 개인적으로 대화한다.

가끔 학생들 중엔 어른에게 버릇이 없거나 친구들 사이에서 무례한 행동을 습관처럼 하는 아이들이 있다. 이런 학생일수록 자존심이 강하고 남들 앞에서 우월감을 표현하고자 하는 경향이 있다. 따라서 학급 동료들이 있는 곳에서 야단을 치거나 잘못을 지적하면 더욱 무례해지는 경우가 있다. 이는 자신이 선생님과도 맞설 수 있을 정도로 강한 존재라는 사실을 급우들에게도 보이고 싶어 하기 때문이다. 버릇이 없고 막무가내인 학생일수록 존중해주면서 개인적으로 불러 말해야 한다. 이땐 반드시 평온한 분위기에서 "선생님은 네가 이렇게 행동했으면 좋겠는데, 넌 어떻게 생각하니? 너에게 선생님이 지금 하는 말이 기분 나쁘진 않니? 앞으로 너에게 어떻게 해주면 좋겠니?"처럼 학생의 기분을 배려하면서 타일러야 한다.

넷째, 함께 사는 법을 알려줘라.

예의 없고 막무가내인 아이들도 본질적으로 남을 괴롭히는 것이 목적은 아니다. 단지 함께 즐기고 함께 더불어 생활하는 방법을 몰라서 그렇게 행동할 뿐이다. 남에게 피해를 주지 않으면서도 얼마든지 자신을 표현하고 인정받을 수 있는 방법을 알려주면 된다.

울지 마라.
외로우니까 사람이다.

살아간다는 것은 외로움을 견디는 말이다.
… 중략 …
가끔은 하느님도 외로워서 눈물을 흘리신다.
새들이 나뭇가지에 앉아 있는 것도 외로움 때문이고
네가 물가에 앉아 있는 것도 외로움 때문이라고
산 그림자도 외로워서 하루에 한 번씩 마을로 내려온다.
종소리도 외로워서 울려 퍼진다.

정호승 님의 시(詩)처럼 사실 사람은 더불어 살지만 외로운 존재다. 누구나 고슴도치처럼 가시를 가지고 있고, 때론 상대를 찌르며 다가오지 못하게 하면서도 한없이 누군가를 그리워 한다. 인생은 고(苦)라고 했던 쇼펜하우어의 말처럼 삶은 간단치 않다. 그렇기에 더욱 더 함께 살아가는 방법을 가르쳐야 한다.

(홍순규, 전 청주교육지원청교육장)

들녘, 고추장떡의 맛

황소가 기겁을 하고 논에서 발을 빼려 허둥댄다. 일손 놓은 지 아득해진 황소에게 느닷없이 써레질을 주문했으니 무리였나 보다.

"나도 소 모는 방법을 잊은 지 오래여."

농부는 열적은 미소를 흘리며 둥둥 걷어 올린 바짓가랑이의 흙탕물을 툭툭 쳐내고, 황소와 함께 논둑으로 올라선다. 길게 한 모금 담배 연기를 내뿜는 눈길이 아득한 옛 정서를 더듬고 있는 듯하다.

우리 가락을 찾아 나선 대학생들이 논둑에 메뚜기 뛰듯 뛰어다니며 휴대폰을 들이대며 사진 찍기에 여념이 없다. 얼룩덜룩 머리에 브릿지를 넣고 귓불엔 금속성을 달랑 매단 사내애도, 머리를 싹둑 올려친 여자애도 마냥 신기한 눈빛이다. 이런 상황에 황소인들 논배미에서 철퍼덕거리고 싶었겠는가.

60여 년 만에 발굴된 용몽리 들노래 시연회 현장이다. 이 노래는 우리 고장 덕산면의 대월들과 옥골들 일대에서 논농사를 지으며 전래되어 온 전통 농요이다. 금강의 한 줄기인 미호천유역 들노래의 특성이 비교적 잘 보존되어 있기 때문에 충북의 무형문화재 11호로 지정이 되었다. 모 찌는 소리, 모심는 소리, 논매는 소리, 논 뜯는 소리, 풍장소리 등 모두 다섯 단계로 구성이 되어 있다.

~ 야기도 허 하나~ 저허~ 저기도~ 또 하나
듬성듬성 꽂더라도 삼배출짜리로 꽂아주오
울울창창 자란 벼는 장잎이 청청 영화로다
덕산 덕문 큰 방죽에 연밥따는 저 큰애기
연밥 줄발 내 따줄게 이 내 품에 잠자주오

들노래 가락을 타고 모진애비가 연신 모 타래를 첨벙첨벙 빈 논바닥에 던져대면, 벼 포기 꽂아대는 일손은 더욱 바빠지게 된다. 씨줄날줄 못줄잡이 추임새에 맞춰 뒷걸음질로 모를 심어 나간다.

선소리꾼의 선창에 이어 뒷소리꾼들의 후렴구가 이어진다. 그 여운이 잦아들 무렵 못줄을 띄우며 모심는 노랫가락 따라 물 논에 모들이 푸릇푸릇 터를 잡아간다. 광주리 가득 새참을 머리에 인 아낙들이 논둑길로 접어든다. 아욱국의 구수한 된장냄새가 아낙의 발걸음보다 먼저 질펀한 논배미로 내달린다. 솥뚜껑 엎어놓고 들기름에 짜글짜글 지져낸 고추장떡이 뒤를 따른다. 이에 빠질세라 막걸리 주전자도 발걸음을 재촉하여 한 발 앞서 자리를 잡는다. 일꾼들은 종아리에 엉겨 붙은 거머리를 떼어내며 논도랑 물에 훌훌 손을 씻고 웅기중기 두렁에 걸터앉는다. 지나가는 사람도 눌러 앉히고, 멀리서 혼자 일하는 이웃 들녘의 사람도 어김없이 불러들인다.

"고수레."

누가 먼저랄 것도 없이 곡식을 담당하는 신에게 먼저 한 술 가득 음식물을 던져 예를 차리는 행위도 잊지 않는다. 고수레는 흔히 '고시래'라고도 하며 신에게 바치는 공희(供犧) 의식으로써 잡신에게 제물을 떼어주고 달래어 쫓는 한편, 감사의 뜻을 나타내는 것이다. 일설에는 들과 산에서 음식을 먹기 전에 곡식을 담당하는 신(神)인 고씨에 대해 먼저 예를 차리는 고씨례(高氏禮)에서 비롯되었다는 말도 있다. 전해오는 이야기야 어찌 되었든 발밑의 미물이나 들에 사는 작은 생명체들과도 함께 살아가려는 선대들의 마음을 엿볼 수 있다. 양은대접 철철 넘게 서로 건네주는 막걸리 한 대접을 쭉 들이켜며 노동의 피로를 풀어낸다.

햄버거 한 입 베어 물고 기계버튼만 또닥이던 저 젊은이들이 용몽리 들녘 가득 풍기던 후덕한 인심, 구수한 고추장떡 맛의 진정한 의미를 알려나. 등 구부려 모를 심다 허리 한번 쭉 펴고 함께 풀어내던 들노래는 농민의 흥을 돋우어 일의 피로를 잊게 하던 소리요, 동네 사람들의 마음을 하나로 엮어주는 뭉친 힘의 소리다. 벼 포기마다 심은 품앗이 정(情)의 맛, 구수한 우리네 사는 맛이다.

개인주의로 치닫고 있는 세태에 그나마 사라져가는 우리 가락을 잊지 않으려 찾아드는 젊은이들을 넉넉한 마음으로 바라본다. 지금은 선조들의 삶의 모습과 정서가 크게 와 닿지 않을지라도 그들의 할아버지, 그전 할아버지 때부터 면면히 대물림한 핏빛이야……. 그들의 머리에 찬 서리가 내려앉을 즈음 고향의 훈훈한 맛, 그 정겨움이 불현듯 떠오르리라.

오늘따라 솥뚜껑 엎어놓고 들기름에 지져낸 고추장떡 맛이 그립다. 들녘 가득 풍기던 아욱 된장국 향이 논배미 질펀한 흙냄새와 함께 스멀스멀 기어오른다. 들노래 가락이 볼 빛 맑은 젊은이들의 실핏줄을 타고 그들 가슴 가슴으로 녹아들고 있음을 믿어본다. 그리고 그들의 아이에게로 이어질 가락을 마음으로 듣는다. 노랫소리 가득한 진천의 들녘, 흥청한 풍요를 본다.

(김윤희, 전 진천군의원)

소설 쓰기

김 노인의 해방구

김 노인은 일찍 눈이 떠졌다. 참으로 야속하다. 시간은 겨우 자정을 조금 넘었을 뿐이다. 일찍 일어나 딱히 할 일도 없는데 늙어갈수록 왜 잠은 자꾸만 줄어드는지 모르겠다. 잠이라도 푹 자고 일어나면 무료한 시간을 그만큼이라도 줄일 수 있을 터인데 그 야속한 놈은 젊은 아이들만 찾아가는가보다. 할 수만 있다면 아침마다 일어나기 귀찮아 전쟁을 벌이는 아들이나 손자에게 없는 잠을 한 뭉텅이 뚝 떼어주었으면 좋으련만…….

이렇게 일찍 일어나면 견디기 힘든 것이 또 한 가지 있다. 그것은 소피다. 늙어갈수록 잠은 줄어드는데 소피는 더 자주 마렵다. 그까짓 것 마려우면 누면 될 일인데 자식들이 사는 아파트로 옮겨온 이후 그것조차 만만한 일이 아니다. 식구들은 이제 막 달콤한 잠에 빠지기 시작한 시간인데, 일어나 움직이다 혹여 그 소리에 아이들이 깨기라도 하면 낭패가 아닐 수 없다. 아무리 소리를 내지 않고 조용히 움직이려 해도 밀폐된 공간에서는 바늘 떨어지는 소리도 풍나무 넘어가는 소리가 났다. 식구들이 깰까 저어되어 김 노인은 어떻게라도 새벽녘까지 참아보려고 애를 써본다. 요의를 잊어보려고 벽지의 사방무늬를 이리저리 세어보기도 한다.

할멈이 떠난 지도 만 삼년이 넘었다. 이후 삼 년이 족히 삼백년은 된 듯싶다. 쌀쌀맞은 할망구라 마음이 맞지 않아 평생 가슴 파는 소리도 많이 했었지만, 떠나고 나니 아쉬운 것이 한두 가지가 아니다. 가장 생각날 때는 이렇게 무료할 때다. 뜯어먹는 소리를 해도 말벗이 얼마나 좋은 친구였는지 새록새록 그리워진다. 하지만 아무리 생각해봐야 이젠 백지 소용없는 일이다. 날이 새기를 기다리며 이런저런 생각을 해봐도 이젠 더 이상 떠오르는 생각도 없다. 공상도 망상도 동이 나버렸다. 이렇게 날밤을 새우고 날이 밝으면 머리는 지끈거리고 입안이 까실까실해져 밥맛도 없다.

"애비도 늦는다고 했고, 저도 자모회 봉사활동이 있어 늦을 거예요. 아버님, 저녁 진지가 걱정이네요."

며느리는 김 노인의 점심도 아니고 저녁밥을 걱정했다. 그러나 전혀 걱정스런 목소리가 아니었다. 처음 들을 땐 그게 서운했지만 이젠 만성이 돼 거슬리지도 않는다. 할멈이 죽고 나서 아들 집으로 옮겨오자마자 며느리는 '전 봉사활동을 나가야하기 때문에 아버님 점심은 못 챙겨드린다'며 못을 박았었다. 생각 같아서는 '시아부지 밥도 못 챙기면서 봉사는 뭔 봉사'냐며 지청구를 주고 싶었지만 그건 할멈에게나 통할 얘기였다.

아침이 되면 매일처럼 반복되는 일이었다. 아침을 먹고 나면 아들은 회사로 손자 녀석은 학교를 가기 위해 먼저 나갔고, 설거지를 마친 며느리도 몸단장을 하고는 서둘러 집을 나갔다. 그러면 밤새 혼자였듯이 아파트에는 또 김 노인 혼자만 달랑 남았다. 혼자 남은 아파트에서 김 노인이 할 일이란 아무것도 없다. 고층 아파트에서 내다보는 풍경은 일 년 내내 변함이 없다. 비가 오는지 눈이 오는지 계절의 변화도 알 수 없었다. 김 노인의 일상처럼 모든 것이 정지된 풍경이다. 바라다 보이는 것은 성냥갑을 쌓아놓은 듯 즐비한 회색의 아파트뿐이다. 그 중 한 칸에 자신이 들어있다고 생각하면 답답해서 견딜 수 없다. 깜깜한 밤보다도 외려 환한 아침이 더욱 견디기 힘겹다. 아파트 안에 있으면 자신이 궤짝 속에 갇혀있는 느낌이다. 그 안에 갇혀 다시는 탈출할 수 없을 것 같은 공포감이 밀려들었다.

김 노인은 서둘러 아파트를 빠져나왔다. 그러나 집을 나오는 일도 쉬운 일이 아니다. 현관문이 제대로 잠겼는지 몇 번이나 확인을 한 다음에도 이십층이 넘는 아래로 승강기를 타야한다. 그리고 또 출입문을 통과해야 비로소 땅을 밟을 수 있다. 그래도 내려오는 길은 수월한 편이다. 저녁이 되어 집으로 돌아올 때는 출입문부터 번호를 눌러야하는 어려움을 남아있다. 그리고 또 현관의 자동문 비밀번호를 눌려야 한다. 모든 게 숫자로 된 비밀번호다. 수시로 바뀌는 비밀번호는 외우기가 힘들다. 문에 달린 기계를 작동하는 것도 어렵다. 집을 드나드는데 왜 비밀번호가 필요한지도 얼마 전에야 알았다. 김 노인은 집을 드나드는 것조차 성가셨다. 그나마 집안에 손자나 며느리가 있는 날이면 어렵지 않았지만, 아무도 없는 날은 집을 눈으로 뻔히 보면서도 집으로 들어가는 길이 미로보다 더 어려웠다. 그런 날이면 십중팔구 식구들 중 누군가 돌아올 때까지 출입문 주변에서 서성거려야 했다.

아파트 광장으로 나오자 갑자기 한기가 느껴졌다. 아직은 좀 이른 시간이다. 젊은이들이야 일터로 향하느라 분주한 시간이겠지만 노인들이 움직이기에는 눈치가 보이는 시간이다. 활기차게 출근하는 젊은이들 틈에 섞여 늙은이가 쉰내를 풍기며 함께 버스를 탈 수는 없었다. 김 노인은 시간을 보내기위해 아파트 단지를 서성거리며 돌았다.

"어르신 일찍 나오셨습니다."

마당을 쓸던 아파트 경비원이 김 노인을 발견하고는 모자를 벗으며 인사했다. 단지 내에서 김 노인에게 인사하는 유일한 사람이다. 경비원 쪽에서도 상머슴 부리듯 하는 아파트 주민들 중 유일하게 아무것도 요구하지 않고 인간대접을 해주는 사람이 김 노인이다. 아들이나 며느리는 '격 떨어진다'며 질색을 했지만, 가끔씩 두 사람은 경비실에 마주앉아 싸온 음식도 먹고 차도 마시며 이런저런 이야기도 나누는 그런 사이였다.

"일찍 나오셨구려."

김 노인도 답례를 했다.

이른 아침부터 바쁜지 오늘은 경비원도 차를 한 잔 하자는 소리가 없다. 김 노인이 잠시 머뭇거렸지만, 그는 청소에만 열중하고 있다. 하는 수없이 김 노인은 발걸음을 옮겨 이리저리 아파트 광장을 걸었다. 아직도 한 시간 여는 이렇게 시간을 보내야 버스를 타도 그런대로 마음이 편하다. 새로 조성된 도심지 외곽의 대규모 아파트 단지에는 볼거리나 시간을 보낼 만한 장소가 없다. 집들이 그렇게 많은데도 다들 어디에 들어앉아 있는지 이바구를 떨 사람은 더더욱 없다. 전에 살던 구시가지에는 대문만 나서면 동네사람들을 만날 수 있었고, 조금만 걸어가면 재래시장이 있어 장 구경을 하다보면 금세 한 나절이 지나가곤 했었다. 그러나 아파트 단지에는 쉴 곳은 많았지만 앉아서 만날 사람이 없었고, 대형 마트도 여러 곳 있지만 물건을 사지 않고 어슬렁거리는 것은 눈치가 보였다. 더구나 쉼터나 마트에는 맨 젊은이들 뿐이어서 김 노인처럼 나이 많은 사람은 들어서기조차 거북살스러웠다. 그러니 노인들은 젊은 사람들 눈에 띄지 않게 그들의 시선을 피해 바깥으로 움직이는 것이 서로 간에 불편함이 없었다.

한바탕 학생들과 젊은이들이 등교와 출근을 마친 버스는 한결 한가로웠다. 김 노인도 편안한 마음으로 버스를 탔다. 버스 안에는 젊은이들이라곤 보이지 않는다. 그렇다고 김 노인 같은 나이 많은 노인도 보이지 않는다. '노인네가 뭔 바쁜 일이 있다고 아침부터 돌아다니나' 하고 쳐다보는 것만 같아 괜스레 눈치가 보인다. 김 노인이 차창 밖으로 눈을 돌렸다. 버스가 무심천을 건넌다. 차창 밖으로 펼쳐진 무심천에는 늦가을 썰렁함이 가득하다. 봄날 그토록 환하게 피어 사람들 눈길을 끌었던 벚나무도 붉게 물들어가더니 한두 잎씩 바람에 날리고 있다. 머지않아 앙상한 가지만 남긴 채 시커먼 군상처럼 서서 추운 겨울을 견뎌내야 할 것이다. 천변을 따라 아침 햇살을 받아 눈이 부시도록 하얀 억새꽃도 피어있다. 저 억새도 곧 솜털 같은 꽃잎을 바람에 날려버리고 누런 줄기만 남길 것이다. 그러면 또 한 해가 가겠지.

김 노인은 육거리에서 버스를 내렸다. 중앙공원을 가려면 한 정거장을 더 가야하지만, 김 노인은 미리 육거리 시장 입구에서 내렸다. 한 구간을 더 가면 김 노인의 목적지인 중앙공원이 코앞이지만, 육거리 시장에서는 한참을 걸어가야 한다. 그런데도 김 노인이 미리 내린 것은 그만한 이유가 있다. 한 정거장을 더 가면 백화점과 은행들이 밀집해 있는 시가지의 중심가다. 거기에 내리면 성안길을 가로질러야 한다. 휘황하고 번잡하다. 노인이라고 화려하고 번잡한 거리가 싫은 것이 아니다. 노인들도 밝고 활기찬 곳이 좋다. 그럼에도 불구하고 김 노인이 성안길로 들어서지 않으려는 것은 아침부터 장사하는 이들이나 직장인들의 활기찬 분위를 해치고 싶지 않기 때문이다. 이제 막 하루를 시작하려는 젊은이들이 북적대는 거리에 노인이 들어가 물을 흐릴까봐서이다. 육거리 시장에서 버스를 내리면 좀 걷기는 해야 했지만 성안길을 피해 중앙공원까지 갈 수 있었다.

육거리 재래시장은 거의 태반이 아직 문을 열지 않고 있었다. 거리의 난전에만 김장배추와 무들이 산더미처럼 쌓여있다. 사람들이 트럭에서 김장거리들을 하차하느라 난리들이다. 김장철이 된 모양이다. 저런 풍경도 이젠 추억이 되어버렸다. 주변에서 저런 풍경이 사라진지도 이미 오래 되었다. 할멈이 살아있을 때만 해도 매년 이맘때쯤이 되면 김장을 하느라 분주했었다. 배추를 사서 실어오고, 다듬고, 밤새 저리고, 양념을 해 저장하기까지 며칠은 집안이 어수선했었다. 그런데 이젠 그런 풍경을 집안에서 볼 수 없게 되었다. 할멈이 가고 난 이후부터 며느리는 김치공장에서 직접 사다먹는 모양이었다. 그러니 가을이 되었다고 김장을 담그는 모습은 보기 힘들었다. 할멈이 담가주던 칼칼한 김치 맛이 간절했다. 사먹는 김치는 보기에는 맛깔스러웠지만 닝닝한 맛이 영판 입에 맞지 않았다. 직접 담근 김치에 삶은 돼지고기를 싸먹어 보고 싶다. 그렇다고 김장을 하라고 할 수는 없는 일이었다. 할 일도 없는 늙은이가 예전 입맛만 생각해서 바쁜 아이들을 귀찮게 할 수 없었다.

김 노인은 시장통을 지나 가구점 골목으로 걸음을 옮겼다. 예전 약전골목을 지나 모퉁이를 도니 중국인 거리가 나타났다. 지금이야 기억조차 가늠해볼 수 없을 정도로 변했지만 예전 이 골목에는 중국인들이 많이 모여 살았었다. 그리고 아이들을 잡아다 판다느니 하는 소문들이 떠돌았다. 중국인들이 살던 집들조차 우중충해서 그런 이야기들을 더 실감나게 했다. 때문에 어른들도 이 앞을 지나려면 자꾸만 움츠려들곤 했다. 그러나 이미 한참 전 그들이 떠나고 이젠 번듯번듯한 건물들이 자리하고 있었다.

중앙공원 문이 보인다. 그 옆으로 충청병마절도사영문이 한창 보수중이다. 영문 왼쪽 지붕 위로 샛노란 은행나무 끝자락도 보인다. 중앙공원의 터줏대감 압각수다. 김 노인이 공원 안으로 들어섰다. 공원 안은 가을 일색이다. 압각수 주변은 노란색으로 도배를 한 듯하다. 가을이 무르익은 압각수를 보자 썰렁했던 가슴이 편안해진다. 언제 보아도 압각수는 변함이 없다. 우람한 풍채를 가지고 있으면서도 위압감도 없이 언제 보아도 푸근하다. 압각수에게 전해져 내려오는 전설 때문만은 아니다. 저 나무를 보면 누구든 마음이 푸근해진다.

도심 속 중심부에 자리 잡은 중앙공원은 아주 오래 전부터 사람들의 안식처가 되어왔다. 복잡한 건물들과 사람들을 피해 수십 보만 걸으면 섬처럼 호젓한 공원이 나타난다. 철마다 병아리 떼처럼 소풍을 나오던 어린 유치원생이나 초등학교 어린이들도 끊겼고, 현장학습을 한다며 손에 손에 노트를 들고 공원 내에 산적해있는 역사유적들을 살피러 다니던 청소년들의 모습도 볼 수 없었다. 예전에는 공원 내에 기념촬영을 해주는 사진사들도 많았다. 공원에 나들이 온 아이들이나 청춘남녀들이 약혼이나 결혼을 하면 공원에 와 압각수를 배경으로 기념촬영을 하곤 했다. 모두 옛날이야기가 되어버렸다. 도시 외곽으로 대규모 아파트 단지가 건설되며 사람들이 그쪽으로 몰려가지 번성하던 성안길은 퇴락하기 시작했고, 덩달아 중앙공원도 옛날의 영화를 잃고 쇠락의 길을 걷게 되었다. 가끔씩 공원을 가로질러 성안길로 빨리 가기위한 젊은이들이나 공원이라는 이름만 듣고 찾아왔다가 황급히 빠져나가는 데이트족들만 있을 뿐 이젠 중앙공원에서 더 이상 젊은이들을 구경하기가 쉽지 않았다.

성안길과 지척에 있는 중앙공원의 분위기는 그곳과는 사뭇 대조적이다. 휘황하고 번잡한 성안길에 비하면 초라하기 이를 데가 없다. 공원은 노인들의 천국이 되었다. 천국이 아니라 칙칙한 노인들 천지가 되었다. 중앙공원은 집안에서 사회로부터 밀려난 노인들의 해방구로 자리 잡았다. 중앙공원에만 오면 세상 모든 노인들을 만날 수 있었다. 공원 안에만 들어오면 모든 것이 노인들 중심이다. 망선루 앞에는 '노름금지 화투 금지'라고 쓴 현수막이 걸려있다. 그래도 노인들은 시렁치도 않는다. 한 무리의 노인들이 압각수 앞에서 윷놀이를 벌이고 있다. 공연장 옆 등나무 옆에도 윷놀이를 하고 있다. 아무런 거리낌도 없다. 중앙공원은 노인들의 해방특구이기 때문이다. 공원 안에서 노인들을 제재할 수 있는 그 무엇도 없었다. 있어도 그냥 넘어가는 것이 상례였다.

김 노인은 두어 달 전 만난 서 노인이 왔나 두리번거리며 공원 안을 살폈다. 그러나 서 노인이 벌써 나타날 일은 없었다. 서 노인이 이 시간에 공원까지 오려면 새벽밥을 먹고 걸어와도 가능한 것이 아니었다. 김 노인은 잠시 걸음을 멈추고 고민에 빠졌다. 딱히 정해진 자리가 있는 것도 아니었지만, 오늘 하루 시간을 보낼 적당한 장소부터 물색해야 했다. 아침에 잡는 자리에 따라 그날 하루 일과가 달라졌다. 그것을 알게 된 것도 몇 년간 중앙공원에 출근을 한 뒤 터득한 비법이었다. 공원에 모이는 노인들의 놀이는 정해져 있었다. 윷놀이와 장기두기 두 가지가 전부였다. 그중에서도 윷놀이를 하는 노인들이 거의 대부분을 차지했고, 공원 북쪽 가장자리 관리사무소 앞에 모인 노인 일부가 장기를 두며 놀았다. 그 외의 노인들은 공원의자에 앉아 시간을 보내다 낯익은 사람이나 처음 본 사람과 말문을 터 잡담을 하는 것이 일과였다.

날씨도 쌀쌀하고 바람도 으스스해 경로당 안으로 들어갈까 하다 김 노인은 이내 마음을 접었다. 경로당 안에 모인 노인들은 화투를 주로 했다. 돈내기를 하기도 했지만 주로 술내기를 하는 화투였다. 경로당 안에서 노는 부류는 바깥에서 노는 치들과는 격이 달랐다. 젊어서 한때는 행세깨나 했던 사람들이었다. 김 노인은 그들을 보면 괜히 주눅부터 들었다.

"여봐, 자넨 어째 맨날 얻어먹기만 하고 사는 법이 없는가?"

며칠 전이었다. 김 노인은 화투를 하는 사람들 뒤에서 구경만 했다. 화투를 할 줄은 알지만 김 노인이 그들과 함께 하기에는 판돈도 컸고, 실력이 내기 화투를 칠 정도는 아니었다. 여느 날처럼 그날도 김 노인은 그들이 치는 화투를 구경만 했다. 제 돈 잃고도 좋아하는 쓸개 빠진 놈이 있을까. 판이 끝날 때쯤이면 호불호가 분명해져 얼굴 표정만 봐도 결과를 명확하게 알 수 있었다. 그들 곁에 바싹 들러붙어 점수도 도와주고 계산도 해주며 온갖 심부름을 하는 살살이가 화투판이 끝나자 진 사람들에게 배당된 몫의 돈을 걷어 서문시장 골목 순댓집으로 달려갔다. 그때였다.

"사람이라는 게 염치가 있어야지. 어떻게 입만 달고 다니냔 말여!"

젊어서 어디 관에 근무했다며 꽤나 거드름을 피우던 사람이었다. 평소에도 주변 사람들을 아랫것 다루듯 하는 그런 막무가내 인물이었다. 나이는 김 노인 보다 서너 살 위쯤 보였지만 그렇다고 하대를 할 정도로 막역한 사이는 아니었다. 그런데도 첫 마디부터 다짜고짜 하대를 했다. 꼴을 보니 화투판에 져 부아가 잔뜩 나있었다. 그 화풀이를 하는 것인지 느닷없이 김 노인에게 화살을 돌렸다.

"노형, 뭔 말씀이오?"

무슨 의도로 그러는지 김 노인도 어렴풋 짐작은 하고 있었지만, 그래도 되물었다.

"그게 그렇지 않냔 말여? 남의 음식을 그렇게 축냈으면 한 번쯤 내야 도리 아녀?"

김 노인 짐작대로 그것이었다. 김 노인은 화투판 구경을 하다 승패가 갈려 진 사람들이 추렴한 돈으로 술과 음식을 사오면 뒷전에서 얻어먹기만 했다. 그 사람은 그게 눈에 거슬려 벼르고 있었던 모양이었다. 김 노인도 속에서 부아가 치밀어 올랐지만. 그가 하는 말이 틀린 것도 아니고, 자신도 잘 한 것이 없어 고스란히 무안을 당하다 경로당을 빠져나온 것이 며칠 전이었다.

김 노인은 윷놀이도 할 줄 모르고 장기도 둘 줄 몰랐다. 더구나 내기라는 것은 해본 적이 없었다. 그저 식구들만 생각하며 한 눈 한 번 팔지 못하고 살아온 자신의 인생이 바보스럽기만 했다. 하루하루 시간이 갈수록 빠꿈이처럼 살아온 자신의 과거가 한심스러웠다. 그렇게 살아 지금 자신에게 어떤 득이 되었는지 알 수도 없다. 날이 갈수록 허망함만 더해갔다. 김 노인은 망선루 앞 의자에 떨어진 단풍잎을 손으로 쓸어내며 자리를 잡았다.

가을이 깊어가며 날씨가 쌀쌀해지자 공원에도 노인들의 숫자가 확연하게 줄어들었다. 이렇게 계절이 바뀔 때마다 눈에 익던 노인들이 한두 명씩 공원에 나타나지 않았다. 날씨가 추워진 탓이다. 그러나 날씨 때문에 나오지 못하는 노인들은 날이 풀리거나 이듬해 봄이 되면 다시 공원에 모습을 나타냈다. 그러나 며칠씩 계속해서 보이지 않거나 봄이 되어도 공원에 모습을 보이지 않는 노인은 십중팔구 병이 깊어 병원에 갇혀있거나 세상을 등진 노인들이었다. 김 노인이 처음 그런 일을 겪었을 때는 심사가 매우 복잡했다. 그러나 이제는 그 일이 일상처럼 주변에서 일어나자 무덤덤해졌다. 얼마 전에도 공원에서 만나 가깝게 지내던 박 노인이 뇌일혈로 밤사이에 떠나가 버렸다. 김 노인은 박 노인이 그렇게 됐다는 얘기도 나중에야 들었다. 장례식을 끝내고도 한참 후였다. 일 년여를 같이 밥도 먹고 술도 먹으며 서로 하소연을 나누던 그런 사이였다. 그런데 마지막 가는 길을 배웅하기는커녕 저 세상으로 떠난 지도 모르고 있었다. 잠깐 허망했지만 곧 잊어버렸다. 늙은이들은 살아있어도 살아있는 목숨이 아니었다. 슬픔도 느끼지 못하는 자신이 사람 같지 않게 느껴졌다. 김 노인은 이게 늙은이들의 삶인가 하는 생각을 하며 떠난 박 노인보다 자신의 신세가 더 처량하게 느껴졌었다.

김 노인도 마찬가지였지만 공원에 나오는 노인들에게 내일은 없었다. 젊은 시절 주체할 수 없었던 의욕도 어디론가 사라진 지 이미 오래였다. 노인들은 어찌 보면 하루하루를 견뎌내는 노숙자와도 같았다. 오늘 하루는 또 어디서 어떻게 보낼까 하는 그것만이 관심사였다. 그런 노인들에게 '건전한 문화를 즐깁시다', '공원 내에서 술을 마시지 맙시다'라고 쓰인 현수막은 그것을 걸어놓은 공무원의 희망사항일 뿐이었다. 노인들과는 아무런 상관도 없는 헛구호에 불과했다.

김 노인이 이런저런 생각에 빠져있을 때 압각수 쪽에서 고래고래 소리를 지르며 싸우는 소리가 들려왔다. 오늘은 다른 날에 비해 좀 이르게 시작됐다. 하루에도 수도 없이 일어나는 일이라 새로울 것도 없는데, 김 노인은 압각수 쪽으로 발길을 옮겼다. 사람들이 빙 둘러서서 히히덕거리며 구경을 하고 있었다. 윷놀이를 하던 늙은이 둘이 다툼을 벌이고 있었다. 보나마나 내기 윷놀이를 하다 시비가 붙은 것이 분명했다. 한 사람은 보기에도 나이가 무거워 보이는 상늙은이였고, 상대는 그보다는 나이가 예닐곱은 적어보이는 중늙은이 축이었다.

"이 새끼야! 낙인데 왜 거기다 발을 대?"

"윷짝이 발에 닿지도 않았는데, 웬 트집이유?"

"이 새끼야! 그럼 내가 억질 쓴단 말여?"

상늙은이는 다짜고짜 욕부터 내질렀다.

"나이도 자실만큼 자신 양반이 말끝마다 새끼가 뭐유. 나두 집에 가면 손자가 있는 사람이유. 아무한테나 새끼 소릴 들을 나이가 아니란 말이유."

중늙은이가 거슬렸는지 상늙은이에게 인상을 썼다.

"낙 얘길 하는데 나이가 뭔 소용이냐?"

"그럼 나이가 아무 소용 읎단 말유?"

"내 말이 잡아먹힐 판인데 나이가 뭔 소용이여, 이 새끼야!"

상늙은이 입에서 또 욕이 튀어나왔다. 상늙은이는 입에 욕이 붙어 다녔다.

"나이 몇 살 더 처먹었다고 대우를 좀 해줄랬더니 늙은 놈이 먼저 나이 소용 없다니까 맞장 한 번 까보자. 눈이 밝으면 한 살이라도 어린 내가 더 밝을 테고, 니 놈보다 내가 더 가까이 있었으니 봐도 내가 더 잘 봤을 것 아니냐? 이 늙은 놈아!"

거듭되는 상노인의 욕지거리에 핏대가 오른 중늙은이도 욕을 퍼부었다.

"아니, 저 싹수 없는 놈 좀 보게. 어디다 대고 놈잘 붙여."

"어리게 봐줘서 고맙기는 하다만 니놈은 새끼자도 붙였잖냐? 나이 처먹은 게 무슨 훈장이라고 아무한테나 내지르면 상수냐? 이 개새끼야!"

"아니? 저……저 놈 좀 보게!"

기세등등하던 상늙은이가 중늙은이의 대찬 대거리에 기가 죽어 더 이상 욕지거리도 못하고 말을 더듬으며 허둥댔다.

"세상에 지 돈 안 아까운 놈 있다더냐? 그렇게 아까우면 애초부터 내길 말았어야지. 시작할 땐 남에 돈 따먹으려고 했다가 지니까 오리발이냐? 아까우면 억지 부리지 말고 차라리 못 주겠다고 해라. 나이 처먹어가지고 뭐냐? 추접지근하게. 그렇게 물 흐릴려면 여기 오지도 말어, 개새끼야!"

중늙은이가 마지막으로 욕을 한방 날렸다. 상늙은이는 꿀 먹은 벙어리처럼 입이 붙어버렸다. 싸움을 말리는 사람도 부추기는 사람도 없다. 그것으로 끝이었다.

윷놀이를 하는 노인들은 두 명씩 짝을 이뤄 두 팀이 내기를 한다. 말 네 개를 먼저 내보낸 팀이 이기게 되는데 총 네 판을 한 게임으로 하여 한 판이 끝날 때마다 진 팀에서 정해진 돈을 낸다. 이렇게 모인 돈으로 공원 내 리어카 커피를 파는 곳으로 가기도 하고 공원 인근 술집으로 가 술을 마신다.

윷놀이 판도 깨지고 구경꾼이 흩어지자 압각수 앞은 다시 조용해졌다. 김 노인은 문득 압각수에서 자라고 있는 소나무가 궁금해졌다. 압각수 몸통에서 남쪽으로 갈라져 뻗어나간 줄기에는 한 자 정도 되는 소나무가 자라고 있었다. 어디서 소나무 씨가 날아와 뿌리를 내렸는지 은행나무에 붙어 자라는 소나무가 신기했다. 무성한 은행나무 이파리 때문인지 좀처럼 찾기가 쉽지 않다. 몇 번이나 시린 눈을 비벼가며 잎사귀들 틈에 있는 가느다란 소나무를 발견했다. 반가웠다. 무르익을 대로 무르익은 압각수의 샛노란 이파리에 치여 소나무 잎도 노래진 것처럼 느껴졌다. 남의 집에 빌붙어 겨우살이로 살아가는 소나무가 김 노인은 자신의 처지처럼 느껴졌다.

"여봐!"

그때 서 노인이 나타났다.

서 노인의 집은 중앙공원이 있는 도심지에서도 오십 여리는 떨어진 시골이었다. 올 초

도청 소재지가 속한 시와 통합되어 서 노인도 시민이 되기는 했지만 아침 첫 시내버스를 타고 나와도 언제나 점심나절은 되어야 공원에 당도했다. 비록 서 노인이 시골에 살고 있기는 했지만 공원에 출근한 경력으로는 김 노인보다 훨씬 연배였다. 서 노인은 공원에서 일어나는 하루 일과는 물론이고 달 별로 일 년 동안 벌어지는 행사들을 빠꿈이처럼 외고 있었다. 그는 수완도 좋고 넉살도 숫기 없는 김 노인과는 비교도 되지 않았다. 며칠 전 경로당에서 관에 다녔다는 늙은이에게 당한 것도 서 노인이 그날따라 오지 않은 까닭이었다. 서 노인만 있었어도 어떻게든 그 지경은 당하지 않았을 터였다.

"즘심이나 먹으러 가세."

서 노인을 만나기 전까지 김 노인은 점심을 노다지 걸렀다. 성곽이 있는 공원 서쪽 YMCA 건물의 노인급식소에서 매일처럼 노인들에게 점심을 제공하고 있었지만 왠지 그걸 얻어먹는 것이 걸뱅이처럼 느껴졌다. 그렇다고 공원 주변에 널려있는 식당에서 사먹는 요기도 싫었다. 뭘 더 살겠다고 늙은이가 혼자 앉아 꾸역꾸역 음식을 입으로 구겨 넣는 것도 볼성사나웠다. 이래저래 점심을 굶는 날이 다반사였다. 늙어갈수록 밥심으로 산다더니 저녁에 집으로 갈 때는 온몸이 물먹은 솜 덩어리처럼 쳐졌고 다리는 천근만근이었다. 그러다 서 노인을 만난 이후부터는 어디서 사먹거나 무엇을 얻어먹어도 굶지는 않았다. 오늘따라 급식소 앞에는 밥을 타먹으려는 노인들이 유난히도 많았다. 급식소 입구부터 순교자를 기리는 현양 빗돌 앞까지 줄나래비를 이루고 있었다.

"돼지고기 두루치기를 주는 날이라 손님이 많네. 저렇게 줄이 길면 헛일이여. 우리가 너무 늦게 왔나봐."

서 노인이 아쉽다는 듯 입맛을 다시며 말했다.

"이봐! 내가 살 테니 저기 골목 국밥집으로 가."

김 노인의 말에 서 노인은 반색을 하며 따라나섰다.

모처럼만에 두 노인이 술까지 얼간하게 마시고 공원으로 다시 돌아왔을 때는 따뜻한 오후 햇볕이 내리쬐고 있었다. 따뜻한 볕과 술기운이 어우러지며 온몸이 나른해졌다. 두 노인은 의자에 앉아 해바라기를 하며 기분 좋은 햇볕을 즐겼다. 배부르고 정신까지 몽롱하니 더 이상 바랄 것이 없었다.

"이 ××년이 어딜 와 남에 영업을 방해하는 겨?"

"니가 가계를 내 영업하는 것도 아니구 뭔 영업방해라는 겨?"

나른한 오후를 즐기고 있던 두 사람의 망중한을 깬 것은 여자들의 앙칼진 목소리 때문이었다. 일명 '박카스아줌마'들이었다. 날씨가 쌀쌀해지며 노인들이 눈에 띄게 줄어들자 박카스아줌마들도 몹시 날카로와졌다.

“왕갈보 목소리 아니냐?”

“좋은 구경났다. 가보자!”

김 노인과 서 노인이 의자에 앉아 졸다 벌떡 일어나 소리가 나는 쪽으로 급하게 갔다. 싸움은 한창 무르익어 있었다. 두 여자가 개처럼 뒤엉겨 낙엽이 쌓인 땅바닥을 뒹굴며 드잡이를 하고 있었다. 머리는 ‘미친년 나뭇단’처럼 헝클어져 산발이 되었고, 서로 꼬집어 뜯었는지 얼굴에는 생채기가 나있었다. 바지를 입은 여자는 허연 허리가 다 드러났고, 치마를 입은 여자는 속옷이 훤하게 보이는데도 모르고 싸움박질을 했다.

“간만에 속살 구경 하누만. 이거 참 회가 동허네.”

서 노인이 여자의 사타구니에서 눈길을 고정한 채 귓속말을 했다.

“전번에도 내가 다 해논 물건에 달려들어 이 ××년이 채가더니 또 지랄이냐?”

“니 년은 뭘 잘했냐. 똑같이 거시기 팔면서 날 꼬질러 파출소에 갔다 오게 한 게 니 년 소행이었다는 걸 내 모를까봐?”

두 여자는 드잡이를 하면서도 자신들이 싸우게 동기를 빙 둘러선 구경꾼들에게 낱낱이 전했다.

왕갈보는 칠십이 넘은 할머니였다. 중앙공원에서 왕갈보를 모르는 노인이 없을 정도로 오랫동안 이곳에서 영업을 해왔다. 들리는 얘기로는 젊은 시절 한때는 시내에서 날렸던 요정 기생이었다고 한다. 그랬던 왕갈보가 공원으로 흘러든 것은 세월에 밀린 까닭이었다. 그래도 왕년의 화류계 근성이 살아있어 공원 내에서도 거정을 피웠다. 더구나 다른 박카스아줌마가 자신의 구역을 넘어오면 인정사정없이 두들겨 팼다. 그러니 사흘도리로 공원 내에서는 박카스아줌마들 간에 머리채를 잡고 치고받는 일이 일어났다. 성수기 때는 공원 안에 삼사십 명의 박카스아줌마들이 있었지만 날씨가 차가워지며 노인들의 수가 줄어들자 덩달아 손님이 줄어들었다. 그러니 날카로워질 수밖에 없었다.

시청이나 시민단체에서는 성매매가 불법이고 건강을 해치는 일이라며 공원 곳곳에 현수막을 달고 떠들어댔지만 그것으로 노인들의 외로움을 막을 수는 없는 일이었다. 주변에서 철저하게 소외되어 고립된 노인들은 누군가라도 대화 상대가 절실하게 필요했다. 그런데 박카스아줌마들의 살가운 목소리는 노인들의 마음을 흔들기에 충분했다. 비록 돈을 받기는 했지만 박카스아줌마들은 아무도 거들떠보지도 않는 노인들의 말동무도 돼주고 밥도 술도 같이 먹어주며 허전한 가슴을 메워주었다. 어떤 노인은 심심풀이로 만나다가 눈이 맞아 공원 근처의 허름한 여관방을 얻어 살림을 차리기도 했다. 노인들에게는 성병이 아니라 외로움이 더 큰 병이었다.

해가 제법 많이 기울었다. 공원 내에서 일어나는 모든 싸움은 승자도 패자도 없었다. 이곳에 모인 사람들에게 그런 것은 관심도 없었다. 그냥 그렇게 한바탕 붙었다 떨어지면 그것으로 끝이었다. 왕갈보 싸움구경이 끝나자 두 노인은 다시 공원 안을 이리저리 어슬렁거렸다. 그 때 노인헌장비 옆 긴의자에 어떤 여자가 앉아 햇볕을 쬐고 있었다.

"박카스 같은데, 못 보던 얼굴이네."

서 노인 얼굴에 잔뜩 호기심이 어렸다.

"가보세!"

김 노인도 관심을 보였다.

"새로 왔수?"

서 노인이 빙글빙글 웃으며 물었다.

"어디서 왔슈?"

"……."

쉰은 됐을까 말까한 젊은 여자였다. 공원 내에서 보지 못했던 새얼굴이었다. 두 노인이 번갈아 물어봐도 그 여자는 묵묵부답이었다.

"그러지 말고 대답 좀 해보슈!"

"……."

그래도 여전히 아무런 대꾸도 하지 않은 채 다소곳하게 앉아 손만 만지작거렸다.

"술이나 한 잔 하러 갑시다!"

김 노인이 적극적으로 나왔다.

의외였다. 이제껏 한 번도 공원의 그런 여자들에게 관심을 가져본 적이 없었다. 그런데 오늘따라 그 젊은 여자에게 호감이 갔다. 김 노인 스스로도 자신이 왜 이러는지 당황스러웠다. 아마도 서 노인과 점심을 먹으며 마신 술 탓이라고 생각했다.

"전 그런 여자 아니에요."

술을 마시러 가자는 김 노인의 제안에 처음으로 대답을 했다. 목소리가 차분했다. 행동거지도 무척 조심스러웠다. 김 노인은 그런 여자의 일거수일투족이 마음에 쏙 들었다. 여자로 느껴졌다.

공원에서 영업하는 여느 박카스아줌마들과는 전혀 달랐다. 김 노인은 그것에 더 마음이 쏠렸다. 박카스아줌마들은 부끄러움도 몰랐다. 여자다운 맛이라고는 눈을 씻고 찾으려 해도 없었다. 그 여자들은 이미 여자가 아니었다. 그 여자들은 어떻게라도 노인들을 꼬여 물건을 파는 데만 눈에 불을 켰다. 그 여자들은 어떤 노인이든 돈 있는 기미만 보이면 각다귀처럼 달려들어 음료수를 꺼내 건네며 말동무를 자청하며 점심이나 술을 같이 한다. 그러다 분위기가 무르익으면 '놀러 가실래요'라고 유혹해서 공원 인근 여관으로 끌고 가 윤락행위를 벌였다. 어떤 박카스아줌마는 아예 숙박업소 주인과 장기계약으로 방을 얻어놓고 그곳으로 노인들을 유인해 영업을 하기도 했다. 김 노인도 중앙공원으로 출근하며 박카스아줌마들로부터 수없이 유혹을 당했다. 그럴 때마다 그러다가 혹여 몹쓸 병이라도 걸리면 늙은이가 무슨 개망신일까 싶어 이제껏 참아왔다. 그런데 지금 눈앞에 있는 젊은 여자는 그런 되바라진 박카스들과는 전혀 다른 분위기였다.

"그럼 뭘 드실라나?"

김 노인은 어떻게라도 그 여자의 환심을 사 얘기라도 나누고 싶었다.

"정 그러시다면 오라버니들, 커피나 한잔 사주셔요."

'열 번 찍어 안 넘어가는 나무 없다'더니 끈질긴 노력 덕분이었는지 젊은 여자가 마침내 두 노인의 소원을 들어주었다. 두 노인이 발걸음도 가볍게 앞장서고 젊은 여자는 그 뒤를 따랐다.

그날 김 노인과 서 노인, 그리고 젊은 여자는 커피에서 저녁으로, 다시 술로 이어졌다. 그리고 너무나 자연스럽게 공원 인근 그녀의 방까지 완벽하게 코스를 답사했다. 그로부터 며칠 뒤 두 노인은 나란히 공원 인근 의원으로 향했다. 아무래도 탈이 난 모양이었다.

정연승(충북도립대학 외래교수)

시조 쓰기

1. 시조의 가치

국문학 갈래 중 하나인 고대가요, 향가, 고려속요, 가사문학 등은 한 시대를 노래했지만 지금은 흔적만 남아 있을 뿐 사라지고만 장르이다. 그러면 100년 뒤 한국문학 속에서 시조문학은 어떤 위상을 차지할까? 시조문학도 100년 뒤 우리 국민들의 문화생활 속에서 사라지거나 중심적인 문학 활동에서 제외된다면 아마도 국문학조차 없는 민족이 되고 말 것이다.

우리 민족 고유의 전통시인 시조가 현대시조로 거듭 난지 100년이 넘어서고 있다. 그러나 서구의 자유시와 현대 시문학에 안방을 내줌으로써 시조는 우리 스스로 외면당하고 배제되어 변방으로 밀려나 있다.

무엇보다 시조는 우리 민족 고유의 정서와 사상, 체험과 가치관이 용해되어 있는 문학 갈래이다. 따라서 시조를 통해 민족 정서를 익히고 선인들 삶의 태도를 접하며 자신의 사상과 가치관을 정립해야 한다. 만약 우리 문학에서 시조문학을 뺀다면 '얼'이 빠진 문학이 될 것이 분명하다.

시조를 대하는 것은 우리 민족의 사상과 감정을 접하게 되는 것이요, 우리말과 우리 정신이 하나되는 체험의 기회를 제공하는 것과 같다. 한국인의 정체성과 우리 문학의 우수성에 자부심과 긍지를 가질 수 있도록 그 기회가 확대되어야 한다.

2. 시조 명칭

시조 명칭은 영조 때 신광수가 쓴 『석북집』에 나타난 기록을 토대로 '시절단가(時節短歌)', 혹은 '시절가조(時節歌調)'에서 비롯되었다는 학자들이 있다. 그러므로 시조는 엄격한 의미에서 문학장르의 일종이라기보다는 음악의 노랫말에 가깝다는 주장도 있다. 그리고 시조라는 명칭을 표기함에 있어서 왜 하필 '시조'라는 '시'자에 글 '詩'자가 아닌, 때 '時'자를 썼느냐는 점이다. 그것은 시조는 당대의 정서, 당대의 시대상황을 담는 문학양식이기 때문이다. 수많은 우리 고시조를 살펴보면 그 배경에는 반드시 당대의 정서가 녹아 있게 마련이다. 그러므로 현대시조는 가장 현대적인 오늘의 정서를 아우르는 문학양식이요, 민족시로서의 그 존재가치가 있다고 본다. 형식만 정형을 따를 뿐이지 거기에 담는 내용은 오늘의 정서, 오늘의 삶의 이야기를 아우르는 현대시와 하나도 다를 바가 없다. 시조(時調)는 말 그대로 시대의 노래이며 리얼리티가 생명이다. 현대인의 생각, 고통과 좌절, 시대상을 담아내야 비로소 시조로서의 생명력을 얻을 수 있게 되는 것이다.

3. 시조 형식

시조에서 가장 주목해야 할 대목은 형식으로 우리말의 기본 마디인 3·4조(3·3조)로 이루어져 있다는 것이다. 이 때문에 우리 민족의 호흡에 가장 걸맞고 세계 어디에서도 그 유형을 찾아볼 수 없는 독특한 리듬을 지니고 있다는 사실이다. 우리가 숨 쉬며 살고 있는 생활의 걸음걸이가 3음절 내지 4음절의 정서에서 우러나왔다는 사실은 여러 가지 예에서 확인할 수 있다. 우리의 춤사위나 전래 민요, 판소리 가락, 노동요는 물론 요즘 불리워지고 있는 가요(트롯트) 또한 이러한 율조를 기본 바탕으로 삼고 있다.

시조 형식의 특징을 살펴보면 첫째, 초·중·종장 '3장 구조'의 형식적 장치를 가진 정형성을 지니고 있다는 점이다. 고시조에서 초·중·종장의 3장 구조를 벗어난 예는 없다. 그런 점에서 3장 구조는 시조의 핵심적 형식 장치라고 할 수 있다.

시조형식의 두 번째 특징은 각 장이 '4음보의 율격구조'를 기본으로 다양한 형식적 변용을 꾀하는 신축성, 유연성을 지니고 있다는 점이다. 정격의 율격을 지니면서도 때로는 넘치는 흥취를 시조 형식 속에 융통성 있게 담아내는 파격과 여유를 누리기도 한다. 즉, 시조는 일탈하려는 원심력과 그를 형식 속에 제어하고 축약하려는 구심력이 팽팽한 긴장을 이루고 있다. 3장 6구의 제어 장치 속에 운율도 살아 있고 시가 지나치게 산문화하는 것도 막아준다. 경계 위에서 누리는 언어유희라고 할 수 있다.

셋째, 여기에 더하여 '종장의 전환 구조'에 따른 세련성이다. 종장의 전환 구조는 초·중장의 반복에서 오는 지루함에서 벗어나게 하는 전환의 효과를 가져온다. 이는 시조가 오랜 세월을 걸쳐 더해진 예술성으로 시조의 멋과 여유, 격조를 한껏 끌어올리는 역할을 하고 있다. 또한 종장 첫 3자를 지키는 것은 시의 형식을 지키는 마지막 보루라고 할 수 있다.

그러나 일부 그릇된 인식과 잘못된 시조교육으로 '막힌 시조', '융통성이 없는 시조'로 알고 있는 오류를 범하고 있다. 시조는 융통성이 많은 자유로운 시이다. 음수율이나 음보율만 가지고는 도저히 그 율격을 잴 수 없는, 우리 민족의 공동체의식에서 자유롭게 우러나온 신명처럼 독특한 내재율이 살아 있는 형식 체험의 시인 것이다.

요즘 시대는 급변하고 있다. 길게 말하는 것을 오래 들어 줄 여유가 없다. 거두절미하고 요점만 말하라고 한다. 중·고등학교 학생들이나 젊은이들을 보면 텔레비젼 프로그램이나 드라마 제목도 있는 그대로 말하지 않는다. 예를 들면 '일요일 밤'이란 예능 프로그램을 '일밤'이라고 부르고, 그렇게 생략해서 불러도 이해하고 알아듣는다. 현대인들이 글 또한 짧은 글을 선호하는 만큼 시조는 미래에 가장 적합한 형식이 아닐까 하는 생각을 해보게 된다.

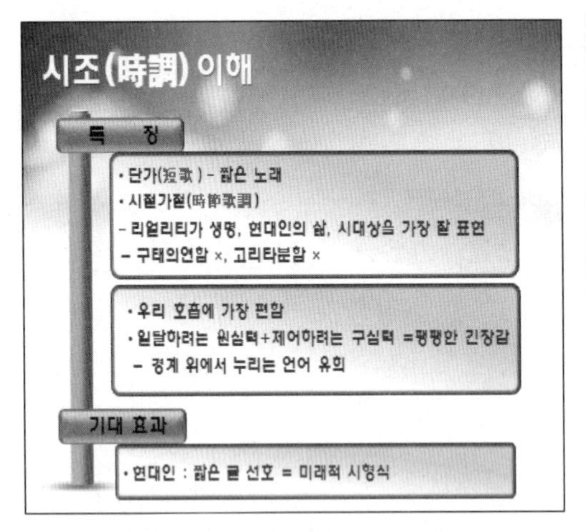

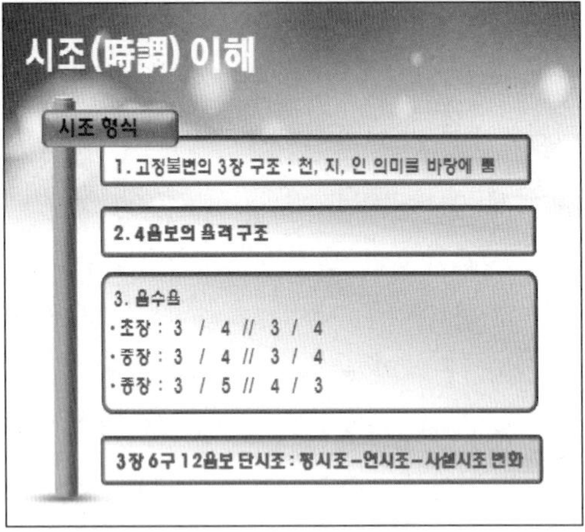

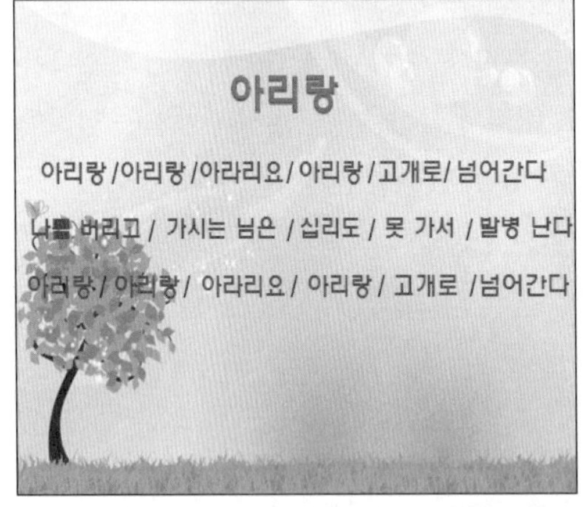

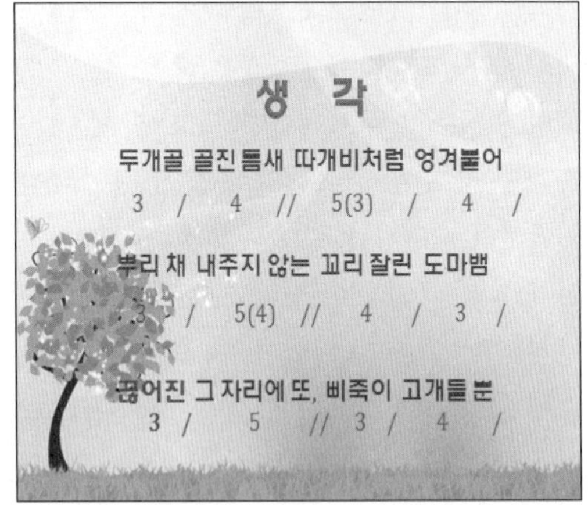

4. 맺음말

시조 한 수는 45자 안팎의 언어로 구성되어 있다. 짧다면 짧고, 작다면 작은 그 그릇 속에는 우리 민족의 온갖 사고방식, 생활상까지 다 담겨 있다. 한 나라의 민족시는 그 민족의 리듬이요, 그 민족의 살아 숨 쉬는 힘의 원천인 것이다. 그러기에 시조문학은 유구 천 년의 역사를 간직한 채 오늘날까지 그 맥락을 이어오고 있는 것이다. '현대화=서구화'라는 등식에 휘말려 상실되어 가고 있는 우리의 정신을 회복하는 것이 바로 우리의 정체성 확립이라고 본다. 이러한 관점에서 우리의 숨결, 우리의 정신이 담겨 있는 시조문학이 재조명되어야 마땅하고 시조 창작 운동이 널리 확산되어야 할 것이다.

무궁화 꽃이 피었습니다

무궁화 꽃이 피었습니다
두 눈 꼭 감은 채
나무 너른 둥치에 이마 대고 돌아섰지만
숨죽여 다가선 기척 다 헤아릴 듯합니다

무궁화 꽃이 피었습……
냉큼 뒤돌아서자
살금살금 다가서던 새까만 눈동자들
또르르 구르다 멈춰 꽃잎 벙글 듯 말 듯

무궁화 꽃이 피……
힐끔 뒤를 봅니다
시치미 뚝 떼고선 저만치 딴청입니다
심증은 분명한데도 물증은 숨겨버렸어

무궁화……
가슴 졸여 휙 돌아서는 찰나
와- 터진 함성소리에 무궁화 꽃 활짝 핍니다
또 내가 술래입니다 아이들은 신났습니다

노영임(충북교육청 장학사)

바람맞다

누구냐,
손맛이라며 호들갑을 떠는 자
찌에 애원을 달고 바늘에 구걸도 꿰어
추보다
묵직한 감으로
낚아 올린 거부통첩

이 넓은 바다에서 그대 속맘 알겠네
사랑은 놓아주는 것
그저 마냥 기다리는 것
심해, 저
멀찍이 두고
그리움만 키우는 것

김선호(충청북도 문화예술과장)

Ⅶ. 한국 어문 규정집

Ⅶ. 한국 어문 규정집

문교부 고시 제88-1 호(1988. 1. 19.)

한글 맞춤법

한글 맞춤법

제1장 총칙

제 1 항 한글 맞춤법은 표준어를 소리대로 적되, 어법에 맞도록 함을 원칙으로 한다.

제 2 항 문장의 각 단어는 띄어 씀을 원칙으로 한다.

제 3 항 외래어는 '외래어 표기법'에 따라 적는다.

제2장 자모

제 4 항 한글 자모의 수는 스물넉 자로 하고, 그 순서와 이름은 다음과 같이 정한다.

ㄱ(기역)	ㄴ(니은)	ㄷ(디귿)	ㄹ(리을)	ㅁ(미음)
ㅂ(비읍)	ㅅ(시옷)	ㅇ(이응)	ㅈ(지읒)	ㅊ(치읓)
ㅋ(키읔)	ㅌ(티읕)	ㅍ(피읖)	ㅎ(히읗)	
ㅏ(아)	ㅑ(야)	ㅓ(어)	ㅕ(여)	ㅗ(오)
ㅛ(요)	ㅜ(우)	ㅠ(유)	ㅡ(으)	ㅣ(이)

[붙임 1] 위의 자모로써 적을 수 없는 소리는 두 개 이상의 자모를 어울러서 적되, 그 순서와 이름은 다음과 같이 정한다.

ㄲ(쌍기역)	ㄸ(쌍디귿)	ㅃ(쌍비읍)	ㅆ(쌍시옷)	ㅉ(쌍지읒)	
ㅐ(애)	ㅒ(얘)	ㅔ(에)	ㅖ(예)	ㅘ(와)	ㅙ(왜)
ㅚ(외)	ㅝ(워)	ㅞ(웨)	ㅟ(위)	ㅢ(의)	

[붙임 2] 사전에 올릴 적의 자모 순서는 다음과 같이 정한다.

자 음:	ㄱ	ㄲ	ㄴ	ㄷ	ㄸ	ㄹ	ㅁ	ㅂ
	ㅃ	ㅅ	ㅆ	ㅇ	ㅈ	ㅉ	ㅊ	ㅋ
	ㅌ	ㅍ	ㅎ					

모 음:	ㅏ	ㅐ	ㅑ	ㅒ	ㅓ	ㅔ	ㅕ	ㅖ
	ㅗ	ㅘ	ㅙ	ㅚ	ㅛ	ㅜ	ㅝ	ㅞ
	ㅟ	ㅠ	ㅡ	ㅢ	ㅣ			

제3장 소리에 관한 것

제 1 절 된소리

제 5 항 한 단어 안에서 뚜렷한 까닭 없이 나는 된소리는 다음 음절의 첫소리를 된소리로 적는다.

1. 두 모음 사이에서 나는 된소리

소쩍새	어깨	오빠	으뜸	아끼다
기쁘다	깨끗하다	어떠하다	해쓱하다	가끔
거꾸로	부썩	어찌	이따금	

2. 'ㄴ, ㄹ, ㅁ, ㅇ' 받침 뒤에서 나는 된소리

산뜻하다	잔뜩	살짝	훨씬	담뿍
움찔	몽땅	엉뚱하다		

다만, 'ㄱ, ㅂ' 받침 뒤에서 나는 된소리는, 같은 음절이나 비슷한 음절이 겹쳐 나는 경우가 아니면 된소리로 적지 아니한다.

국수	깍두기	딱지	색시	싹둑(~싹둑)
법석	갑자기	몹시		

제 2 절 구개음화

제 6 항 'ㄷ, ㅌ' 받침 뒤에 종속적 관계를 가진 '-이(-)'나 '-히-'가 올 적에는, 그 'ㄷ, ㅌ'이 'ㅈ, ㅊ'으로 소리나더라도 'ㄷ, ㅌ'으로 적는다.(ㄱ을 취하고, ㄴ을 버림.)

ㄱ	ㄴ	ㄱ	ㄴ
맏이	마지	핥이다	할치다

해돋이	해도지		걷히다	거치다
굳이	구지		닫히다	다치다
같이	가치		묻히다	무치다
끝이	끄치			

제3절 'ㄷ' 소리 받침

제7항 'ㄷ' 소리로 나는 받침 중에서 'ㄷ'으로 적을 근거가 없는 것은 'ㅅ'으로 적는다.

덧저고리	돗자리	엇셈	웃어른	핫옷
무릇	사뭇	얼핏	자칫하면	뭇[衆]
옛	첫	헛		

제4절 모 음

제8항 '계, 례, 몌, 폐, 혜'의 'ㅖ'는 'ㅔ'로 소리나는 경우가 있더라도 'ㅖ'로 적는다.(ㄱ을 취하고, ㄴ을 버림.)

ㄱ	ㄴ		ㄱ	ㄴ
계수(桂樹)	게수		혜택(惠澤)	헤택
사례(謝禮)	사레		계집	게집
연몌(連袂)	연메		핑계	핑게
폐품(廢品)	페품		계시다	게시다

다만, 다음 말은 본음대로 적는다.

게송(偈頌)　게시판(揭示板)　휴게실(休憩室)

제9항 '의'나, 자음을 첫소리로 가지고 있는 음절의 'ㅢ'는 'ㅣ'로 소리나는 경우가 있더라도 'ㅢ'로 적는다.(ㄱ을 취하고, ㄴ을 버림.)

ㄱ	ㄴ		ㄱ	ㄴ
의의(意義)	의이		닁큼	닝큼
본의(本義)	본이		띄어쓰기	띠어쓰기
무늬[紋]	무니		씌어	씨어

보늬	보니	틔어	티어
오늬	오니	희망(希望)	히망
하늬바람	하니바람	희다	히다
늴리리	닐리리	유희(遊戲)	유히

제5절 두음 법칙

제10항 한자음 '녀, 뇨, 뉴, 니'가 단어 첫머리에 올 적에는, 두음 법칙에 따라 '여, 요, 유, 이'로 적는다.(ㄱ을 취하고, ㄴ을 버림.)

ㄱ	ㄴ	ㄱ	ㄴ
여자(女子)	녀자	유대(紐帶)	뉴대
연세(年歲)	년세	이토(泥土)	니토
요소(尿素)	뇨소	익명(匿名)	닉명

다만, 다음과 같은 의존 명사에서는 '냐, 녀' 음을 인정한다.

냥(兩) 냥쭝(兩-) 년(年)(몇 년)

[붙임 1] 단어의 첫머리 이외의 경우에는 본음대로 적는다.

남녀(男女) 당뇨(糖尿) 결뉴(結紐) 은닉(隱匿)

[붙임 2] 접두사처럼 쓰이는 한자가 붙어서 된 말이나 합성어에서, 뒷말의 첫소리가 'ㄴ' 소리로 나더라도 두음 법칙에 따라 적는다.

신여성(新女性) 공염불(空念佛) 남존여비(男尊女卑)

[붙임 3] 둘 이상의 단어로 이루어진 고유 명사를 붙여 쓰는 경우에도 [붙임 2]에 준하여 적는다.

한국여자대학 대한요소비료회사

제11항 한자음 '랴, 려, 례, 료, 류, 리'가 단어의 첫머리에 올 적에는, 두음 법칙에 따라 '야, 여, 예, 요, 유, 이'로 적는다.(ㄱ을 취하고, ㄴ을 버림.)

ㄱ	ㄴ	ㄱ	ㄴ
양심(良心)	량심	용궁(龍宮)	룡궁
역사(歷史)	력사	유행(流行)	류행
예의(禮儀)	례의	이발(理髮)	리발

다만, 다음과 같은 의존 명사는 본음대로 적는다.

리(里): 몇 리냐?
리(理): 그럴 리가 없다.

[붙임 1] 단어의 첫머리 이외의 경우에는 본음대로 적는다.

개량(改良)	선량(善良)	수력(水力)	협력(協力)
사례(謝禮)	혼례(婚禮)	와룡(臥龍)	쌍룡(雙龍)
하류(下流)	급류(急流)	도리(道理)	진리(眞理)

다만, 모음이나 'ㄴ' 받침 뒤에 이어지는 '렬, 률'은 '열, 율'로 적는다.(ㄱ을 취하고, ㄴ을 버림.)

ㄱ	ㄴ	ㄱ	ㄴ
나열(羅列)	나렬	분열(分裂)	분렬
치열(齒列)	치렬	선열(先烈)	선렬
비열(卑劣)	비렬	진열(陳列)	진렬
규율(規律)	규률	선율(旋律)	선률
비율(比率)	비률	전율(戰慄)	전률
실패율(失敗率)	실패률	백분율(百分率)	백분률

[붙임 2] 외자로 된 이름을 성에 붙여 쓸 경우에도 본음대로 적을 수 있다.

신립(申砬)	최린(崔麟)	채륜(蔡倫)	하륜(河崙)

[붙임 3] 준말에서 본음으로 소리나는 것은 본음대로 적는다.

국련(국제연합)	대한교련(대한교육연합회)

[붙임 4] 접두사처럼 쓰이는 한자가 붙어서 된 말이나 합성어에서, 뒷말의 첫소리가 'ㄴ' 또는 'ㄹ' 소리로 나더라도 두음 법칙에 따라 적는다.

역이용(逆利用) 연이율(年利率) 열역학(熱力學)
해외여행(海外旅行)

[붙임 5] 둘 이상의 단어로 이루어진 고유 명사를 붙여 쓰는 경우나 십진법에 따라 쓰는 수(數)도 [붙임 4]에 준하여 적는다.

서울여관 신흥이발관 육천육백육십육(六千六百六十六)

제12항 한자음 '라, 래, 로, 뢰, 루, 르'가 단어의 첫머리에 올 적에는, 두음 법칙에 따라 '나, 내, 노, 뇌, 누, 느'로 적는다.(ㄱ을 취하고, ㄴ을 버림.)

ㄱ	ㄴ	ㄱ	ㄴ
낙원(樂園)	락원	뇌성(雷聲)	뢰성
내일(來日)	래일	누각(樓閣)	루각
노인(老人)	로인	능묘(陵墓)	릉묘

[붙임 1] 단어의 첫머리 이외의 경우에는 본음대로 적는다.

쾌락(快樂) 극락(極樂) 거래(去來) 왕래(往來)
부로(父老) 연로(年老) 지뢰(地雷) 낙뢰(落雷)
고루(高樓) 광한루(廣寒樓) 동구릉(東九陵) 가정란(家庭欄)

[붙임 2] 접두사처럼 쓰이는 한자가 붙어서 된 단어는 뒷말을 두음 법칙에 따라 적는다.

내내월(來來月) 상노인(上老人) 중노동(重勞動)
비논리적(非論理的)

제 6 절 겹쳐 나는 소리

제13항 한 단어 안에서 같은 음절이나 비슷한 음절이 겹쳐 나는 부분은 같은 글자로 적는다.(ㄱ을 취하고, ㄴ을 버림.)

ㄱ	ㄴ	ㄱ	ㄴ
딱딱	딱닥	꼿꼿하다	꼿곳하다

쌕쌕	쌕색	놀놀하다	놀롤하다
씩씩	씩식	눅눅하다	눙눅하다
똑딱똑딱	똑닥똑닥	밋밋하다	민밋하다
쓱싹쓱싹	쓱삭쓱삭	싹싹하다	싹삭하다
연연불망(戀戀不忘)	연련불망	쌉쌀하다	쌉살하다
유유상종(類類相從)	유류상종	씁쓸하다	씁슬하다
누누이(屢屢-)	누루이	짭짤하다	짭잘하다

제4장 형태에 관한 것

제1절 체언과 조사

제14항 체언은 조사와 구별하여 적는다.

떡이	떡을	떡에	떡도	떡만
손이	손을	손에	손도	손만
팔이	팔을	팔에	팔도	팔만
밤이	밤을	밤에	밤도	밤만
집이	집을	집에	집도	집만
옷이	옷을	옷에	옷도	옷만
콩이	콩을	콩에	콩도	콩만
낮이	낮을	낮에	낮도	낮만
꽃이	꽃을	꽃에	꽃도	꽃만
밭이	밭을	밭에	밭도	밭만
앞이	앞을	앞에	앞도	앞만
밖이	밖을	밖에	밖도	밖만
넋이	넋을	넋에	넋도	넋만
흙이	흙을	흙에	흙도	흙만
삶이	삶을	삶에	삶도	삶만
여덟이	여덟을	여덟에	여덟도	여덟만
곬이	곬을	곬에	곬도	곬만
값이	값을	값에	값도	값만

제2절 어간과 어미

제15항 용언의 어간과 어미는 구별하여 적는다.

먹다	먹고	먹어	먹으니
신다	신고	신어	신으니
믿다	믿고	믿어	믿으니
울다	울고	울어	(우니)
넘다	넘고	넘어	넘으니
입다	입고	입어	입으니
웃다	웃고	웃어	웃으니
찾다	찾고	찾아	찾으니
좇다	좇고	좇아	좇으니
같다	같고	같아	같으니
높다	높고	높아	높으니
좋다	좋고	좋아	좋으니
깎다	깎고	깎아	깎으니
앉다	앉고	앉아	앉으니
많다	많고	많아	많으니
늙다	늙고	늙어	늙으니
젊다	젊고	젊어	젊으니
넓다	넓고	넓어	넓으니
훑다	훑고	훑어	훑으니
읊다	읊고	읊어	읊으니
옳다	옳고	옳아	옳으니
없다	없고	없어	없으니
있다	있고	있어	있으니

[붙임 1] 두 개의 용언이 어울려 한 개의 용언이 될 적에, 앞말의 본뜻이 유지되고 있는 것은 그 원형을 밝히어 적고, 그 본뜻에서 멀어진 것은 밝히어 적지 아니한다.

(1) 앞말의 본뜻이 유지되고 있는 것

넘어지다	늘어나다	늘어지다	돌아가다	되짚어가다
들어가다	떨어지다	벌어지다	엎어지다	접어들다
틀어지다	흩어지다			

(2) 본뜻에서 멀어진 것

드러나다　　사라지다　　쓰러지다

[붙임 2] 종결형에서 사용되는 어미 '-오'는 '요'로 소리나는 경우가 있더라도 그 원형을 밝혀 '오'로 적는다.(ㄱ을 취하고, ㄴ을 버림.)

ㄱ	ㄴ
이것은 책이오.	이것은 책이요.
이리로 오시오.	이리로 오시요.
이것은 책이 아니오.	이것은 책이 아니요.

[붙임 3] 연결형에서 사용되는 '이요'는 '이요'로 적는다.(ㄱ을 취하고, ㄴ을 버림.)

ㄱ	ㄴ
이것은 책이요, 저것은 붓이요, 또 저것은 먹이다.	이것은 책이오, 저것은 붓이오, 또 저것은 먹이다.

제16항 어간의 끝음절 모음이 'ㅏ, ㅗ'일 때에는 어미를 '-아'로 적고, 그 밖의 모음일 때에는 '-어'로 적는다.

1. '-아'로 적는 경우

나아	나아도	나아서
막아	막아도	막아서
얇아	얇아도	얇아서
돌아	돌아도	돌아서
보아	보아도	보아서

2. '-어'로 적는 경우

개어	개어도	개어서
겪어	겪어도	겪어서
되어	되어도	되어서
베어	베어도	베어서
쉬어	쉬어도	쉬어서
저어	저어도	저어서

주어	주어도	주어서
피어	피어도	피어서
희어	희어도	희어서

제17항 어미 뒤에 덧붙는 조사 '요'는 '요'로 적는다.

읽어	읽어요
참으리	참으리요
좋지	좋지요

제18항 다음과 같은 용언들은 어미가 바뀔 경우, 그 어간이나 어미가 원칙에 벗어나면 벗어나는 대로 적는다.

1. 어간의 끝 'ㄹ'이 줄어질 적

갈다:	가니	간	갑니다	가시다	가오
놀다:	노니	논	놉니다	노시다	노오
불다:	부니	분	붑니다	부시다	부오
둥글다:	둥그니	둥근	둥급니다	둥그시다	둥그오
어질다:	어지니	어진	어집니다	어지시다	어지오

[붙임] 다음과 같은 말에서도 'ㄹ'이 준 대로 적는다.

마지못하다	마지않다	(하)다마다	(하)자마자
(하)지 마라	(하)지 마(아)		

2. 어간의 끝 'ㅅ'이 줄어질 적

긋다:	그어	그으니	그었다
낫다:	나아	나으니	나았다
잇다:	이어	이으니	이었다
짓다:	지어	지으니	지었다

3. 어간의 끝 'ㅎ'이 줄어질 적[1)]

그렇다:	그러니	그럴	그러면	그러오
까맣다:	까마니	까말	까마면	까마오
동그랗다:	동그라니	동그랄	동그라면	동그라오
퍼렇다:	퍼러니	퍼럴	퍼러면	퍼러오
하얗다:	하야니	하얄	하야면	하야오

4. 어간의 끝 'ㅜ, ㅡ'가 줄어질 적

푸다:	퍼	펐다	뜨다:	떠	떴다
끄다:	꺼	껐다	크다:	커	컸다
담그다:	담가	담갔다	고프다:	고파	고팠다
따르다:	따라	따랐다	바쁘다:	바빠	바빴다

5. 어간의 끝 'ㄷ'이 'ㄹ'로 바뀔 적

걷다[步]:	걸어	걸으니	걸었다
듣다[聽]:	들어	들으니	들었다
묻다[問]:	물어	물으니	물었다
싣다[載]:	실어	실으니	실었다

6. 어간의 끝 'ㅂ'이 'ㅜ'로 바뀔 적

깁다:	기워	기우니	기웠다
굽다[炙]:	구워	구우니	구웠다
가깝다:	가까워	가까우니	가까웠다
괴롭다:	괴로워	괴로우니	괴로웠다
맵다:	매워	매우니	매웠다
무겁다:	무거워	무거우니	무거웠다
밉다:	미워	미우니	미웠다
쉽다:	쉬워	쉬우니	쉬웠다

1) 고시본에서 보였던 용례 중 '그럽니다, 까맙니다, 동그랍니다, 퍼럽니다, 하얍니다'는 1994 년 12 월 16 일에 열린 국어 심의회의 결정에 따라 삭제하기로 하였다. '표준어 규정' 제17항이 자음 뒤의 '-습니다'를 표준어로 정함에 따라 '그렇습니다, 까맣습니다, 동그랗습니다, 퍼렇습니다, 하얗습니다'가 표준어가 되는 것과 상충하기 때문이다.

다만, '돕-, 곱-'과 같은 단음절 어간에 어미 '-아'가 결합되어 '와'로 소리나는 것은 '-와'로 적는다.

돕다[助]:	도와	도와서	도와도	도왔다
곱다[麗]:	고와	고와서	고와도	고왔다

7. '하다'의 활용에서 어미 '-아'가 '-여'로 바뀔 적

하다:	하여	하여서	하여도	하여라	하였다

8. 어간의 끝음절 '르' 뒤에 오는 어미 '-어'가 '-러'로 바뀔 적

이르다[至]:	이르러	이르렀다
노르다:	노르러	노르렀다
누르다:	누르러	누르렀다
푸르다:	푸르러	푸르렀다

9. 어간의 끝음절 '르'의 'ㅡ'가 줄고, 그 뒤에 오는 어미 '-아/-어'가 '-라/-러'로 바뀔 적

가르다:	갈라	갈랐다	부르다:	불러	불렀다
거르다:	걸러	걸렀다	오르다:	올라	올랐다
구르다:	굴러	굴렀다	이르다:	일러	일렀다
벼르다:	별러	별렀다	지르다:	질러	질렀다

제3절 접미사가 붙어서 된 말

제19항 어간에 '-이'나 '-음/-ㅁ'이 붙어서 명사로 된 것과 '-이'나 '-히'가 붙어서 부사로 된 것은 그 어간의 원형을 밝히어 적는다.

1. '-이'가 붙어서 명사로 된 것

길이	깊이	높이	다듬이	땀받이	달맞이
먹이	미닫이	벌이	벼훑이	살림살이	쇠붙이

2. '-음/-ㅁ'이 붙어서 명사로 된 것

걸음 묶음 믿음 얼음 엮음 울음
웃음 졸음 죽음 앎 만듦

3. '-이'가 붙어서 부사로 된 것

같이 굳이 길이 높이 많이 실없이
좋이 짓궂이

4. '-히'가 붙어서 부사로 된 것

밝히 익히 작히

다만, 어간에 '-이'나 '-음'이 붙어서 명사로 바뀐 것이라도 그 어간의 뜻과 멀어진 것은 원형을 밝히어 적지 아니한다.

굽도리 다리[髢] 목거리(목병) 무녀리
코끼리 거름(비료) 고름[膿] 노름(도박)

[붙임] 어간에 '-이'나 '-음' 이외의 모음으로 시작된 접미사가 붙어서 다른 품사로 바뀐 것은 그 어간의 원형을 밝히어 적지 아니한다.

(1) 명사로 바뀐 것

귀머거리 까마귀 너머 뜨더귀 마감
마개 마중 무덤 비렁뱅이 쓰레기
올가미 주검

(2) 부사로 바뀐 것

거뭇거뭇 너무 도로 뜨덤뜨덤 바투
불긋불긋 비로소 오긋오긋 자주 차마

(3) 조사로 바뀌어 뜻이 달라진 것

나마 부터 조차

제20항 명사 뒤에 '-이'가 붙어서 된 말은 그 명사의 원형을 밝히어 적는다.

1. 부사로 된 것

곳곳이 낱낱이 몫몫이 샅샅이 앞앞이 집집이

2. 명사로 된 것

곰배팔이 바둑이 삼발이 애꾸눈이
육손이 절뚝발이/절름발이

[붙임] '-이' 이외의 모음으로 시작된 접미사가 붙어서 된 말은 그 명사의 원형을 밝히어 적지 아니한다.

꼬락서니 끄트머리 모가치 바가지 바깥
사타구니 싸라기 이파리 지붕 지푸라기
짜개

제21항 명사나 혹은 용언의 어간 뒤에 자음으로 시작된 접미사가 붙어서 된 말은 그 명사나 어간의 원형을 밝히어 적는다.

1. 명사 뒤에 자음으로 시작된 접미사가 붙어서 된 것

값지다 홑지다 넋두리 빛깔 옆댕이 잎사귀

2. 어간 뒤에 자음으로 시작된 접미사가 붙어서 된 것

낚시 늙정이 덮개 뜯게질
갉작갉작하다 갉작거리다 뜯적거리다 뜯적뜯적하다
굵다랗다 굵직하다 깊숙하다 넓적하다
높다랗다 늙수그레하다 얽죽얽죽하다

다만, 다음과 같은 말은 소리대로 적는다.

(1) 겹받침의 끝소리가 드러나지 아니하는 것

할짝거리다 널따랗다 널찍하다 말끔하다
말쑥하다 말짱하다 실쭉하다 실큼하다
얄따랗다 얄팍하다 짤따랗다 짤막하다
실컷

(2) 어원이 분명하지 아니하거나 본뜻에서 멀어진 것

넙치　　올무　　골막하다　　납작하다

제22항 용언의 어간에 다음과 같은 접미사들이 붙어서 이루어진 말들은 그 어간을 밝히어 적는다.

1. '-기-, -리-, -이-, -히-, -구-, -우-, -추-, -으키-, -이키-, -애-'가 붙는 것

맡기다	옮기다	웃기다	쫓기다	뚫리다
울리다	낚이다	쌓이다	핥이다	굳히다
굽히다	넓히다	앉히다	얽히다	잡히다
돋구다	솟구다	돋우다	갖추다	곧추다
맞추다	일으키다	돌이키다	없애다	

다만, '-이-, -히-, -우-'가 붙어서 된 말이라도 본뜻에서 멀어진 것은 소리대로 적는다.

도리다(칼로 ~)	드리다(용돈을 ~)	고치다
바치다(세금을 ~)	부치다(편지를 ~)	거두다
미루다	이루다	

2. '-치-, -뜨리-, -트리-'가 붙는 것

놓치다	덮치다	떠받치다	받치다	밭치다
부딪치다	뻗치다	엎치다	부딪뜨리다/부딪트리다	
쏟뜨리다/쏟트리다		젖뜨리다/젖트리다		
찢뜨리다/찢트리다		흩뜨리다/흩트리다		

[붙임] '-업-, -읍-, -브-'가 붙어서 된 말은 소리대로 적는다.

미덥다　　우습다　　미쁘다

제23항 '-하다'나 '-거리다'가 붙는 어근에 '-이'가 붙어서 명사가 된 것은 그 원형을 밝히어 적는다.(ㄱ을 취하고, ㄴ을 버림.)

ㄱ	ㄴ	ㄱ	ㄴ
깔쭉이	깔쭈기	살살이	살사리

꿀꿀이	꿀꾸리	쌕쌕이	쌕쌔기
눈깜짝이	눈깜짜기	오뚝이	오뚜기
더펄이	더퍼리	코납작이	코납자기
배불뚝이	배불뚜기	푸석이	푸서기
삐죽이	삐주기	홀쭉이	홀쭈기

[붙임] '-하다'나 '-거리다'가 붙을 수 없는 어근에 '-이'나 또는 다른 모음으로 시작되는 접미사가 붙어서 명사가 된 것은 그 원형을 밝히어 적지 아니한다.

개구리	귀뚜라미	기러기	깍두기	꽹과리
날라리	누더기	동그라미	두드러기	딱따구리
매미	부스러기	뻐꾸기	얼루기	칼싹두기

제24항 '-거리다'가 붙을 수 있는 시늉말 어근에 '-이다'가 붙어서 된 용언은 그 어근을 밝히어 적는다.(ㄱ을 취하고, ㄴ을 버림.)

ㄱ	ㄴ	ㄱ	ㄴ
깜짝이다	깜짜기다	속삭이다	속사기다
꾸벅이다	꾸버기다	숙덕이다	숙더기다
끄덕이다	끄더기다	울먹이다	울머기다
뒤척이다	뒤처기다	움직이다	움지기다
들먹이다	들머기다	지껄이다	지꺼리다
망설이다	망서리다	퍼덕이다	퍼더기다
번득이다	번드기다	허덕이다	허더기다
번쩍이다	번쩌기다	헐떡이다	헐떠기다

제25항 '-하다'가 붙는 어근에 '-히'나 '-이'가 붙어서 부사가 되거나, 부사에 '-이'가 붙어서 뜻을 더하는 경우에는 그 어근이나 부사의 원형을 밝히어 적는다.

1. '-하다'가 붙는 어근에 '-히'나 '-이'가 붙는 경우

급히 꾸준히 도저히 딱히 어렴풋이 깨끗이

[붙임] '-하다'가 붙지 않는 경우에는 소리대로 적는다.

갑자기 반드시(꼭) 슬며시

2. 부사에 '-이'가 붙어서 역시 부사가 되는 경우

곰곰이　　더욱이　　생긋이　　오뚝이　　일찍이　　해죽이

제26항 '-하다'나 '-없다'가 붙어서 된 용언은 그 '-하다'나 '-없다'를 밝히어 적는다.

1. '-하다'가 붙어서 용언이 된 것

딱하다　　숱하다　　착하다　　텁텁하다　　푹하다

2. '-없다'가 붙어서 용언이 된 것

부질없다　　상없다　　시름없다　　열없다　　하염없다

제 4 절 합성어 및 접두사가 붙은 말

제27항 둘 이상의 단어가 어울리거나 접두사가 붙어서 이루어진 말은 각각 그 원형을 밝히어 적는다.

국말이	꺾꽂이	꽃잎	끝장	물난리
밑천	부엌일	싫증	옷안	웃옷
젖몸살	첫아들	칼날	팥알	헛웃음
홀아비	홑몸	흙내		
값없다	겉늙다	굶주리다	낮잡다	맞먹다
받내다	벋놓다	빗나가다	빛나다	새파랗다
샛노랗다	시꺼멓다	싯누렇다	엇나가다	엎누르다
엿듣다	옻오르다	짓이기다	헛되다	

[붙임 1] 어원은 분명하나 소리만 특이하게 변한 것은 변한 대로 적는다.

할아버지　　할아범

[붙임 2] 어원이 분명하지 아니한 것은 원형을 밝히어 적지 아니한다.

골병	골탕	끌탕	며칠	아재비
오라비	업신여기다	부리나케		

[붙임 3] '이[齒, 虱]'가 합성어나 이에 준하는 말에서 '니' 또는 '리'로 소리날[2] 때에는 '니'로 적는다.

간니 덧니 사랑니 송곳니 앞니
어금니 윗니 젖니 톱니 틀니
가랑니 머릿니

제28항 끝소리가 'ㄹ'인 말과 딴 말이 어울릴 적에 'ㄹ' 소리가 나지 아니하는 것은 아니 나는 대로 적는다.

다달이(달-달-이) 따님(딸-님) 마되(말-되)
마소(말-소) 무자위(물-자위) 바느질(바늘-질)
부나비(불-나비) 부삽(불-삽) 부손(불-손)
소나무(솔-나무) 싸전(쌀-전) 여닫이(열-닫이)
우짖다(울-짖다) 화살(활-살)

제29항 끝소리가 'ㄹ'인 말과 딴 말이 어울릴 적에 'ㄹ' 소리가 'ㄷ' 소리로 나는 것은 'ㄷ'으로 적는다.

반짇고리(바느질~) 사흗날(사흘~) 삼짇날(삼짇~)
섣달(설~) 숟가락(술~) 이튿날(이틀~)
잗주름(잘~) 푿소(풀~) 섣부르다(설~)
잗다듬다(잘~) 잗다랗다(잘~)

제30항 사이시옷은 다음과 같은 경우에 받치어 적는다.

1. 순 우리말로 된 합성어로서 앞말이 모음으로 끝난 경우

(1) 뒷말의 첫소리가 된소리로 나는 것

고랫재 귓밥 나룻배 나뭇가지 냇가
댓가지 뒷갈망 맷돌 머릿기름 모깃불
못자리 바닷가 뱃길 볏가리 부싯돌
선짓국 쇳조각 아랫집 우렁잇속 잇자국
잿더미 조갯살 찻집 쳇바퀴 킷값
핏대 햇볕 혓바늘

---

2) 각주 1) 참조.

(2) 뒷말의 첫소리 'ㄴ, ㅁ' 앞에서 'ㄴ' 소리가 덧나는 것

멧나물 아랫니 텃마당 아랫마을 뒷머리
잇몸 깻묵 냇물 빗물

(3) 뒷말의 첫소리 모음 앞에서 'ㄴㄴ' 소리가 덧나는 것

도리깻열 뒷윷 두렛일 뒷일 뒷입맛
베갯잇 욧잇 깻잎 나뭇잎 댓잎

2. 순 우리말과 한자어로 된 합성어로서 앞말이 모음으로 끝난 경우

(1) 뒷말의 첫소리가 된소리로 나는 것

귓병 머릿방 뱃병 봇둑 사잣밥
샛강 아랫방 자릿세 전셋집 찻잔
찻종 촛국 콧병 탯줄 텃세
핏기 햇수 횟가루 횟배

(2) 뒷말의 첫소리 'ㄴ, ㅁ' 앞에서 'ㄴ' 소리가 덧나는 것

곗날 제삿날 훗날 툇마루 양칫물

(3) 뒷말의 첫소리 모음 앞에서 'ㄴㄴ' 소리가 덧나는 것

가욋일 사삿일 예삿일 훗일

3. 두 음절로 된 다음 한자어

곳간(庫間) 셋방(貰房) 숫자(數字) 찻간(車間)
툇간(退間) 횟수(回數)

제31항 두 말이 어울릴 적에 'ㅂ' 소리나 'ㅎ' 소리가 덧나는 것은 소리대로 적는다.

1. 'ㅂ' 소리가 덧나는 것

댑싸리(대ㅂ싸리) 멥쌀(메ㅂ쌀) 볍씨(벼ㅂ씨)
입때(이ㅂ때) 입쌀(이ㅂ쌀) 접때(저ㅂ때)
좁쌀(조ㅂ쌀) 햅쌀(해ㅂ쌀)

2. 'ㅎ' 소리가 덧나는 것

머리카락(머리ㅎ가락)	살코기(살ㅎ고기)	수캐(수ㅎ개)
수컷(수ㅎ것)	수탉(수ㅎ닭)	안팎(안ㅎ밖)
암캐(암ㅎ개)	암컷(암ㅎ것)	암탉(암ㅎ닭)

제5절 준 말

제32항 단어의 끝모음이 줄어지고 자음만 남은 것은 그 앞의 음절에 받침으로 적는다.[3)]

(본말)	(준말)
기러기야	기럭아
어제그저께[4)]	엊그저께
어제저녁	엊저녁
가지고, 가지지	갖고, 갖지
디디고, 디디지	딛고, 딛지

제33항 체언과 조사가 어울려 줄어지는 경우에는 준 대로 적는다.

(본말)	(준말)
그것은	그건
그것이	그게
그것으로	그걸로
나는	난
나를	날
너는	넌
너를	널
무엇을	뭣을/무얼/뭘
무엇이	뭣이/무에

제34항 모음 'ㅏ, ㅓ'로 끝난 어간에 '-아/-어, -았-/-었-'이 어울릴 적에는 준 대로 적는다.

(본말)	(준말)	(본말)	(준말)
가아	가	가았다	갔다

3) 고시본에서 보였던 '온갖, 온가지' 중 '온가지'는 '표준어 규정' 제14항에서 비표준어로 처리하였으므로 삭제하였다.

4) '어제그저께'는 '표준국어대사전'에 따르면 '어제 그저께'로 띄어 써야 한다.

나아	나	나았다	났다
타아	타	타았다	탔다
서어	서	서었다	섰다
켜어	켜	켜었다	켰다
펴어	펴	펴었다	폈다

[붙임 1] 'ㅐ, ㅔ' 뒤에 '-어, -었-'이 어울려 줄 적에는 준 대로 적는다.

(본말)	(준말)	(본말)	(준말)
개어	개	개었다	갰다
내어	내	내었다	냈다
베어	베	베었다	벴다
세어	세	세었다	셌다

[붙임 2] '하여'가 한 음절로 줄어서 '해'로 될 적에는 준 대로 적는다.

(본말)	(준말)	(본말)	(준말)
하여	해	하였다	했다
더하여	더해	더하였다	더했다
흔하여	흔해	흔하였다	흔했다

제35항 모음 'ㅗ, ㅜ'로 끝난 어간에 '-아/-어, -았-/-었-'이 어울려 'ㅘ/ㅝ, ㅘㅆ/ㅝㅆ'으로 될 적에는 준 대로 적는다.

(본말)	(준말)	(본말)	(준말)
꼬아	꽈	꼬았다	꽜다
보아	봐	보았다	봤다
쏘아	쏴	쏘았다	쐈다
두어	둬	두었다	뒀다
쑤어	쒀	쑤었다	쒔다
주어	줘	주었다	줬다

[붙임 1] '놓아'가 '놔'로 줄 적에는 준 대로 적는다.

[붙임 2] 'ㅚ' 뒤에 '-어, -었-'이 어울려 'ㅙ, ㅙㅆ'으로 될 적에도 준 대로 적는다.

(본말)	(준말)	(본말)	(준말)
괴어	괘	괴었다	괬다
되어	돼	되었다	됐다
뵈어	봬	뵈었다	뵀다
쇠어	쇄	쇠었다	쇘다
쐬어	쐐	쐬었다	쐤다

제36항 'ㅣ' 뒤에 '-어'가 와서 'ㅕ'로 줄 적에는 준 대로 적는다.

(본말)	(준말)	(본말)	(준말)
가지어	가져	가지었다	가졌다
견디어	견뎌	견디었다	견뎠다
다니어	다녀	다니었다	다녔다
막히어	막혀	막히었다	막혔다
버티어	버텨	버티었다	버텼다
치이어	치여	치이었다	치였다

제37항 'ㅏ, ㅕ, ㅗ, ㅜ, ㅡ'로 끝난 어간에 '-이-'가 와서 각각 'ㅐ, ㅖ, ㅚ, ㅟ, ㅢ'로 줄 적에는 준 대로 적는다.

(본말)	(준말)	(본말)	(준말)
싸이다	쌔다	누이다	뉘다
펴이다	폐다	뜨이다	띄다
보이다	뵈다	쓰이다	씌다

제38항 'ㅏ, ㅗ, ㅜ, ㅡ' 뒤에 '-이어'가 어울려 줄어질 적에는 준 대로 적는다.

(본말)	(준말)	(본말)	(준말)
싸이어	쌔어 싸여	뜨이어	띄어
보이어	뵈어 보여	쓰이어	씌어 쓰여
쏘이어	쐬어 쏘여	트이어	틔어 트여
누이어	뉘어 누여		

제39항 어미 '-지' 뒤에 '않-'이 어울려 '-잖-'이 될 적과 '-하지' 뒤에 '않-'이 어울려 '-찮-'이 될 적에는 준 대로 적는다.

(본말)	(준말)	(본말)	(준말)
그렇지 않은	그렇잖은	만만하지 않다	만만찮다
적지 않은	적잖은	변변하지 않다	변변찮다

제40항 어간의 끝음절 '하'의 'ㅏ'가 줄고 'ㅎ'이 다음 음절의 첫소리와 어울려 거센소리로 될 적에는 거센소리로 적는다.

(본말)	(준말)	(본말)	(준말)
간편하게	간편케	다정하다	다정타
연구하도록	연구토록	정결하다	정결타
가하다	가타	흔하다	흔타

[붙임 1] 'ㅎ'이 어간의 끝소리로 굳어진 것은 받침으로 적는다.

않다	않고	않지	않든지
그렇다	그렇고	그렇지	그렇든지
아무렇다	아무렇고	아무렇지	아무렇든지
어떻다	어떻고	어떻지	어떻든지
이렇다	이렇고	이렇지	이렇든지
저렇다	저렇고	저렇지	저렇든지

[붙임 2] 어간의 끝음절 '하'가 아주 줄 적에는 준 대로 적는다.

(본말)	(준말)	(본말)	(준말)
거북하지	거북지	넉넉하지 않다	넉넉지 않다
생각하건대	생각건대	못하지 않다	못지않다
생각하다 못해	생각다 못해	섭섭하지 않다	섭섭지 않다
깨끗하지 않다	깨끗지 않다	익숙하지 않다	익숙지 않다

[붙임 3] 다음과 같은 부사는 소리대로 적는다.

결단코	결코	기필코	무심코	아무튼	요컨대
정녕코	필연코	하마터면	하여튼	한사코	

제5장 띄어쓰기

제 1 절 조 사

제41항 조사는 그 앞말에 붙여 쓴다.

꽃**이**	꽃**마저**	꽃**밖에**	꽃**에서부터**	꽃**으로만**
꽃**이나마**	꽃**이다**	꽃**입니다**	꽃**처럼**	어디**까지나**
거기**도**	멀리**는**	웃고**만**		

제 2 절 의존 명사, 단위를 나타내는 명사 및 열거하는 말 등

제42항 의존 명사는 띄어 쓴다.

아는 **것**이 힘이다.	나도 할 **수** 있다.
먹을 **만큼** 먹어라.	아는 **이**를 만났다.
네가 뜻한 **바**를 알겠다.	그가 떠난 **지**가 오래다.

제43항 단위를 나타내는 명사는 띄어 쓴다.

한 **개**	차 한 **대**	금 서 **돈**	소 한 **마리**
옷 한 **벌**	열 **살**	조기 한 **손**	연필 한 **자루**
버선 한 **죽**	집 한 **채**	신 두 **켤레**	북어 한 **쾌**

다만, 순서를 나타내는 경우나 숫자와 어울리어 쓰이는 경우에는 붙여 쓸 수 있다.

두**시** 삼십**분** 오**초**	제일**과**	삼**학년**
육**층**	1446**년** 10**월** 9**일**	2**대대**
16**동** 502**호**	제1**실습실**	80**원**
10**개**	7**미터**	

제44항 수를 적을 적에는 '만(萬)' 단위로 띄어 쓴다.

십이억 삼천사백오십육만 칠천팔백구십팔

12억 3456만 7898

제45항 두 말을 이어 주거나 열거할 적에 쓰이는 다음의 말들은 띄어 쓴다.

국장 **겸** 과장　　열 **내지** 스물　　청군 **대** 백군
책상, 걸상 **등**이 있다　　이사장 **및** 이사들　　사과, 배, 귤 **등등**
사과, 배 **등속**　　부산, 광주 **등지**

제46항 단음절로 된 단어가 연이어 나타날 적에는 붙여 쓸 수 있다.

그때 그곳　　좀더 큰것　　이말 저말　　한잎 두잎

제 3 절 보조 용언

제47항 보조 용언은 띄어 씀을 원칙으로 하되, 경우에 따라 붙여 씀도 허용한다.(ㄱ을 원칙으로 하고, ㄴ을 허용함.)

ㄱ	ㄴ
불이 꺼져 **간다**.	불이 꺼져**간다**.
내 힘으로 막아 **낸다**.	내 힘으로 막아**낸다**.
어머니를 도와 **드린다**.	어머니를 도와**드린다**.
그릇을 깨뜨려 **버렸다**.	그릇을 깨뜨려**버렸다**.
비가 올 **듯하다**.	비가 올**듯하다**.
그 일은 할 **만하다**.	그 일은 할**만하다**.
일이 될 **법하다**.	일이 될**법하다**.
비가 올 **성싶다**.	비가 올**성싶다**.
잘 아는 **척한다**.	잘 아는**척한다**.

다만, 앞말에 조사가 붙거나 앞말이 합성 동사인 경우, 그리고 중간에 조사가 들어갈 적에는 그 뒤에 오는 보조 용언은 띄어 쓴다.

잘도 놀아만 **나는구나!**　　책을 읽어도 **보고**…….
네가 덤벼들어 **보아라**.　　강물에 떠내려가 **버렸다**.
그가 올 듯도 **하다**.　　잘난 체를 **한다**.

제 4 절 고유 명사 및 전문 용어

제48항 성과 이름, 성과 호 등은 붙여 쓰고, 이에 덧붙는 호칭어, 관직명 등은 띄어 쓴다.

김양수(金良洙) 서화담(徐花潭) 채영신 씨
최치원 선생 박동식 박사 충무공 이순신 장군

다만, 성과 이름, 성과 호를 분명히 구분할 필요가 있을 경우에는 띄어 쓸 수 있다.

남궁억/남궁 억 독고준/독고 준
황보지봉(皇甫芝峰)/황보 지봉

제49항 성명 이외의 고유 명사는 단어별로 띄어 씀을 원칙으로 하되, 단위별로 띄어 쓸 수 있다.(ㄱ을 원칙으로 하고, ㄴ을 허용함.)

ㄱ	ㄴ
대한 중학교	대한중학교
한국 대학교 사범 대학	한국대학교 사범대학

제50항 전문 용어는 단어별로 띄어 씀을 원칙으로 하되, 붙여 쓸 수 있다.(ㄱ을 원칙으로 하고, ㄴ을 허용함.)

ㄱ	ㄴ
만성 골수성 백혈병	만성골수성백혈병
중거리 탄도 유도탄	중거리탄도유도탄

6 그 밖의 것

제51항 부사의 끝음절이 분명히 '이'로만 나는 것은 '-이'로 적고, '히'로만 나거나 '이'나 '히'로 나는 것은 '-히'로 적는다.

1. '이'로만 나는 것

가붓이	깨끗이	나붓이	느긋이	둥긋이
따뜻이	반듯이	버젓이	산뜻이	의젓이
가까이	고이	날카로이	대수로이	번거로이
많이	적이	헛되이		
겹겹이	번번이	일일이	집집이	틈틈이

2. '히'로만 나는 것

극히	급히	딱히	속히	작히
족히	특히	엄격히	정확히	

3. '이, 히'로 나는 것

솔직히	가만히	간편히	나른히	무단히
각별히	소홀히	쓸쓸히	정결히	과감히
꼼꼼히	심히	열심히	급급히	답답히
섭섭히	공평히	능히	당당히	분명히
상당히	조용히	간소히	고요히	도저히

第52항 한자어에서 본음으로도 나고 속음으로도 나는 것은 각각 그 소리에 따라 적는다.

(본음으로 나는 것)	(속음으로 나는 것)
승낙(承諾)	수락(受諾), 쾌락(快諾), 허락(許諾)
만난(萬難)	곤란(困難), 논란(論難)
안녕(安寧)	의령(宜寧), 회령(會寧)
분노(忿怒)	대로(大怒), 희로애락(喜怒哀樂)
토론(討論)	의논(議論)
오륙십(五六十)	오뉴월, 유월(六月)
목재(木材)	모과(木瓜)
십일(十日)	시방정토(十方淨土), 시왕(十王), 시월(十月)
팔일(八日)	초파일(初八日)

第53항 다음과 같은 어미는 예사소리로 적는다.(ㄱ을 취하고, ㄴ을 버림.)

ㄱ ㄴ

-(으)ㄹ거나	-(으)ㄹ꺼나
-(으)ㄹ걸	-(으)ㄹ껄
-(으)ㄹ게	-(으)ㄹ께
-(으)ㄹ세	-(으)ㄹ쎄
-(으)ㄹ세라	-(으)ㄹ쎄라
-(으)ㄹ수록	-(으)ㄹ쑤록
-(으)ㄹ시	-(으)ㄹ씨
-(으)ㄹ지	-(으)ㄹ찌
-(으)ㄹ지니라	-(으)ㄹ찌니라
-(으)ㄹ지라도	-(으)ㄹ찌라도
-(으)ㄹ지어다	-(으)ㄹ찌어다
-(으)ㄹ지언정	-(으)ㄹ찌언정
-(으)ㄹ진대	-(으)ㄹ찐대
-(으)ㄹ진저	-(으)ㄹ찐저
-올시다	-올씨다

다만, 의문을 나타내는 다음 어미들은 된소리로 적는다.

-(으)ㄹ까?　-(으)ㄹ꼬?　-(스)ㅂ니까?
-(으)리까?　-(으)ㄹ쏘냐?

제54항　다음과 같은 접미사는 된소리로 적는다.(ㄱ을 취하고, ㄴ을 버림.)

ㄱ	ㄴ	ㄱ	ㄴ
심부름꾼	심부름군	귀때기	귓대기
익살꾼	익살군	볼때기	볼대기
일꾼	일군	판자때기	판잣대기
장꾼	장군	뒤꿈치	뒷굼치
장난꾼	장난군	팔꿈치	팔굼치
지게꾼	지겟군	이마빼기	이맛배기
때깔	땟갈	코빼기	콧배기
빛깔	빛갈	객쩍다	객적다
성깔	성갈	겸연쩍다	겸연적다

제55항　두 가지로 구별하여 적던 다음 말들은 한 가지로 적는다.(ㄱ을 취하고, ㄴ을 버림.)

ㄱ	ㄴ
맞추다(입을 맞춘다. 양복을 맞춘다.)	마추다
뻗치다(다리를 뻗친다. 멀리 뻗친다.)	뻐치다

제56항 '-더라, -던'과 '-든지'는 다음과 같이 적는다.

1. 지난 일을 나타내는 어미는 '-더라, -던'으로 적는다.(ㄱ을 취하고, ㄴ을 버림.)

ㄱ	ㄴ
지난 겨울[5]은 몹시 춥더라.	지난 겨울[6]은 몹시 춥드라.
깊던 물이 얕아졌다.	깊든 물이 얕아졌다.
그렇게 좋던가?	그렇게 좋든가?
그 사람 말 잘하던데!	그 사람 말 잘하든데!
얼마나 놀랐던지 몰라.	얼마나 놀랐든지 몰라.

2. 물건이나 일의 내용을 가리지 아니하는 뜻을 나타내는 조사와 어미는 '(-)든지'로 적는다. (ㄱ을 취하고, ㄴ을 버림.)

ㄱ	ㄴ
배든지 사과든지 마음대로 먹어라.	배던지 사과던지 마음대로 먹어라.
가든지 오든지 마음대로 해라.	가던지 오던지 마음대로 해라.

제57항 다음 말들은 각각 구별하여 적는다.

가름	둘로 가름.
갈음	새 책상으로 갈음하였다.
거름	풀을 썩인[7] 거름.
걸음	빠른 걸음.
거치다	영월을 거쳐 왔다.
걷히다	외상값이 잘 걷힌다.

5) '지난 겨울'은 '표준국어대사전'에 따르면 '지난겨울'과 같이 붙여 써야 한다. 이하 같다.
6) 각주 10) 참조.
7) '표준국어대사전'에 따르면 '썩힌'으로 써야 한다. '썩이다'는 '속을 썩이다, 가슴을 썩이다'로 쓸 수 있다.

걷잡다	걷잡을 수 없는 상태.
겉잡다	겉잡아서 이틀 걸릴 일.
그러므로(그러니까)	그는 부지런하다. 그러므로 잘 산다.
그럼으로(써)	그는 열심히 공부한다. 그럼으로(써)
(그렇게 하는 것으로)	은혜에 보답한다.
노름	노름판이 벌어졌다.
놀음(놀이)	즐거운 놀음.
느리다	진도가 너무 느리다.
늘이다	고무줄을 늘인다.
늘리다	수출량을 더 늘린다.
다리다	옷을 다린다.
달이다	약을 달인다.
다치다	부주의로 손을 다쳤다.
닫히다	문이 저절로 닫혔다.
닫치다	문을 힘껏 닫쳤다.
마치다	벌써 일을 마쳤다.
맞히다	여러 문제를 더 맞혔다.
목거리	목거리가 덧났다.
목걸이	금 목걸이, 은 목걸이.[8]
바치다	나라를 위해 목숨을 바쳤다.
받치다	우산을 받치고 간다.
	책받침을 받친다.
받히다	쇠뿔에 받혔다.
밭치다	술을 체에 밭친다.
반드시	약속은 반드시 지켜라.
반듯이	고개를 반듯이 들어라.

8) '금 목걸이', '은 목걸이'는 '표준국어대사전'에 따르면 '금목걸이', '은목걸이'와 같이 붙여 써야 한다.

부딪치다	차와 차가 마주 부딪쳤다.
부딪히다	마차가 화물차에 부딪혔다.
부치다	힘이 부치는 일이다.
	편지를 부친다.
	논밭을 부친다.
	빈대떡을 부친다.
	식목일에 부치는 글.
	회의에 부치는 안건.
	인쇄에 부치는 원고.
	삼촌 집에 숙식을 부친다.
붙이다	우표를 붙인다.
	책상을 벽에 붙였다.
	흥정을 붙인다.
	불을 붙인다.
	감시원을 붙인다.
	조건을 붙인다.
	취미를 붙인다.
	별명을 붙인다.
시키다	일을 시킨다.
식히다	끓인 물을 식힌다.
아름	세 아름 되는 둘레.
알음	전부터 알음이 있는 사이.
앎	앎이 힘이다.
안치다	밥을 안친다.
앉히다	윗자리에 앉힌다.
어름	두 물건의 어름에서 일어난 현상.
얼음	얼음이 얼었다.
이따가	이따가 오너라.
있다가	돈은 있다가도 없다.

저리다	다친 다리가 저린다[9].
절이다	김장 배추를 절인다.
조리다	생선을 조린다. 통조림, 병조림.
졸이다	마음을 졸인다.
주리다	여러 날을 주렸다.
줄이다	비용을 줄인다.
하노라고	하노라고 한 것이 이 모양이다.
하느라고	공부하느라고 밤을 새웠다.
-느니보다(어미)	나를 찾아오느니보다 집에 있거라[10].
-는 이보다(의존 명사)	오는 이가 가는 이보다 많다.
-(으)리만큼(어미)	나를 미워하리만큼 그에게 잘못한 일이 없다.
-(으)ㄹ 이만큼(의존 명사)	찬성할 이도 반대할 이만큼이나 많을 것이다.
-(으)러(목적)	공부하러 간다.
-(으)려(의도)	서울 가려 한다.
(으)로서(자격)	사람으로서 그럴 수는 없다.
(으)로써(수단)	닭으로써 꿩을 대신했다.
-(으)므로(어미)	그가 나를 믿으므로 나도 그를 믿는다.
(-ㅁ, -음)으로(써)(조사)	그는 믿음으로(써) 산 보람을 느꼈다.

---

9) '표준국어대사전'에 따르면 '저리다'로 써야 한다. '저리다'(뼈마디나 몸의 일부가 오래 눌려서 피가 잘 통하지 못하여 감각이 둔하고 아리다.)는 형용사이므로 종결 어미 '-ㄴ다'가 연결될 수 없다.

10) '표준국어대사전'에 따르면 '있어라'로 써야 한다. '-거라'는 '가다'와 '가다'로 끝나는 동사 어간 뒤에 붙으므로 '있다'에는 '-거라'가 붙을 수 없다.

문장 부호

문장 부호의 이름과 그 사용법은 다음과 같이 정한다.

현행 규정과 '문장 부호 개정안(2012)' 비교

현행 규정	개정안(2012)
	문장 부호는 문장의 문법적 구조를 드러내어 글쓴이의 의도를 전달하는 부호이다. 그 이름과 그 사용법은 다음과 같이 정한다. **1. 마침표(.)** 1) 서술, 명령, 청유 등을 나타내는 문장의 끝에 쓴다. 예 젊은이는 나라의 기둥이다. 예 내 손을 꼭 잡아라. 예 집으로 돌아가자. 다만, 제목이나 표어에는 쓰지 않는다. 예 압록강은 흐른다(제목) 예 꺼진 불도 다시 보자(표어) 2) 종결 어미로 끝나지 않은 문장이나 어구도 서술, 명령, 청유 등을 나타내면 마침표를 쓴다. 예 한 문제라도 더 풀도록 최선을 다할 것. 예 기술의 세계화를 위해 다각도로 노력함. 예 우리 이제 서로 미워하지 않기. 예 마음자리: 심지. 마음의 본바탕. 3) 아라비아 숫자만으로 연월일을 표시할 때 쓴다. 예 1919. 3. 1. 예 2012. 10. 9.(화)

현행 규정	개정안(2012)
	[붙임] 이때 일 뒤에 찍는 마침표는 생략할 수 있다. 예 1919. 3. 1 예 2012. 10. 9(화) 4) 특정한 의미를 가지는 날을 아라비아 숫자를 넣어 표현할 때 쓴다. 예 3.1 운동 8.15 광복 다만, 이때 마침표 대신 가운뎃점을 쓸 수 있다. 예 3 · 1 운동 8 · 15 광복 5) 장, 절, 항 등을 표시하는 항목 부호 끝에 쓴다. 예 II. 물음표 가. 인명 ㄱ. 마침표 A. 인구 문제 2.1. 자음 6) 다른 문장에 속해 있는 괄호와 따옴표 안에서는 문장이나 어구가 서술, 명령, 청유 등을 나타내더라도 마침표를 생략할 수 있다. 예 어린이날(5월 5일이 어린이날이다)에는 가족들이 야외로 간다. 예 그는 "편법은 불법만큼 나쁘다"라고 말했다. [붙임] '마침표' 대신 '온점'이란 용어를 쓸 수 있다.
	2. 물음표(?) 1) 의문을 나타내는 문장의 끝에 쓴다. 예 이제 가면 언제 돌아오니? 예 점심 뭐 먹었어? 예 제가 감히 거역할 리가 있습니까? 예 지금? 예 뭐라고? 예 단군이 한글을 만들었다? 다만, (1) 한 문장에서 의문의 요소가 중복될 때에는 문장 끝에만 물음표를 쓴다. 예 너는 한국인이냐, 중국인이냐?

현행 규정	개정안(2012)
	(2) 의문형 종결 어미가 쓰인 문장이라도 의문의 정도가 약하면, 물음표 대신 마침표를 쓸 수 있다. 예 이 일을 도대체 어쩐단 말이냐. 예 누구나 고개를 갸우뚱할 거야. 혹시 전후 상황을 다 안다면 모를까. (3) 제목이나 표어에는 생략할 수 있다. 예 역사란 무엇인가(제목) 예 아직도 담배를 피우십니까(표어) 2) 특정한 어구의 내용에 대하여 의심이나 비꼼 등을 표시할 때, 표현상의 효과를 높이고자 할 때 또는 적절한 말을 쓰기 어려울 때 괄호 안에 쓴다. 예 우리와 의견이 같은 사람은 최 선생(?) 정도이다. 예 그것 참 훌륭한(?) 태도다. 예 우리 집 고양이가 가출(?)을 했어요. 3) 불확실한 내용임을 나타낼 때 쓴다. 예 이 소설은 이광수(1892~1950?)의 대표작이라 할 만하다.
	3. 느낌표(!) 1) 감탄을 나타내는 어구나 문장의 끝에 쓴다. 예 앗! 예 이거 정말 큰일 났구나! 다만, (1) 한 문장 안에 감탄의 요소가 중복될 때에는 문장 끝에만 느낌표를 쓴다. 예 아, 달이 밝기도 하구나! (2) 감탄사나 감탄형 어미로 끝나는 문장이라도 감탄의 정도가 약할 때에는 느낌표 대신 마침표를 쓸 수 있다. 예 네가 이렇게 장성한 줄을 몰랐구나.

현행 규정	개정안(2012)
	예 집이 참 깨끗하네. 예 날씨가 참 좋군. 2) 특별히 강한 느낌을 나타내는 어구, 평서문, 명령문, 청유문에 쓴다. 예 청춘! 이는 듣기만 하여도 가슴이 설레는 말이다. 예 아빠다! 예 지금 즉시 대답해! 예 앞만 보고 달리자! 3) 빈정거림, 놀람, 항의를 나타내는 어구나 문장에 쓴다. 예 그래, 너 잘났다! 예 이게 누구야! 예 내가 왜 나빠! 4) 감정을 넣어 다른 사람을 부르거나 대답할 때 쓴다. 예 춘향아! 예 언니! 예 네! 예 네, 선생님! 5) 특정한 어구의 내용에 대하여 강한 느낌을 표시할 때 괄호 안에 넣어 쓴다. 예 우리는 그 작품으로 백만 원(!)의 상금을 탔다. 예 그리하여 그는 끝내 정복자(!)가 되었다.
	4. 쉼표(,) 1) 같은 자격의 어구나 문장이 열거될 때 쓴다. 예 근면, 검소, 협동은 우리 겨레의 미덕이다. 예 충청도의 계룡산, 전라도의 내장산, 강원도의 설악산은 모두 국립 공원이다. 예 집을 보러 가면 그 집이 내가 원하는 조건에 맞는지, 살기에 편한지, 망가지거나 고장 난 곳은 없는지 확인해야 한다. 다만, (1) 쉼표 없이도 열거되는 사항임이 쉽게 드러날 경우에는 쓰지 않을 수 있다.

현행 규정	개정안(2012)
	예 아버지 어머니가 함께 나가셨어요. 예 네 돈 내 돈 다 합쳐 보아야 만원도 안 되겠다. (2) '또는', '혹은'으로 연결될 때에는 의미의 혼동이 없으면 쉼표를 쓰지 않는다. 예 과거 또는 미래에 대해서는 언급을 회피하였다. 예 배경은 하얀색 혹은 하늘색으로 하는 것이 좋겠다. (3) 의미상 한데 묶이는 명사의 나열에는 쉼표 대신 가운뎃점을 쓸 수 있다. 예 봄 · 여름 · 가을 · 겨울 (4) 줄임표와 함께 사용할 경우에 줄임표 앞에는 쉼표를 쓰지 않는다. 예 불국사, 해인사 ……. 2) 되풀이되는 것을 피하기 위하여 일정한 부분을 생략할 때 쓴다. 예 여름에는 바다, 겨울에는 산에서 휴가를 즐겼다. 3) 끊어 읽는 곳을 나타내어 짧은 호흡을 표현하는 문체적 효과를 주고 싶을 때에 쓸 수 있다. 예 발 가는 대로, 그는 어느 틈엔가 안전지대에 가서, 자기의 두 손을 내려다 보았다. 예 어머니는 다시 바느질을 하며, 대체, 그 애는, 매일, 어딜, 그렇게, 가는, 겐가, 하고 그런 것을 생각하여 본다. 4) 문장의 구조를 분명히 하기 위하여 절과 절 사이에 쓸 수 있다. 예 설날의 대표적인 음식은 떡국인데, 떡국을 먹으면 나이를 한 살 더 먹는다고 한다. 예 콩 심으면 콩 나고, 팥 심으면 팥 난다. 예 흰 눈이 내리니, 경치가 더욱 아름답다. 5) 바로 다음 말과 직접적인 관계에 있지 않음을 나타낼 때에 쓴다. 예 갑돌이가, 울면서 떠나는 갑순이를 배웅했다. 예 대전과, 옥천을 중심으로 한 충청북도 일대에 폭설이 내렸다.

현행 규정	개정안(2012)
	6) 문장 중간에 삽입된 구절임을 나타낼 때에 그 삽입된 구절 앞뒤에 쓴다. 예 나는, 솔직히 말하면, 그 말이 별로 탐탁하지 않소. 예 철수는, 속으로는 화가 치밀었지만, 미소를 띠고 그들을 맞았다. 다만, 삽입된 구절이 길어 쉼표로는 삽입된 구절임을 표시하기에 부족하거나, 삽입 구절 안에 다른 쉼표가 포함된 경우에는 쉼표 대신 줄표를 쓴다. 예 철수는—속으로는 분노가 솟구치고 열불이 치밀어 올라 잠시라도 견딜 수 없을 만큼 괴로움에 몸을 떨며, 손에는 땀까지 흥건히 배어 나왔지만—태연히 미소를 띠고 그들을 맞았다. 7) 짝을 지어 구별할 때 쓴다. 예 닭과 지네, 개와 고양이는 상극이다. 8) 도치된 문장임을 나타낼 때 쓴다. 예 이리 오세요, 어머님. 예 다시 보자, 한강수야. 9) 부르고 대답하는 말 또는 가벼운 감탄을 나타내는 말 다음에 쓴다. 예 얘야, 이리 오너라. 예 네, 지금 가겠습니다. 예 아, 깜빡 잊었구나. 10) 제시어 다음에 쓴다. 예 용기, 이것이야말로 무엇과도 바꿀 수 없는 젊은이의 자산이다. 예 지구가 태양의 주위를 돈다는 것, 그것은 아무도 부인할 수 없는 사실이다. 11) 조사가 생략된 주제어임을 나타낼 때 쓸 수 있다. 예 저 친구, 저러다가 큰일 한번 내겠어. 예 너, 알고 있겠지? 12) 한 문장에서 앞말이 같은 자격을 지닌 말로 반복될 때 앞말 다음에 쓴다.

현행 규정	개정안(2012)
	예 그의 투지력, 한번 결심하면 끝을 내지 않고는 못 배기는 그 정신력을 우리는 본받아야 한다. 다만, 앞말이 동격어를 수식하는 구성에서는 쉼표를 쓰지 않는다. 예 내 동생 민호는 2007년에 대학을 졸업하였다. 예 시민의 휴식처 한강은 우리의 자랑이다. 13) 한 문장에서 앞말을 '즉', '곧', '이를테면', '다시 말해' 등과 같은 어구로 다시 설명할 때 앞말 다음에 쓴다. 예 안부 편지는 어떤 사람이 편안하게 잘 지내고 있는지 그렇지 아니한지를 묻는 편지, 즉 상대방의 편안함 여부를 묻고 자신의 소식을 전하는 편지를 말한다. 예 글의 처음, 곧 머리말에는 글의 주제와 글을 쓰는 이유, 방법 등을 쓴다. 예 나에게도 작은 소망, 이를테면 나만의 정원을 가졌으면 하는 소망이 있어. 예 아침까지만 해도, 다시 말해 점심 먹기 전까지만 해도 아무 일이 없었던 집안이 눈 깜짝할 사이에 수라장이 된 것이다. 다만, 앞말과 다시 설명되는 말이 모두 명사나 짧은 명사구일 경우에는 쉼표를 쓰지 않는다. 예 납세 즉 세금 납부란 무엇인가? 예 24시간 즉 하루는 결코 짧은 시간이 아니다. 14) 열거의 순서를 나타내는 말 다음에 쓴다. 예 첫째, 몸이 튼튼해야 된다. 15) '다만, 아니' 등과 같이 특정한 의미를 담은 접속어 뒤에 쓴다. 예 여기에 있는 모든 책을 빌려가도 됩니다. 다만, 반납일을 반드시 지켜 주십시오. 예 나는 이것을 할 수가 없다. 아니, 죽어도 안 하겠다. 다만, 일반적으로 쓰이는 접속어(그러나, 그러므로, 그리고, 그런데 등) 뒤에는 쓰지 않음을 원칙으로 한다.

현행 규정	개정안(2012)
	예 그러나 너는 실망할 필요가 없다. 16) 짧게 더듬는 말을 표시할 때 쓴다. 예 선생님, 부, 부정행위라뇨. 그런 건 생각조차 하, 하지 않았습니다. 17) 이웃하는 수를 개략적으로 나타낼 때 쓴다. 예 5, 6세기 6, 7개 70, 80세대 다만, 이때 쉼표 대신 물결표나 붙임표를 사용할 수 있다. 예 5~6세기 6-7개 70-80세대 18) 수의 자릿점을 나타낼 때 쓴다. 예 14,314 다만, (1) 수량이 아닌 연도, 전화번호, 주민 등록 번호, 주소, 책의 면 등에는 쓰지 않음을 원칙으로 한다. 예 1996년에 일어난 일입니다. 예 상담 전화번호는 1599-9979입니다. 예 주민 등록 번호 4500615-1068208로 인증을 받았습니다. 예 저희 집 주소는 행복 아파트 1205호입니다. 예 1843쪽을 보시오. (2) 만 단위 미만의 수를 나타내거나 한글로 된 수 단위를 섞어 표현할 때에는 쉼표를 생략할 수 있다. 예 2300원 예 5000미터 예 12억 3456만 7890원 [붙임 1] 따옴표, 낫표, 괄호로 표시된 단위들을 각각 열거할 때 이들 기호의 바깥쪽에 쓴다. 예 그해 썼던 수필 제목은 '건빵 반쪽', '전쟁 속의 중학 시절', '산작약', '말러 입문'이었다.

<table>
<tr><th>현행 규정</th><th>개정안(2012)</th></tr>
<tr><td></td><td>예 『춘향전』, 『흥보전』, 『심청전』은 모두 판소리계 소설이다.
예 부자유친(父子有親), 군신유의(君臣有義), 부부유별(夫婦有別), 장유유서(長幼有序), 붕우유신(朋友有信)을 통틀어 '오륜'이라 한다.

[붙임 2] '쉼표'라는 용어 대신 '반점'이라는 용어를 쓸 수 있다.</td></tr>
<tr><td></td><td>5. 가운뎃점(·)

1) 쉼표로 열거된 어구가 다시 여러 단위로 나누어질 때 쓴다.

예 철수 · 영이, 영수 · 순이가 서로 짝이 되어 윷놀이를 하였다.
예 시장에 가서 사과 · 배 · 복숭아, 고추 · 마늘 · 파, 조기 · 명태 · 고등어를 샀다.

2) 같은 계열의 단어 사이에 쓴다.

예 하천 수질의 조사 · 연구
예 봄 · 여름 · 가을 · 겨울을 사계절이라 한다.
예 한(韓) · 이(伊) 양국 간의 무역량이 늘고 있다.

다만,
이때는 가운뎃점을 안 쓰거나 쉼표로 쓸 수 있다.

예 하천 수질의 조사 연구
예 봄, 여름, 가을, 겨울을 사계절이라 한다.
예 한(韓), 이(伊) 양국 간의 무역량이 늘고 있다.

3) 공통되는 성분이 있는 두 개 이상의 단어를 줄여 쓸 때 쓴다.

예 오 · 남용 병 · 의원
등 · 하교 상 · 중 · 하위권

다만,
한 단어로 널리 쓰이는 경우에는 가운뎃점을 쓰지 않는다.

예 전월세 국내외 국공채
4) 이어진 말을 대립적으로 구분시켜 보일 때 쓴다.

예 우리는 그 일의 호(好) · 불호(不好)를 따질 겨를도 없었다.</td></tr>
</table>

현행 규정	개정안(2012)
	다만, 한 단어로 널리 쓰이는 경우에는 가운뎃점을 생략할 수 있다. 예 이번 일은 그야말로 복불복이다.
	6. 쌍점(:) 1) 표제 다음에 해당 항목을 들거나 설명을 붙일 때 쓴다. 예 문방사우: 종이, 붓, 먹, 벼루 예 정약용: 목민심서, 경세유표 예 일시: 2010년 10월 9일 10시 예 올림표(♯): 음의 높이를 반음 올릴 것을 지시한다. 예 드물지만 두 자로 된 성도 있다(예: 황보, 선우, 남궁). 2) 시(時)와 분(分), 장(章)과 절(節) 사이에 쓴다. 예 10:30에 만납시다. 예 잠언 2:10(잠언 2장 10절) 3) 의존명사 '대(對)'가 쓰일 자리에 쓴다. 예 65:60(65 대 60) 한국:중국(한국 대 중국) 4) 대화 내용을 도입할 때 말하는 이와 말한 내용 사이에 쓴다. 예 김 과장: 난 못 참겠다. 예 아들: 아버지, 제발 제 말씀 좀 들어 보세요. 다만, 이때는 따옴표를 생략한다. [붙임] 이상에서 2), 3)의 경우는 쌍점 앞뒤를 붙여 쓰고, 나머지 경우는 앞쪽은 붙이고 뒤쪽은 띄어 쓴다.
	7. 빗금(/) 1) 대응, 대립되거나 대등한 것을 나타낼 때 쓴다. 예 그리고/또는

현행 규정	개정안(2012)
	예 남자/여자 예 자장면/짜장면 예 ( )이/가 우리나라에서 가장 높은 산이다. 2) 분수를 간편하게 나타낼 때 쓴다. 예 3/4분기 예 1/2보다 1/3이 작다. 예 월급의 1/5을 저축하기로 했다. 3) 수량의 단위를 표시할 때 쓴다. 예 100미터/초 1,000원/개 4) 주로 운문에서 글의 행이 바뀜을 나타낼 때 쓴다. 예 산에 / 산에 / 피는 꽃은 / 저만치 혼자서 피어 있네 다만, 연이 바뀜을 표시할 때에는 두 번 이어 쓴다. 예 살어리 살어리랏다. / 청산에 살어리랏다. / 멀위랑 다래랑 먹고 / 청산에 살어리랏다. // 울어라 울어라 새여 / …… [붙임] 빗금 앞뒤는 붙여 씀을 원칙으로 한다. 다만, 4)의 경우는 양쪽을 띄어 쓴다.
	8. 큰따옴표 (“ ”) 1) 대화를 표시할 때 쓴다. 예 “제가 가겠어요.” “아니다. 내가 다녀오마.” 2) 말이나 글을 직접 인용할 때 쓴다. 예 나는 “김 선생 아니세요?” 하는 소리에 깜짝 놀랐다. 예 “배우고야 무슨 일이든지 한다.”라는 상록수의 구절이 떠오른다.

현행 규정	개정안(2012)
	다만, 별도의 문단으로 독립시켜 제시하는 인용문에서는 큰따옴표를 생략할 수 있다. 예 편지의 끝머리에는 이렇게 적혀 있었다. 그리고 할머니, 할머니는 편지에 수표를 동봉했다고 하셨지만 봉투 안에는 아무 것도 없었어요. 3) 책의 제목을 나타낼 때 쓴다. 예 김수민은 자전적 소설 "오늘 하루"를 출판했다.
	9. 작은따옴표(' ') 1) 인용한 말 가운데 다시 인용한 말이 들어 있을 때 쓴다. 예 "여러분! 침착해야 합니다. '하늘이 무너져도 솟아날 구멍이 있다.'고 합니다." 2) 마음속으로 한 말이나 독백을 나타낼 때 쓴다. 예 나는 '일이 다 틀렸나 보군.'하고 생각하였다. 예 '이번에는 꼭 이기고야 말겠어.' 영호는 마음속으로 몇 번이나 그렇게 다짐하며 주먹을 불끈 쥐었다. 예 '나만 홀로 남겨졌군.'하고 주인공은 비통하게 말했다. 3) 문장에서 특정한 부분을 따로 드러내 보이고자 할 때 쓴다. 예 오히려 한 달에 한 가지라도 '전혀 돈이 되지 않을 일'을 찾아 시도해 보라. 예 어디선가 날아온 돌멩이가 벽에 부딪친 순간, 권총을 쏜 것처럼 '땅!' 하는 소리가 났다. 4) 작품의 제목, 가게 이름 등 고유한 이름을 나타낼 때 쓴다. 예 한용운은 '님의 침묵', 이육사는 '광야' 등 일제에 저항하는 작품을 남겼다. 예 사무실 밖에 '해와 달'이라는 간판을 달았다.
	10. 소괄호((　)) 1) 주석이나 보충적인 내용을 덧붙일 때 쓴다. 예 니체(독일 철학자)의 말을 빌리면 다음과 같다.

현행 규정	개정안(2012)
	예 그는 비활성 기체(헬륨, 네온, 아르곤, 크립톤, 크세논, 라돈)도 비슷한 효과를 낼 수 있다고 믿었다. 다만, (1) 소괄호를 두 개 이상 쓸 필요가 있을 때 바깥쪽의 소괄호는 대괄호로 쓸 수 있다. 예 명령의 불확실[단호(斷乎)하지 못함]은 복종의 불확실[모호(模糊)함]을 낳는다. 예 어린이날이 새로 제정된 1923년 당시에는 어린이들에게 경어를 쓰라고 하였다["윤석중전집"(웅진출판사, 1988), 70쪽 참조]. (2) 인용자나 편집자가 말을 추가하거나 바꾸거나 고쳤을 때, 설명이나 논평을 표시할 때에는 대괄호로 쓸 수 있다. 예 그것[한글]은 이처럼 정보화 시대에 알맞은 과학적인 문자이다. 예 신경준의 『여암전서』에 "삼각산은 산이 모두 돌봉우리인데, 그 으뜸 봉우리를 구름 위에 솟아 있다고 백운(白雲)이라 하며, [이하 생략] 예 그런 일은 결코 있을 수 없다. [원문에는 "업다"임.] 2) 한자어나 외래어의 원어를 보일 때 또는 외국어를 음차한 말과 해당 외국어를 함께 보일 때 쓴다. 예 기호(嗜好), 단백질(蛋白質) 예 커피(coffee), 에티켓(étiquette) 예 노블레스 오블리주(noblesse oblige) 3) 우리말 용어와 외국어를 함께 보일 때 쓴다. 예 극심한 경쟁이 특징인 한국 사회에서 최근 들어 공정성(fairness)이 새로운 가치로 떠올랐다. 4) 조건에 따라 형태가 달라지는 말에서 생략될 수 있는 요소임을 나타낼 때 쓴다. 예 상대방을 부를 때 '선생(님)'이라는 말을 덧붙인다. 예 광개토(대)왕의 가장 큰 업적은 영토 확장이었다. 5) 희곡 등 대화를 적은 글에서 동작이나 분위기, 상태를 드러낼 때 쓴다. 예 현우: (가쁜 숨을 내쉬며) 왜 이렇게 빨리 뛰어?

현행 규정	개정안(2012)
	예 "관찰한 것을 쓰는 것이 습관이 되었죠. 그러다 보니, 상상력이 생겼나 봐요. (웃음)" 6) 내용이 들어갈 빈자리임을 나타낼 때 쓴다. 예 우리나라의 수도는 (　　　)이다. 예 다음 빈칸에 알맞은 조사를 쓰시오. 철수가 할아버지(　) 꽃을 드렸다. 7) 항목 부호 등 기호적인 기능을 하는 숫자나 문자에 쓴다. 예 사람의 인격은 (1) 용모, (2) 언어, (3) 행동, (4) 덕성 등으로 표시된다. 예 (가) 동해　(나) 서해　(다) 남해 [붙임] 1)~4)의 경우 소괄호는 앞말에 붙여 씀을 원칙으로 한다. 뒷말과의 띄어쓰기는 일반 띄어쓰기의 규정을 따른다.
	11. 중괄호({ }) 1) 여러 단위를 동등하게 묶어서 보일 때에 쓴다. 예 주격 조사 {이 / 가}　국가의 3요소 {국토 / 국민 / 주권} 2) 나열된 항목 중 어느 하나가 자유롭게 선택될 수 있음을 보일 때에 쓴다. 예 아이들이 모두 학교{에, 로, 를} 갔어요.
	12. 대괄호([ ]) 1) 묶음표 안의 말이 바깥 말과 음이 다를 때에 쓴다. 예 나이[年歲]　낱말[單語]　手足[손발] 2) 음가를 나타낼 때 쓴다. 예 신라[실-]　정가[정: 까]
	13. 줄표(—) 1) 보충적이거나 삽입적인 말을 덧붙일 때 쓴다. 예 프랑스 국기의 세 가지 색 — 파랑, 하양, 빨강 — 은 각각 자유, 평등, 박애를 상징한다.

현행 규정	개정안(2012)
	예 그래서 결국 우리 팀은 — 다시 생각하기도 싫지만 — 지고 말았다. 예 보리, 밀, 옥수수 — 이런 곡식들이 주산물이다. 다만, 보충적인 말은 줄표 대신 소괄호를 쓸 수 있고 삽입적인 말은 줄표 대신 쉼표를 쓸 수 있다. 예 프랑스 국기의 세 가지 색(파랑, 하양, 빨강)은 각각 자유, 평등, 박애를 상징한다. 예 그래서 결국 우리 팀은, 다시 생각하기도 싫지만, 지고 말았다. 2) 앞말을 달리 표현할 때 쓴다. 예 이건 내 것이니까 — 아니, 내가 처음 발견한 것이니까 절대로 양보할 수가 없다. 3) 제목 다음에 표시하는 부제의 앞에 쓴다. 예 이번 토론회의 제목은 '역사 바로잡기 — 근대의 설정'이다. 예 '환경 보호 — 숲 가꾸기'라는 제목으로 글짓기를 했다. 4) 인용문의 출처를 표시할 때 출처 앞에 쓴다. 예 우리는 만날 때에 떠날 것을 염려하는 것과 같이 떠날 때에 다시 만날 것을 믿습니다. — 한용운, 「님의 침묵」에서 다만, 이때 줄표 대신 소괄호를 쓸 수 있다. 예 우리는 만날 때에 떠날 것을 염려하는 것과 같이 떠날 때에 다시 만날 것을 믿습니다. (한용운, 「님의 침묵」에서)
	14. 붙임표(-) 1) 서로 관련 있는 개념들을 순차적으로 나열할 때 쓴다. 예 멀리뛰기는 '도움닫기-도약-공중 자세-착지'의 순으로 이루어진다. 예 '경찰 수사-검찰 수사-1심 · 2심 · 3심-교도소'까지 발로 뛰었다.

현행 규정	개정안(2012)
	2) 두 개 이상의 낱말이 밀접한 관련을 가진 것임을 나타내고자 할 때 쓴다. 예 남한-북한-일본 3자 관계 예 드디어 서울-북경의 항로가 열렸다. 예 원-달러 환율 다만, 이때 붙임표 대신 가운뎃점을 쓸 수 있다. 예 남한 · 북한 · 일본 3자 관계 예 드디어 서울 · 북경의 항로가 열렸다. 예 원 · 달러 환율 3) 우리말을 로마자로 표기할 경우 행정 구역 단위 앞, 도로명 주소의 단위 앞에 쓰고 발음상 혼동의 우려가 있을 때나 인명을 표기할 때 이름의 음절 사이에 쓸 수 있다. 예 충청북도 Chungcheongbuk-do 예 아침길 Achim-gil 예 중앙 Jung-ang 예 민용하 Min Yong-ha 4) 전화번호, 주민 등록 번호, 계좌 번호 등을 구획지어 표시할 때 쓴다. 예 02-4123-7890 330401-1068280 1191-18-08191-8
	15. 물결표(~) 지속되는 기간이나 거리 또는 연속된 범위를 나타낼 때 쓴다. 예 9월 15일~9월 25일 예 김정희(1786~1856) 예 서울~천안 정도는 출퇴근이 가능하다. 예 이번 시험의 범위는 2~5장입니다. 다만, 이때 물결표 대신 붙임표를 쓸 수 있다. 예 9월 15일-9월 25일 예 김정희(1786-1856)

현행 규정	개정안(2012)
	예 서울-천안 정도는 출퇴근이 가능하다. 예 이번 시험의 범위는 2-5장입니다. [붙임] 물결표 앞뒤는 붙여 씀을 원칙으로 한다.
	16. 드러냄표(˙, ˚) · 이나 ◦을 글자 위에 쓴다. 문장 내용 중에서 주의가 미쳐야 할 곳이나 중요한 부분을 특별히 드러내 보일 때 쓴다. 예 한글의 본 이름은 훈민정음이다. 예 중요한 것은 왜 사느냐가 아니라 어떻게 예 사느냐 하는 문제이다. [붙임] 드러냄표 대신 밑줄(____, ~~~~~)을 치기도 한다. 다음 보기에서 명사가 아닌 것은?
	17. 숨김표(××, ○○) 알면서도 고의로 드러내지 않음을 나타낸다. 1) 금기어나 공공연히 쓰기 어려운 비속어의 경우, 그 글자의 수효만큼 쓴다. 예 배운 사람 입에서 어찌 ○○○란 말이 나올 수 있느냐? 예 그 말을 듣는 순간 ×××란 말이 목구멍까지 치밀었다. 2) 비밀을 유지할 사항일 경우, 그 글자의 수효만큼 쓴다. 예 육군 ○○ 부대 ○○○ 명이 작전에 참가하였다. 예 그 모임의 참석자는 김×× 씨, 정×× 씨 등 5 명이었다.
	18. 빠짐표(□) 글자의 자리를 비워 둠을 나타낸다. 1) 옛 비문이나 서적 등에서 글자가 분명하지 않을 때에 그 글자의 수효만큼 쓴다. 大師爲法主□□賴之大□薦 (옛 비문)

현행 규정	개정안(2012)
	2) 글자가 들어가야 할 자리를 나타낼 때 쓴다. 훈민정음의 초성 중에서 아음(牙音)은 □□□의 석 자다.
	19. 줄임표(……) 1) 할 말을 줄였을 때 쓴다. 예 "어디 나하고 한번……." 하고 철수가 나섰다. 2) 말이 없음을 나타낼 때 쓴다. 예 "빨리 말해!" "……." 3) 문장이나 글의 일부를 생략하고자 할 때 쓴다. 예 붕당의 폐단이 요즈음보다 심한 적이 없었다. 처음에는 사문에 소란을 일으키더니, 지금은 한쪽 사람을 모조리 역적으로 몰고 있다. …… 근래에 들어 사람을 임용할 때 모두 같은 붕당의 사람들만 등용하고자 한다. 다만, 생략하는 부분이 길 때에는 줄임표 대신 '(중략)'을 쓰거나 줄임표를 각괄호로 묶어 '[……]'로 표시할 수 있다. [붙임] 이때 줄임표의 앞뒤는 한 칸씩 띄어 쓴다. 4) 머뭇거림을 보일 때 쓴다. 예 "우리는 모두…… 그러니까…… 예외 없이 눈물만…… 흘렸다." [붙임 1] 줄임표는 점을 여섯 개 연속으로 찍는 것을 원칙으로 하되 점을 세 개만 찍거나 마침표를 세 개 찍는 것도 허용한다. 예 "어디 나하고 한번…." 하고 철수가 나섰다. 예 "저... 저... 사람 우리 아저씨... 일지 몰라." [붙임 2] 줄임표로 문장이 끝났을 때에는 마침표를 생략할 수 있다. 예 "어디 나하고 한번……" 하고 철수가 나섰다.

현행 규정	개정안(2012)
	다만, 마침표를 세 개 찍어 문장이 끝났을 때에는 마침표를 또 찍지 않는다. 예 "어디 나하고 한번..." 하고 철수가 나섰다.
	20. 꺾쇠표(겹화살괄호 ≪ ≫, 홑화살괄호 < >) 1) 책, 신문 등의 제목을 나타낼 때 쓴다. 예 ≪진달래꽃≫에는 127편의 시가 실려 있다. 예 그 글은 일찍이 ≪독립신문≫에 실려 있던 것이다. 2) 작품의 제목 등 고유한 이름을 나타낼 때 쓴다. 예 나는 〈고향으로 가는 길〉이라는 제목으로 수필을 썼다. 예 1988년에 〈한글 맞춤법〉이 새로 고시되었다. 예 이 곡은 오페라 ≪춘희≫에 나오는 〈축배의 노래〉이다. [붙임] 겹꺾쇠표와 홑꺾쇠표를 구별하기 어렵거나 따로 구별할 필요가 없을 때는 홑꺾쇠표 하나를 대표로 쓴다. 예 판소리 〈심청가〉는 언제 들어도 흥이 솟는다.
	21. 낫표(겹낫표 『 』, 홑낫표 「 」) 1) 책, 신문 등의 제목을 나타낼 때 쓴다. 예 이 이야기는 『삼국유사』에 나오는 것이다. 예 문화재청은 『대한매일신보』를 문화재로 등록했다. 2) 작품의 제목 등 고유한 이름을 나타낼 때 쓴다. 예 백남준은 2005년에 「엄마」라는 작품을 선보였다. 예 「먹는 물 관리법」에서는 시중에서 판매하는 먹는 샘물의 수질을 엄격히 규정하고 있다. 예 「한강」은 사진집 『아름다운 땅』에 실린 작품이다. [붙임] 겹낫표와 홑낫표를 구별하기 어렵거나 따로 구별할 필요가 없을 때는 홑낫표 하나를 대표로 쓴다. 예 새 연속극 「여로」가 인기가 많다더라.

문교부 고시 제88-2 호(1988. 1. 19.)

표준어 규정

제1부 표준어 사정 원칙

표준어 규정

제1부 표준어 사정 원칙

제1장 총 칙

제1항 표준어는 교양 있는 사람들이 두루 쓰는 현대 서울말로 정함을 원칙으로 한다.
제2항 외래어는 따로 사정한다.

제2장 발음 변화에 따른 표준어 규정

제1절 자 음

제3항 다음 단어들은 거센소리를 가진 형태를 표준어로 삼는다.(ㄱ을 표준어로 삼고, ㄴ을 버림.)

ㄱ	ㄴ	비 고
끄나풀	끄나불	
나팔-꽃	나발-꽃	
녘	녁	동~, 들~, 새벽~, 동틀 ~.
부엌	부억	
살-쾡이	삵-괭이	
칸	간	1. ~막이, 빈~, 방 한 ~. 2. '초가삼간, 윗간'의 경우에는 '간'임.
털어-먹다	떨어-먹다	재물을 다 없애다.

제4항 다음 단어들은 거센소리로 나지 않는 형태를 표준어로 삼는다.(ㄱ을 표준어로 삼고, ㄴ을 버림.)

ㄱ	ㄴ	비 고
가을-갈이	가을-카리	
거시기	거시키	
분침	푼침	

제5항 어원에서 멀어진 형태로 굳어져서 널리 쓰이는 것은, 그것을 표준어로 삼는다.(ㄱ을 표준어로 삼고, ㄴ을 버림.)

ㄱ	ㄴ	비 고
강낭-콩	강남-콩	
고삿	고샅	겉~, 속~.
사글-세	삭월-세	'월세'는 표준어임.
울력-성당	위력-성당	떼를 지어서 으르고 협박하는 일.

다만, 어원적으로 원형에 더 가까운 형태가 아직 쓰이고 있는 경우에는, 그것을 표준어로 삼는다.(ㄱ을 표준어로 삼고, ㄴ을 버림.)

ㄱ	ㄴ	비 고
갈비	가리	~구이, ~찜, 갈빗-대.
갓모	갈모	1. 사기 만드는 물레 밑고리. 2. '갈모'는 갓 위에 쓰는, 유지로 만든 우비.
굴-젓	구-젓	
말-곁	말-겻	
물-수란	물-수랄	
밀-뜨리다	미-뜨리다	
적-이	저으기	적이-나, 적이나-하면.
휴지	수지	

제6항 다음 단어들은 의미를 구별함이 없이, 한 가지 형태만을 표준어로 삼는다.(ㄱ을 표준어로 삼고, ㄴ을 버림.)

ㄱ	ㄴ	비 고
돌	돐	생일, 주기.
둘-째	두-째	'제2, 두 개째'의 뜻.
셋-째	세-째	'제3, 세 개째'의 뜻.
넷-째	네-째	'제4, 네 개째'의 뜻.
빌리다	빌다	1. 빌려 주다, 빌려 오다. 2. '용서를 빌다'는 '빌다'임.

다만, '둘째'는 십 단위 이상의 서수사에 쓰일 때에 '두째'로 한다.

ㄱ	ㄴ	비 고
열두-째 스물두-째		열두 개째의 뜻은 '열둘째'로. 스물두 개째의 뜻은 '스물둘째'로.

제7항 수컷을 이르는 접두사는 '수-'로 통일한다.(ㄱ을 표준어로 삼고, ㄴ을 버림.)

ㄱ	ㄴ	비 고
수-꿩	수-퀑/숫-꿩	'장끼'도 표준어임.
수-나사	숫-나사	
수-놈	숫-놈	
수-사돈	숫-사돈	
수-소	숫-소	'황소'도 표준어임.
수-은행나무	숫-은행나무	

다만 1. 다음 단어에서는 접두사 다음에서 나는 거센소리를 인정한다. 접두사 '암-'이 결합되는 경우에도 이에 준한다.(ㄱ을 표준어로 삼고, ㄴ을 버림.)

ㄱ	ㄴ	비 고
수-캉아지	숫-강아지	
수-캐	숫-개	
수-컷	숫-것	
수-키와	숫-기와	
수-탉	숫-닭	
수-탕나귀	숫-당나귀	
수-톨쩌귀	숫-돌쩌귀	
수-퇘지	숫-돼지	
수-평아리	숫-병아리	

다만 2. 다음 단어의 접두사는 '숫-'으로 한다.(ㄱ을 표준어로 삼고, ㄴ을 버림.)

ㄱ	ㄴ	비 고
숫-양	수-양	
숫-염소	수-염소	
숫-쥐	수-쥐	

제2절 모 음

제8항 양성 모음이 음성 모음으로 바뀌어 굳어진 다음 단어는 음성 모음 형태를 표준어로 삼는다.(ㄱ을 표준어로 삼고, ㄴ을 버림.)

ㄱ	ㄴ	비 고
깡충-깡충	깡총-깡총	큰말은 '껑충껑충'임.
-둥이	-동이	←童-이. 귀-, 막-, 선-, 쌍-, 검-, 바람-, 흰-.
발가-숭이	발가-송이	센말은 '빨가숭이', 큰말은 '벌거숭이, 뻘거숭이'임.
보퉁이	보통이	
봉죽	봉족	←奉足. ~꾼, ~ 들다.
뻗정-다리	뻗장-다리	
아서, 아서라	앗아, 앗아라	하지 말라고 금지하는 말.
오뚝-이	오똑-이	부사도 '오뚝-이'임.
주추	주초	←柱礎. 주춧-돌.

다만, 어원 의식이 강하게 작용하는 다음 단어에서는 양성 모음 형태를 그대로 표준어로 삼는다.(ㄱ을 표준어로 삼고, ㄴ을 버림.)

ㄱ	ㄴ	비 고
부조(扶助)	부주	~금, 부좃-술.
사돈(査頓)	사둔	밭~, 안~.
삼촌(三寸)	삼춘	시~, 외~, 처~.

제9항 'ㅣ' 역행 동화 현상에 의한 발음은 원칙적으로 표준 발음으로 인정하지 아니하되, 다만 다음 단어들은 그러한 동화가 적용된 형태를 표준어로 삼는다.(ㄱ을 표준어로 삼고, ㄴ을 버림.)

ㄱ	ㄴ	비 고
-내기	-나기	서울-, 시골-, 신출-, 풋-.
냄비	남비	
동댕이-치다	동당이-치다	

[붙임 1] 다음 단어는 ‘ㅣ’ 역행 동화가 일어나지 아니한 형태를 표준어로 삼는다.(ㄱ을 표준어로 삼고, ㄴ을 버림.)

ㄱ	ㄴ	비 고
아지랑이	아지랭이	

[붙임 2] 기술자에게는 ‘-장이’, 그 외에는 ‘-쟁이’가 붙는 형태를 표준어로 삼는다.(ㄱ을 표준어로 삼고, ㄴ을 버림.)

ㄱ	ㄴ	비 고
미장이	미쟁이	
유기장이	유기쟁이	
멋쟁이	멋장이	
소금쟁이	소금장이	
담쟁이-덩굴	담장이-덩굴	
골목쟁이	골목장이	
발목쟁이	발목장이	

제10항 다음 단어는 모음이 단순화한 형태를 표준어로 삼는다.(ㄱ을 표준어로 삼고, ㄴ을 버림.)

ㄱ	ㄴ	비 고
괴팍-하다	괴퍅-하다/괴팩-하다	
-구먼	-구면	
미루-나무	미류-나무	←美柳~.
미륵	미력	←彌勒. ~보살, ~불, 돌~.
여느	여늬	
온-달	왼-달	만 한 달.
으레	으례	
케케-묵다	켸켸-묵다	
허우대	허위대	
허우적-허우적	허위적-허위적	허우적-거리다.

제11항 다음 단어에서는 모음의 발음 변화를 인정하여, 발음이 바뀌어 굳어진 형태를 표준어로 삼는다.(ㄱ을 표준어로 삼고, ㄴ을 버림.)

ㄱ	ㄴ	비　　고
-구려	-구료	
깍쟁이	깍정이	1. 서울 ~, 알~, 찰~. 2. 도토리, 상수리 등의 받침은 '깍정이'임.
나무라다	나무래다	
미수	미시	미숫-가루.
바라다	바래다	'바램[所望]'은 비표준어임.
상추	상치	~쌈.
시러베-아들	실업의-아들	
주책	주착	←主着. ~망나니, ~없다.
지루-하다	지리-하다	←支離.
튀기	트기	
허드레	허드래	허드렛-물, 허드렛-일.
호루라기	호루루기	

제12항 '웃-' 및 '윗-'은 명사 '위'에 맞추어 '윗-'으로 통일한다.(ㄱ을 표준어로 삼고, ㄴ을 버림.)

ㄱ	ㄴ	비　　고
윗-넓이	웃-넓이	
윗-눈썹	웃-눈썹	
윗-니	웃-니	
윗-당줄	웃-당줄	
윗-덧줄	웃-덧줄	
윗-도리	웃-도리	
윗-동아리	웃-동아리	준말은 '윗동'임.
윗-막이	웃-막이	
윗-머리	웃-머리	
윗-목	웃-목	
윗-몸	웃-몸	~ 운동.
윗-바람	웃-바람	
윗-배	웃-배	
윗-벌	웃-벌	
윗-변	웃-변	수학 용어.
윗-사랑	웃-사랑	
윗-세장	웃-세장	
윗-수염	웃-수염	
윗-입술	웃-입술	
윗-잇몸	웃-잇몸	
윗-자리	웃-자리	
윗-중방	웃-중방	

다만 1. 된소리나 거센소리 앞에서는 '위-'로 한다.(ㄱ을 표준어로 삼고, ㄴ을 버림.)

ㄱ	ㄴ	비 고
위-짝	웃-짝	
위-쪽	웃-쪽	
위-채	웃-채	
위-층	웃-층	
위-치마	웃-치마	
위-턱	웃-턱	~ 구름[上層雲].
위-팔	웃-팔	

다만 2. '아래, 위'의 대립이 없는 단어는 '웃-'으로 발음되는 형태를 표준어로 삼는다.(ㄱ을 표준어로 삼고, ㄴ을 버림.)

ㄱ	ㄴ	비 고
웃-국	윗-국	
웃-기	윗-기	
웃-돈	윗-돈	
웃-비	윗-비	~걷다.
웃-어른	윗-어른	
웃-옷	윗-옷	

제13항 한자 '구(句)'가 붙어서 이루어진 단어는 '귀'로 읽는 것을 인정하지 아니하고, '구'로 통일한다.(ㄱ을 표준어로 삼고, ㄴ을 버림.)

ㄱ	ㄴ	비 고
구법(句法)	귀법	
구절(句節)	귀절	
구점(句點)	귀점	
결구(結句)	결귀	
경구(警句)	경귀	
경인구(警人句)	경인귀	
난구(難句)	난귀	
단구(短句)	단귀	
단명구(短命句)	단명귀	
대구(對句)	대귀	~법(對句法).
문구(文句)	문귀	
성구(成句)	성귀	~어(成句語).
시구(詩句)	시귀	
어구(語句)	어귀	
연구(聯句)	연귀	
인용구(引用句)	인용귀	
절구(絶句)	절귀	

다만, 다음 단어는 '귀'로 발음되는 형태를 표준어로 삼는다.(ㄱ을 표준어로 삼고, ㄴ을 버림.)

ㄱ	ㄴ	비 고
귀-글 글-귀	구-글 글-구	

※ 제3절 준 말

제14항 준말이 널리 쓰이고 본말이 잘 쓰이지 않는 경우에는, 준말만을 표준어로 삼는다. (ㄱ을 표준어로 삼고, ㄴ을 버림.)

ㄱ	ㄴ	비 고
귀찮다	귀치 않다	
김	기음	~매다.
똬리	또아리	
무	무우	~강즙, ~말랭이, ~생채, 가랑~, 갓~, 왜~, 총각~.
미다	무이다	1. 털이 빠져 살이 드러나다. 2. 찢어지다.
뱀	배암	
뱀-장어	배암-장어	
빔	비음	설~, 생일~.
샘	새암	~바르다, ~바리.
생-쥐	새앙-쥐	
솔개	소리개	
온-갖	온-가지	
장사-치	장사-아치	

제15항 준말이 쓰이고 있더라도, 본말이 널리 쓰이고 있으면 본말을 표준어로 삼는다.(ㄱ을 표준어로 삼고, ㄴ을 버림.)

ㄱ	ㄴ	비 고
경황-없다	경-없다	
궁상-떨다	궁-떨다	
귀이-개	귀-개	
낌새	낌	
낙인-찍다	낙-하다/낙-치다	
내왕-꾼	냉-꾼	
돗-자리	돗	

ㄱ	ㄴ	비 고
뒤웅-박	뒝-박	
뒷물-대야	뒷-대야	
마구-잡이	막-잡이	
맵자-하다	맵자다	모양이 제격에 어울리다.
모이	모	
벽-돌	벽	
부스럼	부럼	정월 보름에 쓰는 '부럼'은 표준어임.
살얼음-판	살-판	
수두룩-하다	수둑-하다	
암-죽	암	
어음	엄	
일구다	일다	
죽-살이	죽-살	
퇴박-맞다	퇴-맞다	
한통-치다	통-치다	

[붙임] 다음과 같이 명사에 조사가 붙은 경우에도 이 원칙을 적용한다.(ㄱ을 표준어로 삼고, ㄴ을 버림.)

ㄱ	ㄴ	비 고
아래-로	알-로	

제16항 준말과 본말이 다 같이 널리 쓰이면서 준말의 효용이 뚜렷이 인정되는 것은, 두 가지를 다 표준어로 삼는다.(ㄱ은 본말이며, ㄴ은 준말임.)

ㄱ	ㄴ	비 고
거짓-부리	거짓-불	작은말은 '가짓부리, 가짓불'임.
노을	놀	저녁~.
막대기	막대	
망태기	망태	
머무르다	머물다	모음 어미가 연결될 때에는 준말의 활용형을 인정하지 않음.
서두르다	서둘다	
서투르다	서툴다	
석새-삼베	석새-베	
시-누이	시-뉘/시-누	
오-누이	오-뉘/오-누	
외우다	외다	외우며, 외워 : 외며, 외어.
이기죽-거리다	이죽-거리다	
찌꺼기	찌끼	'찌꺽지'는 비표준어임.

제4절 단수 표준어

제17항 비슷한 발음의 몇 형태가 쓰일 경우, 그 의미에 아무런 차이가 없고, 그 중[11] 하나가 더 널리 쓰이면, 그 한 형태만을 표준어로 삼는다.(ㄱ을 표준어로 삼고, ㄴ을 버림.)

ㄱ	ㄴ	비 고
거든-그리다	거둥-그리다	1. 거든하게 거두어 싸다. 2. 작은말은 '가든-그리다'임.
구어-박다	구워-박다	사람이 한 군데에서만 지내다.
귀-고리	귀엣-고리	
귀-띔	귀-틤	
귀-지	귀에 - 지	
까딱-하면	까땍-하면	
꼭두-각시	꼭둑-각시	
내색	나색	감정이 나타나는 얼굴빛.
내숭-스럽다	내흉-스럽다	
냠냠-거리다	얌냠-거리다	냠냠-하다.
냠냠-이	얌냠-이	
너[四]	네	~ 돈, ~ 말, ~ 발, ~ 푼.
넉[四]	너/네	~ 냥, ~ 되, ~ 섬, ~ 자.
다다르다	다닫다	
댑-싸리	대-싸리	
더부룩-하다	더뿌룩-하다/듬뿌룩-하다	
-던	-든	선택, 무관의 뜻을 나타내는 어미는 '-든'임. 가-든(지) 말-든(지), 보-든(가) 말-든(가).
-던가	-든가	
-던걸	-든걸	
-던고	-든고	
-던데	-든데	
-던지	-든지	
-(으)려고	-(으)ㄹ려고/-(으)ㄹ라고	
-(으)려야	-(으)ㄹ려야/-(으)ㄹ래야	
망가-뜨리다	망그-뜨리다	
멸치	며루치/메리치	
반빗-아치	반비-아치	'반빗' 노릇을 하는 사람. 찬비(饌婢). '반비'는 밥짓는[13] 일을 맡은 계집종.

11) '그 중'은 '표준국어대사전'에 따르면 '그중'과 같이 붙여 써야 한다. 이하 같다.

ㄱ	ㄴ	비 고
보습	보십/보섭	
본새	뽄새	
봉숭아	봉숭화	'봉선화'도 표준어임.
뺨-따귀	뺌-따귀/뺨-따구니	'뺨'의 비속어임.
뻐개다[斫]	뻐기다	두 조각으로 가르다.
뻐기다[誇]	뻐개다	뽐내다.
사자-탈	사지-탈	
상-판대기[12]	쌍-판대기	
서[三]	세/석	~ 돈, ~ 말, ~ 발, ~ 푼.
석[三]	세	~ 냥, ~ 되, ~ 섬, ~ 자.
설령(設令)	서령	
-습니다	-읍니다	먹습니다, 갔습니다, 없습니다, 있습니다, 좋습니다. 모음 뒤에는 '-ㅂ니다'임.
시름-시름	시늠-시늠	
씀벅-씀벅	썸벅-썸벅	
아궁이	아궁지	
아내	안해	
어-중간	어지-중간	
오금-팽이	오금-탱이	
오래-오래	도래-도래	돼지 부르는 소리.
-올시다	-올습니다	
옹골-차다	공골-차다	
우두커니	우두머니	작은말은 '오도카니'임.
잠-투정	잠-투세/잠-주정	
재봉-틀	자봉-틀	발~, 손~.
짓-무르다	짓-물다	
짚-북데기	짚-북세기	'짚북더기'도 비표준어임.
쪽	짝	편(便). 이~, 그~, 저~. 다만, '아무-쪽'은 '짝'임.
천장(天障)	천정	'천정부지(天井不知)'는 '천정'임.
코-맹맹이	코-맹녕이	
흉-업다	흉-헙다	

12) 이 예를 '상판때기'로 적고, '상판 · 때기'로 분석한다고 생각할 수도 있으나, 고시본대로 둔다.
13) '밥짓다'는 '표준국어대사전'에 따르면 '밥 짓다'와 같이 띄어 써야 한다.

제5절 복수 표준어

제18항 다음 단어는 ㄱ을 원칙으로 하고, ㄴ도 허용한다.

ㄱ	ㄴ	비 고
네	예	
쇠-	소-	-가죽, -고기, -기름, -머리, -뼈.
괴다	고이다	물이 ~, 밑을 ~.
꾀다	꼬이다	어린애를 ~, 벌레가 ~.
쐬다	쏘이다	바람을 ~.
죄다	조이다	나사를 ~.
쬐다	쪼이다	볕을 ~.

제19항 어감의 차이를 나타내는 단어 또는 발음이 비슷한 단어들이 다 같이 널리 쓰이는 경우에는, 그 모두를 표준어로 삼는다.(ㄱ, ㄴ을 모두 표준어로 삼음.)

ㄱ	ㄴ	비 고
거슴츠레-하다	게슴츠레-하다	
고까	꼬까	~신, ~옷.
고린-내	코린-내	
교기(驕氣)	갸기	교만한 태도.
구린-내	쿠린-내	
꺼림-하다	께름-하다	
나부랭이	너부렁이	

제3장 어휘 선택의 변화에 따른 표준어 규정

제1절 고 어

제20항 사어(死語)가 되어 쓰이지 않게 된 단어는 고어로 처리하고, 현재 널리 사용되는 단어를 표준어로 삼는다.(ㄱ을 표준어로 삼고, ㄴ을 버림.)

ㄱ	ㄴ	비 고
난봉	봉	
낭떠러지	낭	
설거지-하다	설겆다	
애달프다	애닯다	
오동-나무	머귀-나무	
자두	오얏	

※ 제2절 한자어

제21항 고유어 계열의 단어가 널리 쓰이고 그에 대응되는 한자어 계열의 단어가 용도를 잃게 된 것은, 고유어 계열의 단어만을 표준어로 삼는다.(ㄱ을 표준어로 삼고, ㄴ을 버림.)

ㄱ	ㄴ	비 고
가루-약	말-약	
구들-장	방-돌	
길품-삯	보행-삯	
까막-눈	맹-눈	
꼭지-미역	총각-미역	
나뭇-갓	시장-갓	
늙-다리	노닥다리	
두껍-닫이	두껍-창	
떡-암죽	병-암죽	
마른-갈이	건-갈이	
마른-빨래	건-빨래	
메-찰떡	반-찰떡	
박달-나무	배달-나무	
밥-소라	식-소라	큰 놋그릇.
사래-논	사래-답	묘지기나 마름이 부쳐 먹는 땅.
사래-밭	사래-전	
삯-말	삯-마	
성냥	화곽	
솟을-무늬	솟을-문(~紋)	
외-지다	벽-지다	
움-파	동-파	
잎-담배	잎-초	
잔-돈	잔-전	
조-당수	조-당죽	
죽데기	피-죽	'죽더기'도 비표준어임.
지겟-다리	목-발	지게 동발의 양쪽 다리.
짐-꾼	부지-군(負持-)	
푼-돈	분-전/푼-전	
흰-말	백-말/부루-말	'백마'는 표준어임.
흰-죽	백-죽	

제22항 고유어 계열의 단어가 생명력을 잃고 그에 대응되는 한자어 계열의 단어가 널리 쓰이면, 한자어 계열의 단어를 표준어로 삼는다.(ㄱ을 표준어로 삼고, ㄴ을 버림.)

ㄱ	ㄴ	비 고
개다리-소반	개다리-밥상	
겸-상	맞-상	
고봉-밥	높은-밥	
단-벌	홑-벌	
마방-집	마바리-집	馬房～.
민망-스럽다/면구-스럽다	민주-스럽다	
방-고래	구들-고래	
부항-단지	뜸-단지	
산-누에	멧-누에	
산-줄기	멧-줄기/멧-발	
수-삼	무-삼	
심-돋우개	불-돋우개	
양-파	둥근-파	
어질-병	어질-머리	
윤-달	군-달	
장력- 세다	장성-세다	
제석	젯-돗	
총각-무	알-무/알타리-무	
칫-솔	잇-솔	
포수	총-댕이	

제3절 방 언

제23항 방언이던 단어가 표준어보다 더 널리 쓰이게 된 것은, 그것을 표준어로 삼는다. 이 경우, 원래의 표준어는 그대로 표준어로 남겨 두는 것을 원칙으로 한다.(ㄱ을 표준어로 삼고, ㄴ도 표준어로 남겨 둠.)

ㄱ	ㄴ	비 고
멍게	우렁쉥이	
물-방개	선두리	
애-순	어린-순	

제24항 방언이던 단어가 널리 쓰이게 됨에 따라 표준어이던 단어가 안 쓰이게 된 것은, 방언이던 단어를 표준어로 삼는다.(ㄱ을 표준어로 삼고, ㄴ을 버림.)

ㄱ	ㄴ	비 고
귀밑-머리	귓-머리	
까-뭉개다	까-무느다	
막상	마기	
빈대-떡	빈자-떡	
생인-손	생안-손	준말은 '생-손'임.
역-겹다	역-스럽다	
코-주부	코-보	

제4절 단수 표준어

제25항 의미가 똑같은 형태가 몇 가지 있을 경우, 그 중[14] 어느 하나가 압도적으로 널리 쓰이면, 그 단어만을 표준어로 삼는다.(ㄱ을 표준어로 삼고, ㄴ을 버림.)

ㄱ	ㄴ	비 고
-게끔	-게시리	
겸사-겸사	겸지-겸지/겸두-겸두	
고구마	참-감자	
고치다	낫우다	병을 ~.
골목-쟁이	골목-자기	
광주리	광우리	
괴통	호구	자루를 박는 부분.
국-물	멀-국/말-국	
군-표	군용-어음	
길-잡이	길-앞잡이	'길라잡이'도 표준어임.
까다롭다	까닭-스럽다/까탈-스럽다	
까치-발	까치-다리	선반 따위를 받치는 물건.
꼬창-모	말뚝-모	꼬창이[15]로 구멍을 뚫으면서 심는 모.
나룻-배	나루	'나루[津]'는 표준어임.
납-도리	민-도리	
농-지거리	기롱-지거리	다른 의미의 '기롱지거리'는 표준어임.
다사-스럽다	다사-하다	간섭을 잘 하다[16].
다오	다구	이리 ~.

14) 각주 1) 참조.

ㄱ	ㄴ	비 고
담배-꽁초	담배-꼬투리/담배-꽁치/ 담배-꽁추	
담배-설대	대-설대	
대장-일	성냥- 일	
뒤져-내다	뒤어-내다	
뒤통수-치다	뒤꼭지-치다	
등-나무	등-칡	
등-때기	등-떠리	'등'의 낮은 말.
등잔-걸이	등경-걸이	
떡-보	떡-충이	
똑딱-단추	딸꼭-단추	
매-만지다	우미다	
먼-발치	먼-발치기	
며느리-발톱	뒷-발톱	
명주-붙이	주- 사니	
목-메다	목-맺히다	
밀짚-모자	보릿짚-모자	
바가지	열-바가지/열-박	
바람-꼭지	바람-고다리	튜브의 바람을 넣는 구멍에 붙은, 쇠로 만든 꼭지.
반-나절	나절-가웃	
반두	독대	그물의 한 가지.
버젓-이	뉘연-히	
본-받다	법-받다	
부각	다시마-자반	
부끄러워-하다	부끄리다	
부스러기	부스럭지	
부지깽이	부지팽이	
부항-단지	부항-항아리	부스럼에서 피고름을 빨아내기 위하여 부항을 붙이는 데 쓰는, 자그마한 단지.
붉으락-푸르락	푸르락-붉으락	
비켜-덩이	옆-사리미	김맬 때에 흙덩이를 옆으로 빼내는 일, 또는 그 흙덩이.
빙충-이	빙충-맞이	작은말은 '뱅충이'.
빠-뜨리다	빠-치다	'빠트리다'도 표준어임.
뻣뻣-하다	왜긋다	
뽐-내다	느물다	
사로-잠그다	사로-채우다	자물쇠나 빗장 따위를 반 정도만 걸어 놓다.
살-풀이	살-막이	
상투-쟁이	상투-꼬부랑이	상투 튼 이를 놀리는 말.

ㄱ	ㄴ	비 고
새앙-손이	생강-손이	
샛-별	새벽-별	
선-머슴	풋-머슴	
섭섭-하다	애운-하다	
속-말	속-소리	국악 용어 '속소리'는 표준어임.
손목-시계	팔목-시계/팔뚝-시계	
손-수레	손-구루마	'구루마'는 일본어임.
쇠-고랑	고랑-쇠	
수도-꼭지	수도-고동	
숙성-하다	숙-지다	
순대	골집	
술-고래	술-꾸러기/술-부대/술-보/술-푸대	
식은-땀	찬-땀	
신기-롭다	신기-스럽다	'신기하다'도 표준어임.
쌍동-밤	쪽-밤	
쏜살-같이	쏜살-로	
아주	영판	
안-걸이	안-낚시	씨름 용어.
안다미-씌우다	안다미-시키다	제가 담당할 책임을 남에게 넘기다.
안쓰럽다	안-슬프다	
안절부절-못하다	안절부절-하다	
앉은뱅이-저울	앉은-저울	
알-사탕	구슬-사탕	
암-내	곁땀-내	
앞-지르다	따라-먹다	
애-벌레	어린-벌레	
얕은-꾀	물탄-꾀	
언뜻	펀뜻	
언제나	노다지	
얼룩-말	워라-말	
에는	엘랑	
열심-히	열심-으로	
입-담	말-담	
자배기	너벅지	
전봇-대	전선-대	
주책-없다	주책-이다	'주착→주책'은 제11항 참조.
쥐락-펴락	펴락-쥐락	
-지만	-지만서도	← -지마는.
짓고-땡	지어-땡/짓고-땡이	
짧은-작	짜른-작	

ㄱ	ㄴ	비 고
찹-쌀 청대-콩 칡-범	이-찹쌀 푸른-콩 갈-범	

제5절 복수 표준어

제26항 한 가지 의미를 나타내는 형태 몇 가지가 널리 쓰이며 표준어 규정에 맞으면, 그 모두를 표준어로 삼는다.

복 수 표 준 어	비 고
가는-허리/잔-허리	
가락-엿/가래-엿	
가뭄/가물	
가엾다/가엽다	가엾어/가여워, 가엾은/가여운.
감감-무소식/감감-소식	
개수-통/설거지-통	'설겆다'는 '설거지 - 하다'로.
개숫-물/설거지-물	
갱-엿/검은-엿	
-거리다/-대다	가물-, 출렁-.
거위-배/횟-배	
것/해	내 ~, 네 ~, 뉘 ~.
게을러-빠지다/게을러-터지다	
고깃-간/푸줏-간	'고깃-관, 푸줏-관, 다림-방'은 비표준어임.
곰곰/곰곰-이	
관계-없다/상관-없다	
교정-보다/준 -보다	
구들-재/구재	
귀퉁-머리/귀퉁-배기	'귀퉁이'의 비어임.
극성-떨다/극성-부리다	
기세-부리다/기세-피우다	
기승-떨다/기승-부리다	
깃-저고리/배내-옷/배냇-저고리	
꼬까/때때/고까	~신, ~옷.
꼬리-별/살-별	
꽃-도미/붉-돔	
나귀/당-나귀	
날-걸/세-뿔	윷판의 쨀밭 다음의 셋째 밭.

15) '꼬창이'는 '표준국어대사전'에 따르면 '꼬챙이'로 써야 한다.
16) '잘 하다'는 '표준국어대사전'에 따르면 '잘하다'와 같이 붙여 써야 한다.

복 수 표 준 어	비 고
내리-글씨/세로-글씨	
넝쿨/덩굴	'덩쿨'은 비표준어임.
녘/쪽	동~, 서~.
눈-대중/눈-어림/눈-짐작	
느리-광이/느림-보/늘-보	
늦-모/마냥-모	←만이앙-모.
다기-지다/다기-차다	
다달-이/매-달	
-다마다/-고말고	
다박-나룻/다박-수염	
닭의-장/닭-장	
댓-돌/툇-돌	
덧-창/겉-창	
독장-치다/독판-치다	
동자-기둥/쪼구미	
돼지-감자/뚱딴지	
되우/된통/되게	
두동-무니/두동-사니	윷놀이에서, 두 동이 한데 어울려 가는 말.
뒷-갈망/뒷-감당	
뒷-말/뒷-소리	
들락-거리다/들랑-거리다	
들락-날락/들랑-날랑	
딴-전/딴-청	
땅-콩/호-콩	
땔-감/땔-거리	
-뜨리다/-트리다	깨-, 떨어-, 쏟-.
뜬-것/뜬-귀신	
마룻-줄/용총-줄	돛대에 매어 놓은 줄. '이어줄'은 비표준어임.
마-파람/앞-바람	
만장-판/만장-중(滿場中)	
만큼/만치	
말-동무/말-벗	
매-갈이/매-조미	
매-통/목-매	
먹-새/먹음-새	'먹음-먹이'는 비표준어임.
멀찌감치/멀찌가니/멀찍이	
멱통/산-멱/산-멱통	
면-치레/외면-치레	
모-내다/모-심다	모-내기, 모-심기.
모쪼록/아무쪼록	

복 수 표 준 어	비 고
목판-되/모-되	
목화-씨/면화-씨	
무심-결/무심-중	
물-봉숭아/물-봉선화	
물-부리/빨-부리	
물-심부름/물-시중	
물추리-나무/물추리-막대	
물-타작/진-타작	
민둥-산/벌거숭이-산	
밑-층/아래-층	
바깥-벽/밭-벽	
바른/오른[右]	~손, ~쪽, ~편.
발-모가지/발-목쟁이	'발목'의 비속어임.
버들-강아지/버들-개지	
벌레/버러지	'벌거지, 벌러지'는 비표준어임.
변덕-스럽다/변덕-맞다	
보-조개/볼-우물	
보통-내기/여간-내기/예사-내기	'행-내기'는 비표준어임.
볼-따구니/볼-퉁이/볼-때기	'볼'의 비속어임.
부침개-질/부침-질/지짐-질	'부치개-질'은 비표준어임.
불똥-앉다/등화-지다/등화-앉다	
불-사르다/사르다	
비발/비용(費用)	
뾰두라지/뾰루지	
살-쾡이/삵	삵-피.
삽살-개/삽사리	
상두-꾼/상여-꾼	'상도-꾼, 향도-꾼'은 비표준어임.
상-씨름/소-걸이	
생/새앙/생강	
생-뿔/새앙-뿔/생강-뿔	'쇠뿔'의 형용.
생-철/양-철	1. '서양철'은 비표준어임. 2. '生鐵'은 '무쇠'임.
서럽다/섧다	'설다'는 비표준어임.
서방-질/화냥-질	
성글다/성기다	
-(으)세요/-(으)셔요	
송이/송이-버섯	
수수-깡/수숫-대	
술-안주/안주	
-스레하다/-스름하다	거무-, 발그-.
시늉-말/흉내-말	

복수 표준어	비고
시새/세사(細沙)	
신/신발	
신주-보/독보(櫝褓)	
심술-꾸러기/심술-쟁이	
씁쓰레-하다/씁쓰름-하다	
아귀-세다/아귀-차다	
아래-위/위-아래	
아무튼/어떻든/어쨌든/하여튼/여하튼	
앉음-새/앉음-앉음	
알은-척/알은-체	
애-갈이/애벌-갈이	
애꾸눈-이/외눈-박이	'외대-박이, 외눈-퉁이'는 비표준어임.
양념-감/양념-거리	
어금버금-하다/어금지금-하다	
어기여차/어여차	
어림-잡다/어림-치다	
어이-없다/어처구니-없다	
어저께/어제	
언덕-바지/언덕-배기	
얼렁-뚱땅/엄벙-뗑	
여왕-벌/장수-벌	
여쭈다/여쭙다	
여태/입때	'여직'은 비표준어임.
여태-껏/이제-껏/입때-껏	'여직-껏'은 비표준어임.
역성-들다/역성-하다	'편역-들다'는 비표준어임.
연-달다/잇-달다	
엿-가락/엿-가래	
엿-기름/엿-길금	
엿-반대기/엿-자박	
오사리-잡놈/오색-잡놈	'오합-잡놈'은 비표준어임.
옥수수/강냉이	~떡, ~묵, ~밥, ~튀김.
왕골-기직/왕골-자리	
외겹-실/외올-실/홑-실	'홑겹-실, 올-실'은 비표준어임.
외손-잡이/한손-잡이	
욕심-꾸러기/욕심-쟁이	
우레/천둥	우렛-소리, 천둥-소리.
우지/울-보	
을러-대다/을러-메다	
의심-스럽다/의심-쩍다	
이에요/이어요	
이틀-거리/당-고금	학질의 일종임.

복 수 표 준 어	비 고
일일-이/하나-하나	
일찌감치/일찌거니	
입찬-말/입찬-소리	
자리-옷/잠-옷	
자물-쇠/자물-통	
장가-가다/장가-들다	'서방-가다'는 비표준어임.
재롱-떨다/재롱-부리다	
제-가끔/제-각기	
좀-처럼/좀-체	'좀-체로, 좀-해선, 좀-해'는 비표준어임.
줄-꾼/줄-잡이	
중신/중매	
짚-단/짚-뭇	
쪽/편	오른~, 왼~.
차차/차츰	
책-씻이/책-거리	
척/체	모르는 ~, 잘난 ~.
천연덕-스럽다/천연-스럽다	
철-따구니/철-딱서니/철-딱지	'철-때기'는 비표준어임.
추어-올리다/추어-주다	'추켜-올리다'는 비표준어임.
축-가다/축-나다	
침-놓다/침-주다	
통-꼭지/통-젖	통에 붙은 손잡이.
파자-쟁이/해자-쟁이	점치는 이.
편지-투/편지-틀	
한턱-내다/한턱-하다	
해웃-값/해웃-돈	'해우-차'는 비표준어임.
혼자-되다/홀로-되다	
흠-가다/흠-나다/흠-지다	

참 고 문 헌

강규선(2001), 『훈민정음 연구』, 보고사.
국립국어연구원(1999), 『표준국어대사전』, 두산동아.
국립국어연구원(2003), 『표준 발음 실태 조사Ⅰ-Ⅲ』, 국립국어연구원.
국립국어연구원(2001), 『한국 어문 규정집』, 국립국어연구원.
권재일(1998), 『한국어문법사』, 박이정.
권희돈(2012), 『구더기 점프하다』, 작가와 비평.
김계곤(1996), 『현대국어 조어법 연구』, 박이정.
김광해(1993), 『국어어휘론 개설』, 집문당.
김기원(2000), 『무심천 개구리』, 오늘의문학사.
김기혁(1995), 『국어문법 연구』, 박이정.
김덕근(2007), 『한국 현대선시의 맥락과 지평』, 박이정.
김선철(2004), 「표준 발음법 분석과 대안」, 『말소리』 50, 대한음성학회.
김선호(2001), 『창공에 걸린 춤사위』, 푸른나라.
김영대(1999), 「우리 가락의 정서와 신경림 시의 상관성 연구」, 『語文論叢』 제4집, 동서어문학회.
김영범(2010), 『김씨의 발견』, 도서출판 고두미.
김정숙(2006), 『한국현대소설과 주체의 호명』, 역락.
김진식(2007), 『현대국어 의미론 연구』, 박이정.
김진식(2010), 『증평군지명유래』, 증평문화원.
김창섭(1996), 『국어의 단어형성과 단어구조 연구』, 태학사.
김하수 외(1997), 『한글 맞춤법, 무엇이 문제인가?』, 태학사.
김희숙(2011), 『21세기 한국어 정책과 국가 경쟁력』, 소통.
나찬연(2002), 『한글 맞춤법의 이해』, 월인.
노대규(1998), 『국어의미론연구』, 국학자료원.
노창선(2009), 「신경림 시에 나타나는 장자적 경향성 연구」, 『어문연구』 62, 어문연구학회.
노창선(2011), 「강은교 시의 이미지에 관한 연구」, 『한국문예창작』 제10권 제1호 통권21호, 한국문예창작학회.
도종환(2012), 『세 시에서 다섯 시 사이』, 창비.
리의도(1999), 『이야기 한글 맞춤법』, 석필.
문화부(2004), 『국어 어문 규정집』, 대한교과서주식회사.
미승우(1993), 『새 맞춤법과 교정의 실제』, 어문각.

민현식(1999), 『국어정서법연구』, 태학사.
박경래(2007), 『충북 제천 지역의 언어와 생활』, 태학사.
박덕유(2002), 『문법교육의 탐구』, 한국문화사.
박병철(2011), 「지명어의 후부요소 '遷'에 관한 연구」, 『어문연구』 제68집, 어문연구학회.
박성현(2008), 『대동지리지-충북편-』, 겨레출판사.
박순원(2013), 『그런데 그런데』, 실천문학사.
박영순(2002), 『한국어 문법교육론』, 박이정.
박원희(2007), 『나를 떠나면 그대가 보인다』, 고두미.
박종희(2012), 『가리개』, 고두미.
배병무(2007), 『구름의 뿌리』, 고두미.
배주채(2003), 『한국어의 발음』, 삼경문화사.
백문식(2005), 『(품위 있는 언어 생활을 위한) 우리말 표준 발음 연습』, 박이정.
서영숙(2009), 『한국 서사민요의 날실과 씨실』, 도서출판 역락.
서정수(1998), 『국어문법』, 한양대학교 출판원.
성기지(2001), 『생활 속의 맞춤법 이야기』, 역락 출판사.
소인호(2007), 『한국전기문학적 당풍고운』, 민족출판사.
손남익(1995), 『국어 부사 연구』, 박이정.
손세모돌(1996), 『국어 보조용언 연구』, 한국문화사.
송　민(2001), 『한국 어문 규정집』, 국립 국어 연구원.
송석중(1993), 『한국어문법의 새 조명』, 지식산업사.
송철의(1998), 「표준발음법」, 『우리말 바로 알기』, 문화부.
시정곤(1998), 『국어의 단어형성 원리』, 한국문화사.
신지영 외(2003), 『우리말 소리의 체계』, 한국문화사.
윤이주(2008), 『먼 곳, 가득이』, 고두미.
윤정아(2012), 「학문목적 학습자들을 위한 한국어 읽기 교수요목 구성에 관한 연구」, 『새국어교육』 제93호, 한국국어교육학회.
이광호 외(2006), 『국어정서법』, 한국방송통신대학교출판부.
이동석(2013), 『우리말 어휘의 역사 연구 1』, 역락출판사.
이승구(1993), 『정서법자료』, 대한교과서주식회사.
이은정(1990), 『최신 표준어 · 맞춤법 사전』, 백산출판사.
이종수(2002), 『달함지』, 푸른사상.
이종운(1998), 『국어의 맞춤법 표기』, 세창 출판사.
이주행(2005), 『한국어 어문 규범의 이해』, 도서출판 보고사.

이현숙(1997), 『충청도를 노래한 시』, 한국문화사.
이호승(2011), 「목적성 이동동사 구문과 복합서술어」, 『語文硏究』 第70輯, 어문연구학회.
이호영(1996), 『국어음성학』, 태학사.
이희승 외(1989), 『한글 맞춤법 강의』, 신구문화사.
임병무(2008), 『역사의 오솔길』, 문경출판사.
임승빈(2010), 『흐르는 말』, 서정시학.
임지룡(1995), 『국어의미론』, 탑출판사.
임창호(2001), 『혼동되기 쉬운 말 비교사전』, 우석출판사.
임홍빈(1999), 『한국어사전』, 시사에듀케이션.
장병학(2002), 『늘 처음처럼』, 신아출판사.
장병학(2008), 『꿈을 주는 동시』, 아동문예.
전계영(2012), 「잡가의 범주와 계열별 특성에 관한 연구」, 충북대학교 대학원 박사학위논문.
전영순(2010), 『들길』, 도서출판 한국문인.
정경일 외(2000), 『한국어의 탐구와 이해』, 박이정.
정민영(2008), 「마산리의 지명」, 『어문연구』 57집, 어문연구학회.
정연승 외(2009), 『이야기 충북』, 충청북도 충북학연구소.
정종진(2006), 『한국의 속담대사전』, 태학사.
정종진(2011), 『한국의 현대시, 그 감동의 역사』, 태학사.
조영임(2008), 『아들아, 이것이 중국이다』, 학민사.
조영희(2008), 『우리말 사랑』, 신아출판사.
조항범(2009), 『말이 인격이다』, 예담.
조항범(2012), 「현대국어의 의미 변화에 대하여(2)」, 『韓國言語文學』 第81輯, 한국언어문학회.
진천군(2007), 『생거진천 이야기 집』, 진천군.
채길순(2010), 『조 캡틴 정전』, 화남출판사.
청주문화원(2006), 『청주 역사 인물기행』, 청주문화원.
최인호(1996), 『바른말글 사전』, 한겨레신문사.
한용운(2004), 『한글 맞춤법의 이해와 실제』, 한국문화사.
한원균(2007), 『(하룻밤에 A학점 받는)논문 리포트 쓰기』, 랜덤하우스코리아.
한원균(2011), 「문학의 정치, '광주민주화운동'의 시적 재현-고은의 『만인보』(27-30)를 중심으로」, 『한국문예창작제』 10권 제3호 통권23호, 한국문예창작학회.
한종구(2003), 『글쓰기의 이론과 방법』, 한올출판사.
한종구 외(2006), 『말과 글』, 한올출판사.
황경수(2012), 『한국어 교육을 위한 한국어학』, 청운.
황경수(2014), 『문학 작품을 활용한 어문 규정 바로 알기』, 청운.

저 자 약 력

황 경 수(黃慶洙)

- 충북 출생
- 문학 박사
- 현, 청주대학교 사범대학 국어교육학과 교수
- 현, 한글세종문화연구원 원장
- 현, 충청북도 자문위원
- 현, 진천군 주민참여예산위원회 위원
- 현, 시전문계간지 '딩아돌아' 상임위원
- 논저, 충북지역 대학생들의 표준발음에 대한 실태 분석
- 훈민정음 중성의 역학사상
- 한국어 동사 유의어 교육 방안에 관한 소고
- 공문서의 띄어쓰기와 문장 부호의 오류 양상
- 훈민정음 연구
- 한국어 교육을 위한 한국어학
- 어문 규정의 힘으로 향상되는 문장력
- 문학작품을 활용한 어문 규정 바로 알기 등 다수

전 계 영

- 경기 출생
- 문학박사
- 현, 충북대학교 국어국문학과 외래교수
- 현, 한국교통대학교 한국어문학과 외래교수
- 논저, <설공찬이> 攷
- <맹꽁이타령> 노랫말의 의미
- 휘모리잡가의 지향
- 이능화의 친일에 대한 관견
- <장대장타령>에 나타난 웃음의 양상과 의미
- 근현대 문학작품의 잡가 수용 양상 등 다수

국어와 글쓰기
그리고 소통communication

저　자 / 황경수 · 전계영

인　쇄 / 2015년 2월25일
발　행 / 2015년 3월 2일

펴낸곳 / 도서출판 청운
등　록 / 제7-849호
편　집 / 최덕임
펴낸이 / 전병욱

주　소 / 서울시 동대문구 용두동 767-1
전　화 / 02)928-4482
팩　스 / 02)928-4401
E-mail / chung928@hanmail.net
chung928@naver.com

값 /20,000원
ISBN 978-89-92093-43-9